ÜBERSCHWERE PANZERPROJEKTE

KONZEPTE UND ENTWÜRFE DER WEHRMACHT

Michael Fröhlich

Motor
buch
Verlag

Einbandgestaltung: Frank Zähringer

Bildnachweis: Siehe Bildnachweis im Anhang.

ISBN: 978-3-613-03925-4

1. Auflage 2016

Sie finden uns im Internet unter www.motorbuch-verlag.de

Lektorat: Joachim Kuch / Joachim Köster
Innengestaltung: Anita Ament
Printed by GPS in Bosnia-Herzegovina

Inhalt

Vorwort

Bei der Arbeit zum Buch über den Panzerkampfwagen »Maus« rückten auch andere, überaus interessante deutsche Panzerprojekte in den Fokus. Das führte zum Erscheinen des Bandes über die »Schweren Panzer der Wehrmacht«, wobei hier der Fokus auf den weiteren Verwendungen der 12,8-cm-Kanone L/55 lag.
Dieser dritte Teil setzt sich nun mit den parallel entstandenen Entwürfen schwerster Panzerfahrzeuge auseinander. Diese Konstruktionen erhielten ihre bevorzugte Behandlung wegen Hitlers starkem Interesse an schwersten Panzerfahrzeugen. Da sich andere Länder bekanntermaßen auch mit der Entwicklung schwerer Panzer beschäftigten, wollte Hitler eine nachhaltige Überlegenheit der deutschen Konstruktionen sicherstellen.
Dieses Buches beleuchtet die Hintergründe dieser Entwicklungen, beschreibt die technischen Details der verfolgten Projekte und erlaubt so, den Werdegang mancher Entwicklungen nachzuvollziehen. Dabei suchten die Konstrukteure neue Lösungen und betraten mit vielfach noch unerprobten Technologien Neuland. Doch oft behinderten überdurchschnittliche Material- und Produktionsengpässe die begonnenen Entwicklungen.
In dieser Darstellung geht es aber auch darum, den in der Literatur kursierenden Behauptungen und Theorien zu diesen überschweren Rüstungsprojekten Fakten und Tatsachen entgegen zu setzen. Vor allem über die 1000-t- und 1500-t-Projekte existieren die abenteuerlichsten Vorstellungen und Angaben, und das beginnt schon mit den Namen »Ratte« und »Monster«, die der Phantasie entsprungen sind.
Ich bedanke mich für die bewährte Hilfe zu diesem Buch bei Wolfgang Fleischer aus Freital, bei meiner Tochter Juliane und bei Barbara Maiwald für die literarische Unterstützung, bei Rolf Hilmes für die technische Beratung, bei Wolfgang Schneider, Joachim Deppmeyer, Yuri Pascholok, Falk Springer, dem Mercedes-Benz Classic Archiv, beim Militärarchiv Freiburg, dem Bundesarchiv Koblenz sowie dem Tankmuseum Bovington für die Dokumente und Fotografien sowie meiner Frau Sabine für die Geduld und Anteilnahme während der Arbeit zu diesem Buch.

Einleitung

Genau betrachtet, müsste dieses Buch *»Die überschweren Panzerprojekte Adolf Hitlers«* lauten, da die Aufträge zu der Entstehung dieser Entwürfe in der Regel von Hitler aus über die Köpfe und den Bedarf der Wehrmacht hinweg, genauer gesagt des Heeres, erteilt wurden.

Die Entwicklung schwerster Panzer beschäftigten die Konstruktionsbüros schon nach den ersten Panzereinsätzen im Ersten Weltkrieg. Neben dem deutschen und englischen Militär zeigte sich auch die damalige Sowjetunion fasziniert von diesen Konstruktionen. Dahinter stand die Vorstellung, die Erfahrungen vom Seekrieg auf den Landkrieg zu übertragen. Diese Panzerfahrzeuge sollten sich wie Schlachtschiffe auf See über das Land bewegen und jeden Widerstand aus allen Richtungen gleichzeitig niederkämpfen können sowie stark befestigte Anlagen und Bunkerlinien durchbrechen helfen. Diese »Landkreuzer« besaßen in der Regel mehrere Türme mit einer Multibewaffnung. Der erste verwirklichte Entwurf nach dem Ersten Weltkrieg war der britische Panzer A1 E1 »Independent«, der danach die internationale Panzerentwicklung beeinflusste und diese Entwicklung in eine Sackgasse führte. Als daraus entstandene Beispiele sind der sowjetische Mehrturmpanzer T 35, der deutsche Panzerkampfwagen »Neubaufahrzeug«, der amerikanische schwere Panzer M 6 sowie der französische Durchbruchspanzer »Char 2C« zu nennen.

Die ständige Steigerung von Panzerung und Bewaffnung als Antwort auf die sich stetig verbesserte Panzerabwehr führte zu immer absurderen Konstruktionen. Denn abgesehen von diesen »Landschlachtschiffen« und fahrbaren Bunkern entwickelte Deutschland im Laufe des Zweiten Weltkrieges neben dem Panzerkampfwagen »Maus« noch weitere, immer stärker gepanzerte und bewaffnete Projekte. Dabei stiegen nicht nur die Gefechtsgewichte, sondern auch der technische Aufwand dieser Panzerfahrzeuge ins schier Unermessliche. So entstand das 1000-t-Projekt in Regie des Konstrukteurs Edward Grote auf Basis des von ihm in der Sowjetunion konstruierten »Festungstank«, während die Firma Krupp die überschweren Panzermörser mit 1500-t- und 1000-t-Gewicht auf dem Papier entstehen ließen. Der Name des letztendlich weiter verfolgten 1000 t schweren 60-cm-Panzermörsers lautete »Urling«, deren Namen unfreiwillig auf die Nutzlosigkeit des Projektes hinweist: Ein »Urling« ist eine Gestalt aus der Vergangenheit, die in der Vergangenheit verhaftet ist, und ähnlich rückwärtsgewandt und überholt waren auch diese überschweren Konzepte, die nichts weiter waren als eine gewaltige Vergeudung von Ressourcen.

Michael Fröhlich
Dresden, Sommer 2016

Vom Panzerkampfwagen »Löwe« zur »Tiger-Maus«

Oberst Fichtner, Leiter von Wa Prüf 6 des Heereswaffenamtes, bat am 4. Oktober 1941 anlässlich einer Besprechung die leitenden Ingenieure Dorn und Woelfert von der Firma Krupp, Überlegungen zur Entwicklung eines ca. 75 t schweren Panzers mit einem Geschütz größerer Leistung anzustellen. Der Vorschlag sollte ab Mitte Oktober 1941 mit den Hauptangaben zu Gewicht, Leistung und dergleichen dem Oberst Fichtner im Amt, unter Wahrung der Geheimhaltung, vorgelegt werden. Dabei stand das Heereswaffenamt nach dem Überfall auf die Sowjetunion unter dem Eindruck der neu aufgetauchten schweren sowjetischen Panzer KW I und KW II, welche für die Deutschen eine unangenehme Überraschung dargestellt hatten. Am 23. Oktober trafen sich die Verantwortlichen von Krupp und Wa Prüf 6 erneut in Berlin, um über die Eckdaten dieses schwersten Kampfwagens zu diskutieren. Schon eine Woche später fand bei der Firma Krupp in Essen eine weitere Besprechung statt, bei der es um den geplanten Turm für das Projekt VK 7200 (eine irrtümliche Bezeichnung) ging. Die im Anschluss daran schriftlich aufgeführten »Allgemeinen Daten« für das nun als VK 7001 (»Versuchskonstruktion mit 70 t, Ausführung 01«) bezeichnete Projekt definierten die Eckpunkte.

VK 7001 – Die ersten Überlegungen	
Gewicht	maximal etwa 73 t
Antrieb	Daimler-Benz-Schnellboot-Dieselmotor vom Typ MB 507 mit einer Leistung von 800 PS bei 2.200 U/min bzw. leistungsgesteigerte Ausführung mit 1.000 PS bei 2.400 U/ min
Fahrleistungen	eine Höchstgeschwindigkeit von 40 km/h bzw. 43,6 km/h
Panzerung	Turm und Wanne frontal jeweils 140 mm, seitlich 100 mm
Besatzung	fünf Mann, davon drei Mann im Turm.

Über die Bewaffnung war sich das Heereswaffenamt noch nicht im Klaren, allerdings forderte Wa Prüf 6 einen Richtbereich von vertikal +20° bis -10° und horizontal von 360°. Am 11. November 1941 schlug Wa Prüf 4/VIII vor, dass die Leistung der zu wählenden Kanone bei einer Schussentfernung von 1.000 m und einem Auftreffwinkel von 60° den Durchschlag einer 180-mm-starken Panzerplatte mit der Festigkeit von 80 kg/mm² ermöglichen sollte. An-

Ballistische Daten

Das Geschossgewicht betrug mit einer 12,8-cm-Panzergranate L/3,9 29,3 kg und mit einer 12,8-cm-Sprenggranate L/4,5 26 kg. Während die Panzergranate eine Anfangsgeschwindigkeit von 840 m/s erreichen sollte, kam die Anfangsgeschwindigkeit mit der Sprenggranate auf 895 m/s. Das Gewicht der Treibladung hatte laut Wa Prüf 6 einheitlich bei 12,4 kg zu liegen. Weitere Geschützdaten gingen von einem Gebrauchsdruck von 2.900 kg/cm² aus. Die Rohrabmessungen des 12,8-cm-Rohres betrugen 588 cm Seelenlänge, 81,2 dm³ Seeleninhalt und 132 cm² Seelenquerschnitt. Der einzige Unterschied bestand in der Patronenanlage. Dafür hatte die Firma Krupp zwei verschiedene Rohre zur Auswahl: ein 3,3 t schweres Geschützrohr für einen Patronendurchmesser von 154 mm sowie ein 4,2 t schweres Geschützrohr für einen Patronendurchmesser von 177 mm. Bei identischer Ladungsmenge ergaben sich daher unterschiedliche Längen für die Patronen: Die Sprengpatronen-Variante mit dem größeren Durchmesser besaß eine Länge von 1.388 mm gegenüber der Patrone mit dem kleineren Durchmesser, die auf die beachtliche Länge von 1.668 mm kam. Die Panzergranatpatronen waren aufgrund der kürzeren verwendeten Granate L/3,9 etwas kleiner.

scheinend reagierte die Industrie nicht schnell genug, Wa Prüf 6 erbat bei einer Beratung am 28. November 1941 dringend um Vorschläge zur Bewaffnung des Panzers VK 7001. Eine weitere Besprechung, diesmal am 16. Dezember, führte zu einem konkreten Zeitplan: Am 10. Januar 1942 standen die ersten ballistischen Daten der 12,8-cm-Kanone zur Verfügung.

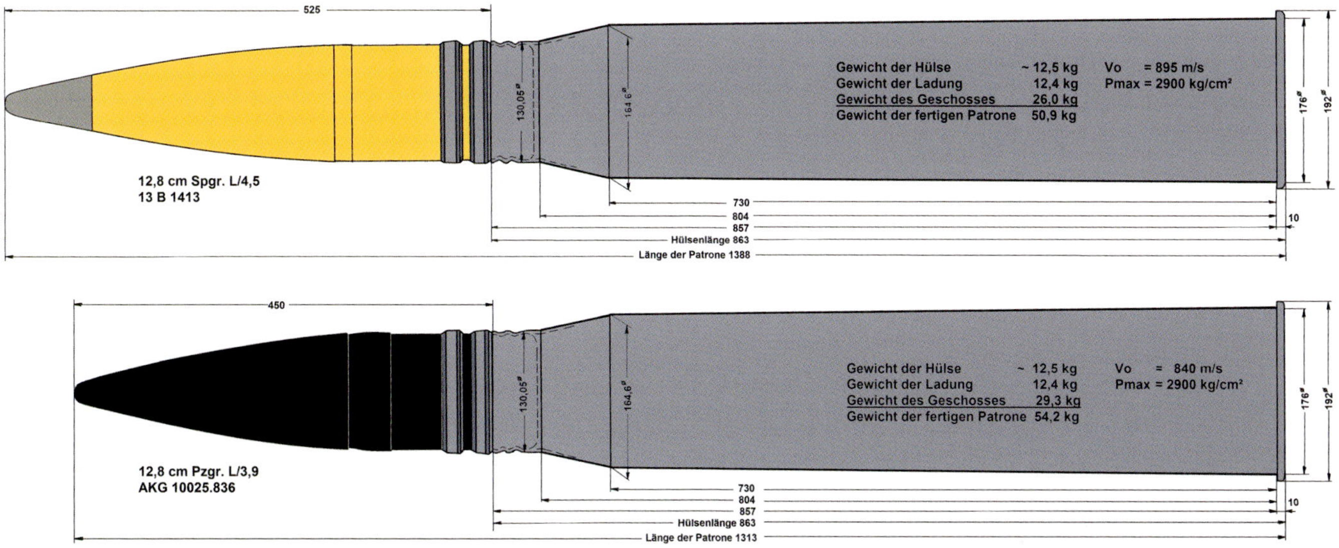

12,8 cm für VK 7001
4 AKH 2627

Entwurf 1
22.12.1941

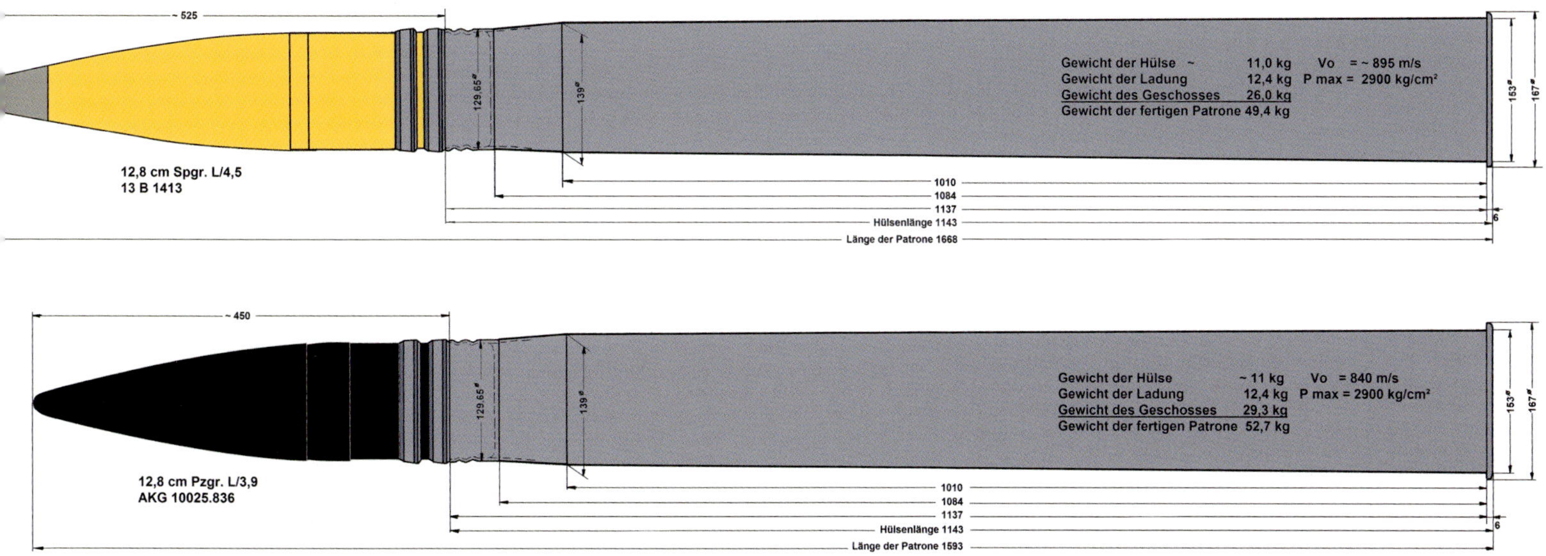

12,8 cm für VK 7001
4 AKH 2626

Entwurf 2
20.12.1941

Die ersten Entwürfe: Das Krupp-Projekt W 1648

Am 21. Januar 1942 trafen sich Krupp-Direktor Dr. Müller und Ingenieur Woelfert von Krupp A.K. erneut zu einer Besprechung beim Leiter der Wa Prüf 6, Oberst Fichtner, in Berlin. Dabei sprachen die Teilnehmer über die Entwicklung und die technischen Details des überschweren Kampfwagens VK 7001. Der erste Krupp-Entwurf – Bezeichnung W 1648 – zeigte ein 82 t schweres Fahrzeug mit 120-mm-Front- und 100-mm-Seitenpanzerung. Die geplante Höchstgeschwindigkeit betrug 35 km/h und als Munitionsvorrat sollten 80 Schuss untergebracht werden. Dieser Entwurf fand Anklang bei Oberst Fichtner. Dr. Müller schlug wegen der gewünschten Leistungsanforderungen ein 10,5-cm-Geschütz L/70 vor. Oberst Fichtner brachte aber den Wunsch Hitlers nach einem höheren Kaliber zum Ausdruck. Zudem sollte die Möglichkeit für das Verschießen von Treibspiegel-Munition gegeben sein. Für die schwerere Munition des größeren Kalibers sah er aber eine Ladevorrichtung als notwendig an. Auch eine niedrigere Feuergeschwindigkeit sollte dabei in Kauf genommen werden. Oberst Fichtner schlug vor, auf die Maschinengewehr-Blenden im Bug und im Turmheck zu verzichten und dafür Stopfen nach russischer Bauart einzubauen.

Über die Turm-Anordnung waren sich die Teilnehmer einig. Ein Heckturm bei einer gleichzeitigen Einbaulage von Antrieb und Maschinenanlage vor dem Turm würde zu einer unzumutbaren Belästigung der Besatzung durch die entstandene Wärme und Abgase führen. Ebenfalls musste die notwendige Verbindung zwischen Fahrer- und Kampfraum viel unerwünschten toten Raum mit sich bringen. Die mittige Turm-Anordnung führte zu einer ruhigeren Straßenlage. Allerdings musste bei dieser Anordnung der unumgängliche große Rohrüberstand nach vorn in Kauf genommen werden.

Gewichtsfragen: 72 t oder 80 t?

Der Frontantrieb bot, laut Wa Prüf 6, aber im Vergleich zum Heckantrieb entscheidende Vorteile: Das Fahrzeug baute kürzer, und die Ketten entwickelten eine gute Selbstreinigung von Schmutz und Schnee, was die Betriebssicherheit verbesserte. Doch das Hauptthema der Besprechung bestand in der Frage, ob ein 72-t- oder ein 80-t-Panzerkampfwagen für das Projekt VK 7001 vorzuziehen sei. Den schwereren Typ favorisierte Oberst Fichtner, da dadurch in der Entwicklung der Panzerstärke ein größerer Vorsprung für die Zukunft bestand und ein größerer Abstand zu dem in der Entwicklung begriffenen »Tiger« VK 4501 (P) geschaffen wurde. Das 72-t-Fahrzeug konnte dagegen, da waren sich alle Teilnehmer einig, als Zwischenstufe schneller in die Produktion übergeleitet werden. Auch die Testphase zur Erprobung der gummielastischen Laufräder und der Lenkbarkeit der verhältnismäßig langen Kettenauflage konnte sich dadurch verkürzen.

Wesentlich war auch die Motorfrage. Oberst Fichtner hielt den Maybach-Motor, wie er auch im Entwurf VK 4501 (H) vorgesehen war, für das 72-t-Fahrzeug geeignet, auch wenn die Höchstgeschwindigkeit wegen des höheren Gewichts unter dem des Henschel-»Tiger« lag, aus seiner Sicht war das aber kein Nachteil. Dadurch konnten der Maybach-Motor sowie das Schalt- und Lenkgetriebe vom Henschel-Entwurf übernommen werden und Krupp A.K. sollte die entsprechenden Unterlagen von Wa Prüf 6/III erhalten.

Einen weiteren Vorteil der leichteren Variante bestand darin, dass sich die für die 52 t schweren »Tiger« vorgesehenen 50 Tiefladewagen der Bahn auch für die 72-t-Fahrzeuge eigneten. Für die 80-t- bis 90-t-schweren Panzerkampfwagen mussten jedoch erst neue Tiefladewagen entwickelt werden. Zudem ergab sich bei den schwereren Fahrzeugen die Notwendigkeit, komplett neue Motoren, Überlagerungslenk- und Schaltgetriebe sowie die dazugehörigen breiteren Ketten zu entwickeln, was einen wesentlich längeren Zeitraum in Anspruch nehmen musste. Ohne die genauen Spezifikationen konnte aber Krupp nicht mit der Wannenfertigung beginnen. Erst wenn alle Unterlagen bei der Firma Krupp vorlagen, konnte diese einen Termin für die Ablieferung beider Fahrzeugtypen nennen. Dr. Müller von Krupp übergab dann die Unterla-

Krupp-Projekt W 1647

Der ebenfalls erörterte 82-t-Tonnen-Entwurf des VK 7001 mit einem hinten liegenden Turm und einem 10,5-cm-Geschütz mit einer Rohrlänge von L/70 wurde als W 1647 bezeichnet. Neben den schon genannten Nachteilen dieser Turmanordnung bildete die Schussempfindlichkeit der vorn liegenden Eintrittsgrätings des Antriebes, die eine Anbringung von seitlichen Luftschächten notwendig machte, eine weitere Schwachstelle. Diese Luftschächte überschritten das Bahnprofil, sodass diese während des Bahntransportes abgenommen werden mussten. Der Platzmangel erlaubte auch kein Mitführen von Ersatzteilen und die ungünstige, hintere Lage des Turmes führte vermutlich zu einem stärkeren Schwanken des Panzers während der Fahrt.

gen zum W 1648 an Oberst Fichtner, der wiederum davon ausging, dass die Entscheidung zum überschweren Panzerkampfwagen VK 7001 in einer Woche bei einer Besprechung im Führerhauptquartier fiele. [1]

An jenem Januartag wurde auch an anderer Stelle über den VK 7001 diskutiert. Hier ging es aber weniger um Grundsätzliches, als vielmehr um konkrete technische Fragen. Beteiligt daran waren Ingenieur Woelfert von Krupp und der Regierungsoberbaurat Kniepkamp von Wa Prüf 6/III-Forschung. Auch bildete der Entwurf W 1648 mit dem mittig angeordneten Turm die Basis. Oberbaurat Kniepkamp wusste, dass die Firma Maybach einen 800 PS starken Benzinmotor vom Typ HL 230 mit einem Gewicht von 1.250 kg in der Entwicklung hatte. Der sollte im Januar 1943 in Serie gebaut werden. Kniekamp gehörte zu den eifrigsten Befürwortern der Maybach-Benzinmotoren, bei denen er eine nicht unbedeutende Entwicklungsarbeit geleistet hatte. Das erklärt auch seine Skepsis gegenüber der zumindest denkbaren Verwendung von Dieselmotoren, wie sie die Firma Mercedes-Benz schon für die Schnellboote in Form des MB 507 in der Produktion hatte. Diese Voreingenommenheit von Ernst Kniepkamp sollte sich in den späteren Jahren noch deutlicher zeigen. Er schlug daher vor, den Bau des 72-t-Panzerkampfwagens mit Maybach-Motor vorzuziehen und den 82-t-Entwurf später in Angriff zu nehmen.

Neben dem Motor bildete die Kraftübertragung ein weiteres Schlüsselelement. Zur Wahl standen ein Maybach-Öl-Variorex-Getriebe (später als »Olvar«-Getriebe bezeichnet), ein Acht-Gang-ZF-Getriebe (Übersetzung 1:16) und ein Pulsier-Getriebe ohne Bezeichnung. Diese Getriebe sollten ab Mitte 1942 zur Erprobung gelangen. Zunächst plante Wa Prüf 6, ein Überlagerungslenkgetriebe vom Typ L 600 C einzubauen, das jedoch später durch ein neu zu entwickelndes vereinfachtes Lenkgetriebe mit zwei Stufen und vier Arguskupplungen ersetzt werden und auch im »Henschel-Tiger« verwendet werden sollte. Die vorhandene Notlenkung sollte ein Lenken auf der Stelle ermöglichen. Auch galt es bei der Konstruktion die künftige Bugform mit 45°-Neigung zu berücksichtigen, weil die Sicht aus der Fahrersehklappe besser war als bei einer flacheren Plattenneigung. Der vor dem Fahrzeug vorhandene tote Winkel reduzierte sich dadurch. Gegebenenfalls musste die Fahrerdeckenplatte der Schräge angepasst werden.

Die »Führerbesprechung« vom 23. Januar und ihre Folgen

Anlässlich einer »Führerbesprechung« am 23. Januar 1942 billigte Hitler den Einbau der vorgeschlagenen Aggregate. Jedoch sollte das Heereswaffenamt trotzdem noch einmal die Eignung der Porsche-Aggregate des »Tigers« (P) prüfen. Professor Porsche versicherte nämlich, dass seine Aggregate bei gleichzeitiger Herabsetzung der Geschwindigkeit auch für einen stärkeren Wagen geeignet seien. Eine geringere Geschwindigkeit war für Hitler zwar akzeptabel, er empfand aber eine Motorleistung von 800 PS bzw. 1.000 PS mit Aufladung dann doch als beste Lösung, sah aber eine Untersuchung der Porsche-Aggregate unter diesem Gesichtspunkt nicht als zwingend notwendig an.

Porsches luftgekühlter Dieselmotor besaß vor dem Hintergrund der Wintererfahrung einen großen Vorteil, das Heereswaffenamt hatte aber Bedenken, was die Lüftung des Motors bei einer Unterwasserfahrt betraf. Porsche war aber sicher, diese Schwierigkeit zu überwinden. Allerdings erforderte der dieselelektrische Antrieb größere Mengen von »Sparmaterial« (gemeint war Kupfer), und dieser erhöhte Materialaufwand gefiel Hitler wiederum nicht. Trotzdem sollte Porsches dieselelektrischer- und dieselhydraulischer Antrieb auf ihre Eignung hin näher un-

[1] RH8-I 2836-Niederschrift vom 24.01.1942.

tersucht werden, während das Heereswaffenamt weiterhin für den Maybach-Ottomotor mit 750 PS oder den Daimler-Benz-Dieselmotor mit 800 PS plädierte.
Die Firma Krupp schlug daher salomonisch vor, den Motorraum groß genug für alle Motorvarianten zu gestalten, sodass bei der Wahl des kleineren Motors der freigewordene Raum als zusätzlicher Gefechtsraum genutzt werden konnte.
In Sachen Laufwerk schlug Krupp vor, 85 cm große Laufräder zu verwenden, doch da lagen noch nicht genügend Erfahrungen in Bezug auf deren Haltbarkeit vor. Die geplanten Nebelwurfvorrichtungen im Heck konnten wegfallen, da ein neuer Werfer für den Einbau im Turm in nächster Zeit erprobt werden sollte. Deren Einführung erfolgte später unter der Bezeichnung »Nahkampfwaffe«.
Wesentlich für jeden Panzerkampfwagen ist die Bewaffnung. Hitler bevorzugte ein größeres Geschütz-Kaliber, einerseits wegen der besseren Wirkung im Ziel, andererseits auch wegen des bestrichenen Raumes. So sollte das Heereswaffenamt nochmals die 12,8-cm-Flugabwehrkanone von Rheinmetall auf ihre Zweckmäßigkeit überprüfen. Hitler wies daher den Bau von zwei Fahrzeugen mit zwei verschiedenen Türmen an, nämlich einem mit einem Turm für die 10,5-cm- beziehungsweise 12,8-cm-Kampfwagenkanone (KwK) und einem zweiten mit einem Turm für die 15-cm-KwK. Der Bau von zwei Versuchsfahrzeugen besaß zudem den Vorteil, an einem Fahrzeug Änderungen durchführen zu können, während bei dem zweiten Fahrzeug die geplanten Versuche weiterliefen. An Munition plante Wa Prüf 6 zusätzlich auch die Entwicklung von Hohlladungsgeschossen zur Panzerbekämpfung.
Am 26. Januar 1942 erfolgte auf Einladung von Oberst Fichtner eine Besprechung mit Dr. Müller in Berlin. Fichtner informierte Müller über den Fortgang der Kampfwagenentwicklung, die sich aufgrund des Vortrages beim Führer ergeben hatten: Hitler hatte der Entwicklung und Fertigung eines 70-t-Kampfwagens zugestimmt, wobei die Stärke der Panzerung der des VK 4501 entsprechen sollte. Vorgesehen war das 10,5-cm-Geschütz und die Verwendung bereits vorhandener Antriebs- und Fahrelemente. Außerdem folgte er dem Vorschlag des Heereswaffenamtes, diesen Wagen, der unter gewissen Voraussetzungen verhältnismäßig kurzfristig erstellt werden konnte, als Studienobjekt für einen noch stärker gepanzerten Wagen zu nutzen, um neue, in Entwicklung begriffene Fahrelemente zu erproben.

Die Firma Krupp beschloss Ende Januar 1942, ein Fahrzeug so herzurichten, dass sowohl der Turm mit der 10,5-cm-Kampfwagenkanone L/70 als auch ein Turm mit einer 15-cm-Kampfwagenkanone L/40 aufgesetzt werden konnte. Dabei sollte eine maximale Erhöhung von 35° bis 40° möglich sein, um diese großen Kaliber auch rein artilleristisch verwenden zu können. Fichtner indes forderte auch die Verwendung eines Geschützes mit dem Kaliber von 12,8 cm und einer Rohrlänge von L/50, neben der von Hitler vorgeschlagenen 12,8-cm-Flugabwehrkanone L/61, in die Planung einzubeziehen. Den Panzerturm konnte Krupp, je nach Zeitrahmen, gießen, pressen oder schweißen.
In der Folge dieser Besprechung zwischen Fichtner und Müller ergab sich dann folgender Planungsstand: Krupp sollte zwei identische Fahrzeuge sowie einen 10,5-cm- und einen 15-cm-Turm bauen. Davon ausgehend erstellte das Unternehmen getrennte Terminpläne für die Fertigung von Fahrzeug und Turm.

Stand der Planungen Ende Januar 1942

Terminplan Fahrzeug:

1. Mai 1942:	Aufgabe der Bleche
1. August 1942:	Terminbestimmende Arbeitszeichnungen
1. November 1942:	Wanne zur Montage
1. April 1943:	Fertigstellung erstes Fahrzeug

Terminplan Turm:

1. August 1942:	Terminbestimmende Teile
1. Februar 1943:	Fertigstellung erster Turm

Voraussetzung für die Einhaltung dieser Termine war, dass spätestens bis Ende Februar die mit der Konstruktion verbundenen Probleme zwischen dem Heereswaffenamt, den Unterlieferanten und den Betrieben restlos geklärt waren und die Rohteile möglichst früh bestellt werden konnten.
Dieser straffe Terminplan erforderte zahlreiche weitere Besprechungen und Abstimmungen, denn die eigentliche Arbeit fing jetzt erst an. Es gab noch zahllose Details zu klären. Am 2. Februar 1942 betonte Dr. Müller während einer Besprechung zum Programm eine Weiterentwicklung von Kampfwagentürmen, unter Punkt 3 die Notwen-

digkeit, den kleinstmöglichen Bedienungskreisdurchmesser eines 10,5-cm-Turms L/70 zu ermitteln, um diesen auch auf den Panzerkampfwagen VK 4501 (P) aufsetzen zu können. Notfalls nahm man dafür auch eine Einschränkung des Höhenrichtfeldes in Kauf. Dabei sollte eine Munitionierung nach Art der 8,8-cm-Kampfwagenkanone L/71 erfolgen. Der Punkt 4 sah alternativ vor, neben dem 10,5-cm-Turm L/70 des VK 7201 (wieder wurde der VK 7001 irrtümlich so bezeichnet) den kleinstmöglichen Bedienungskreisdurchmesser bei der Ausstattung mit einem 12,8-cm-Turm L/50 oder einem 15-cm-Turm L/40 zu untersuchen.

Punkt 5 betraf die Prüfung des VK 7001 hinsichtlich seiner Eignung eines Einbaus eines zweiten, kleineren Turmes mit dem Kaliber 7,5 cm. Da der Platz dies jedoch nicht zuließ, sollte untersucht werden, ob sich für große und kleine Erhöhungen auf dem Fahrzeug ein kleineres Geschütz mit dem Kaliber von 5 bis 7,5 cm für den Verschuss von Sprenggranaten unterbringen ließ. Mit diesem Prinzip der koaxialen gekoppelten Kampfwagenkanonen hatte das Heereswaffenamt schon am Beispiel der Panzerkampfwagen »Neubaufahrzeug« Erfahrung gesammelt. Dieses Fahrzeug besaß eine 3,7-cm-Kampfwagenkanone L/48 neben bzw. über einer 7,5-cm-Kampfwagenkanone L/23,5. Mit einer solchen Konstruktion sollten Panzerabwehr und Stellungsbekämpfung getrennt vorgenommen werden können, was den Munitionsvorrat der Hauptkanone schonte.

Krupp stellte bei der Überprüfung des Ladeprofils der Reichsbahn fest, dass die 10,5-cm-Turm-Variante problemlos passte, der 15-cm-Turm allerdings an zwei Ecken das Bahnprofil überragte. Eine Verringerung der Turmmaße schien aber unmöglich zu sein, und das Heereswaffenamt betrachtete diese Überschreitung für die Normalfahrt als noch für zulässig, da es solche Überschreitungen seitens der Truppe auch in der Vergangenheit schon oft gegeben hatte. Krupp ging von einer Ladeplattform über der Schienenoberkante von 1.250 mm im unbeladenen und von 1.160 mm im beladenen Zustand aus bei einem Ladegewicht von 90 t.

Die Turmgestaltung

Das Turmgewicht mit den »Tiger«-Aggregaten betrug inklusive Inneneinrichtung 19,2 t, dazu kamen noch etwa 2 t Munition. Der Kampfsatz bestand zu diesem Zeitpunkt aus 76 Schuss, davon waren 46 Schuss im Turm untergebracht. Der Turm des »Porsche-Tiger« besaß dagegen ein Gewicht von 9,6 t, in der verstärkten Ausführung 12,5 t. Bei den ersten Entwürfen zum Panzerkampfwagen VK 7001 hatte das Turmgewicht noch 13,1 t beziehungsweise 16,6 t betragen. Die später geforderte Erhöhung der Panzerstärken von 100 mm auf 120 mm ließ das Gesamtgewicht des Turmes allerdings auf 21,4 t ansteigen. Der Bedienkreisdurchmesser mit 10,5-cm-Kampfwagenkanone betrug 2.420 mm. Dieses Maß stellte die für die Herstellung des Schwenklagers verantwortliche Firma Kugelfischer Georg Schäfer & Co. vor große Probleme.

Die vorgegebene Lagerbohrung von 2.500 mm entsprach einem Außenmaß von 2.720 mm, doch die Lagerbelastung erforderte ein Lager mit gehärteter Rille und einen Außendurchmesser von mindestens 2.800 mm. Sollte Krupp auf dem geringeren Außendurchmesser von 2.760 mm beharren, waren laut Kugelfischer erhebliche Probleme bei der Lagerherstellung zu erwarten, was gleichbedeutend wäre mit Lieferverzögerungen und Preiserhöhungen. Nach regem Briefwechsel einigten sich beide Firmen am 24. April 1942 auf ein Schwenklagermaß von 2.505 x 2.755 x 100 mm. Zum Vergleich: Der »Tiger« (P) mit 8,8-cm-KwK benötigte einen Bedienkreisdurchmesser von 1.850 mm. Für den Turmantrieb musste sich Wa Prüf 6 noch zwischen einem elektrischen oder einem hydraulisch zu betätigendem Schwenkwerk entscheiden.

Am 23. Februar 1942 fand bei Krupp eine weitere Besprechung statt, die den Turm des VK 7001 zum Thema hatte. Ursprünglich hatten die Verantwortlichen noch mit einem 85-t-Panzerkampfwagen VK 7001 mit einer frontalen Panzerung von 120 mm und einer seitlichen Panzerung von 100 mm unter Verwendung von neu zu entwickelnden Aggregaten geplant. Die Kriegslage zwang allerdings schnellstens zum Bau zweier Versuchsfahrzeuge, die ohne Erprobung in die Serienfertigung aufgenommen werden sollten. Deshalb entschied das Wa Prüf 6, einen 72-t-Panzerkampfwagen mit der Panzerstärke des »Tiger« (100 mm frontal, 80 mm seitlich) sowie dessen bewährten Triebwerksaggregaten zu bauen. Auch die in Arbeit befindlichen 50 Tiefladewagen für die 52-t-»Tiger« sprachen für die leichtere Ausführung. Erörtert wurden einmal mehr die zwei Möglichkeiten:

1. Turm hinten, Motorraum vorn: Krupp befürchtete eine schwierigere und langwierigere Konstruktion. Bei Nichtbewährung war ein nachträgliches Vertauschen von Turm und Motorraum nur unter dem Risiko einer Gefährdung des Serienanlaufes möglich.

2. Turm in der Mitte, Motorraum hinten: Der Favorit von

Das Anforderungsprofil an den neuen Panzerkampfwagen – Stand März 1942

Am 5. März 1942 legte Wa Prüf 6 vom Heereswaffenamt die neuen Forderungen für einen **VK 7201** (Zusatz mit Bleistift: **Pz.Kpfw. VII »Löwe«**) vor:

- Gefechtsgewicht: 72 t
- Geschwindigkeit: 30 bis 35 km/h
- Fahrbereich: 5 Stunden bei Volllast
- Panzerung Turm: Vorn: 100 mm, Seite: 80 mm, Heck: 100 mm
- Panzerung Wanne: Bug 100 mm, Seite 80 mm, Heck 100 mm, Decke 40 mm, Boden 30 mm
- Bewaffnung: 12,8-cm- oder 15-cm-Kanone (war durchgestrichen), dafür eine 10-cm-KwK L/70, wahlweise eine 15-cm-KwK L/35, 2 bis 3 Maschinengewehre
- Besatzung: 6 Mann
- Abmessungen: Breite: 3.150 mm entsprechend Verlade-Bahnprofil
- Watfähigkeit: UK ~ 8.000 mm
- Munition: ~ 80 Schuss für das Geschütz, 4000 Schuss für Maschinengewehre
- Beobachtungsmittel: Turmzielfernrohr, Kugelzielfernrohr, Scherenfernrohr
- Funkgerät: Fu 5 und Fu 2
- Richtungsgerät: Kurskreisel

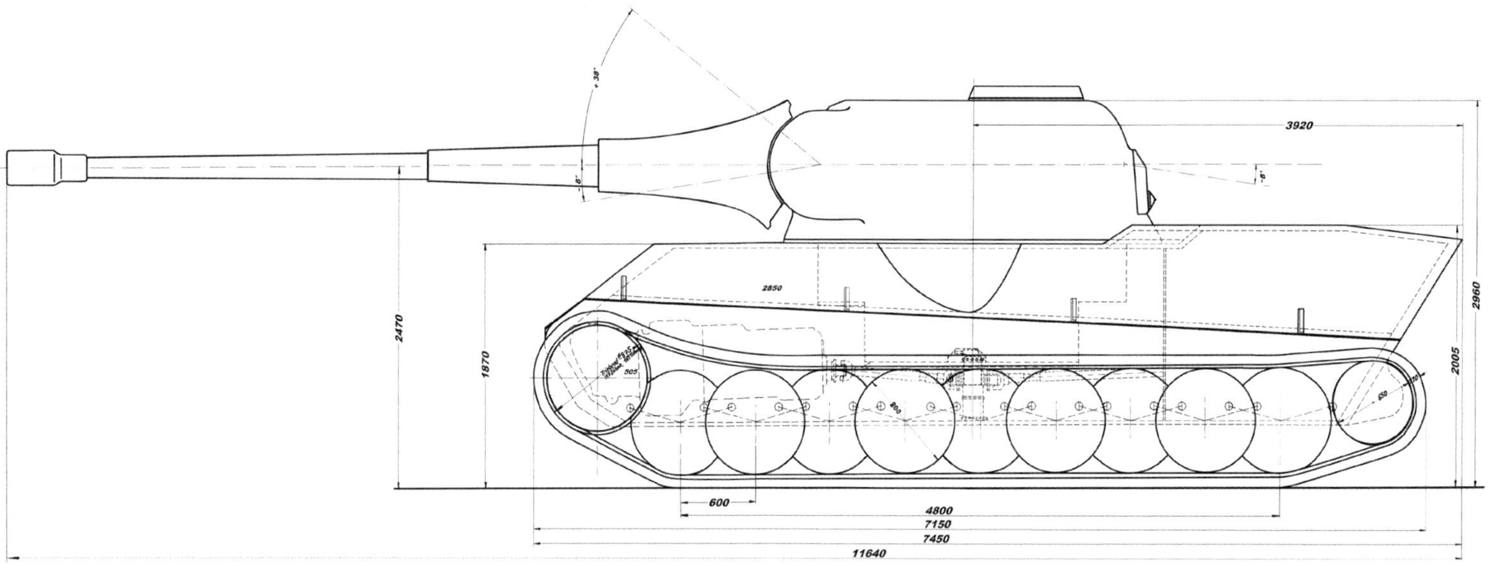

Die VK 7001(K)-Zeichnungen des Entwurfs **W 1661** vom 7. April 1942.

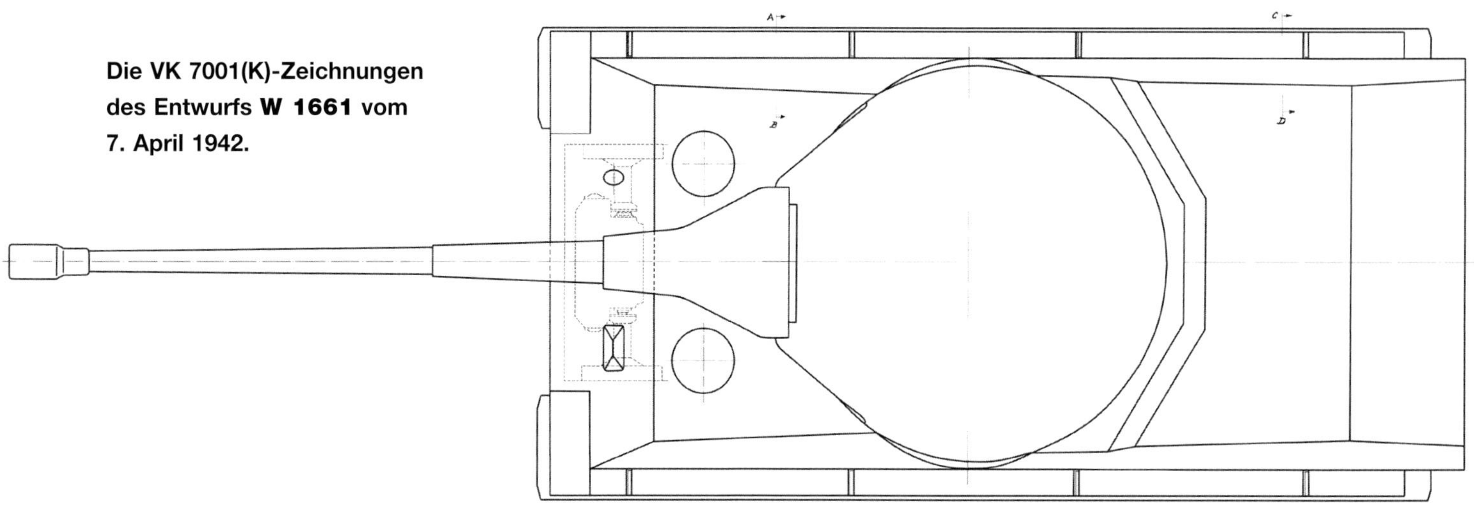

Wa Prüf 6, da sich diese Konfiguration bei sämtlichen neuen Panzerkampfwagen bewährt hatte. Dabei nahm das Amt die vom großen vorderen Rohrüberstand verursachte Kopflastigkeit in Kauf.

Ab März 1942 erfolgte offiziell die Bezeichnung des Panzerkampfwagens VK 7001 mit der Suggestiv-Bezeichnung »Panzerkampfwagen ‚Löwe'«. Gelegentlich tauchte am Anfang der Entwicklung dieses Panzerprojektes, wie schon zuvor beschrieben, auch die Bezeichnung VK 7201 in den Akten auf. Vermutlich schloss mancher Mitarbeiter vom Eigengewicht (72 t) auf die Bezeichnung VK 7201, welche aber offiziell nie in Erscheinung trat. Dies trifft auch auf die Bezeichnung »Panzerkampfwagen VII« zu, welche ebenfalls in manchen Dokumenten erscheint.

Neue Richtung: Ein »Löwe« mit 100 Tonnen

Zur selben Zeit, wieder anlässlich einer Rüstungskonferenz am 5. März 1942, erging von Hitler die »Anordnung an die Firma Krupp, dass kein 72-Tonner, sondern ein 100-Tonner als Probefahrzeug schnellstens zu entwickeln sei, wobei die ersten Probefahrzeuge in kürzester Zeit, jedenfalls vor dem Frühjahr 1943, in Betrieb genommen werden sollen.« [2]

Zwei Wochen später, am 21. März 1942, erhielt auch die Firma Porsche den Auftrag zur selbständigen Konstruktion eines 100-t-Panzerkampfwagen. Die Vergabe von gleichartigen Entwicklungsaufträgen an konkurrierende Firmen sollte zu einer Erhöhung der Entwicklungsleistung führen. So bekamen am Anfang der deutschen Panzerentwicklung zum Teil bis zu vier Firmen identische Entwicklungsaufträge. Diese Praxis musste aber im Laufe der schlechter werdenden Fertigungslage der deutschen Rüstung aufgegeben werden.

Es waren erneut zwei Versuchsfahrzeuge zu bauen und zu erproben. Davon sollte das eine Fahrzeug mit einem Turm sowie das zweite Fahrzeug mit Belastungsgewicht ausgestattet werden. Der Aufbau und auch das Aussehen der Wanne entsprachen dem unterdessen in Entwicklung befindlichen VK 4503 (»Tiger« III, später als »Tiger« II bezeichnet). Als Antrieb hatte man den 12-Zylinder-Maybach-Motor HL 210 des »Tiger« vorgesehen.

Als Hauptbewaffnung sollten die 10,5-cm-KwK L/70 oder wahlweise eine 15-cm-KwK L/35 zum Einsatz kommen. Vor- und Nachteile der jeweiligen Kaliber (wobei man auch die 12,8-cm-KwK mit einbezog) wurden vielfach gegeneinander abgewogen. Während ein kleineres Kaliber Vorteile in Kadenz und mitzuführender Munitionsmenge versprach, besaß das größere Kaliber die höhere Durchschlagsleistung, die bessere Sprengwirkung und die größere Schussentfernung.

Ab April 1942 erfolgte die Festlegung auf stärkere Stahlplatten, das Projekt der VK 7001 (K) sollte nun an Front von Wanne und Turm mit 120 mm sowie an der Seite mit 100 mm oben und 80 mm unten gepanzert werden. Dadurch würde das geplante Gewicht auf 90 t steigen, was wiederum zu den Varianten W 1658 und W 1661 führte.

[2] Deutschlands Rüstung im Zweiten Weltkrieg – Hitlers Konferenzen mit Albert Speer 1942–1945.

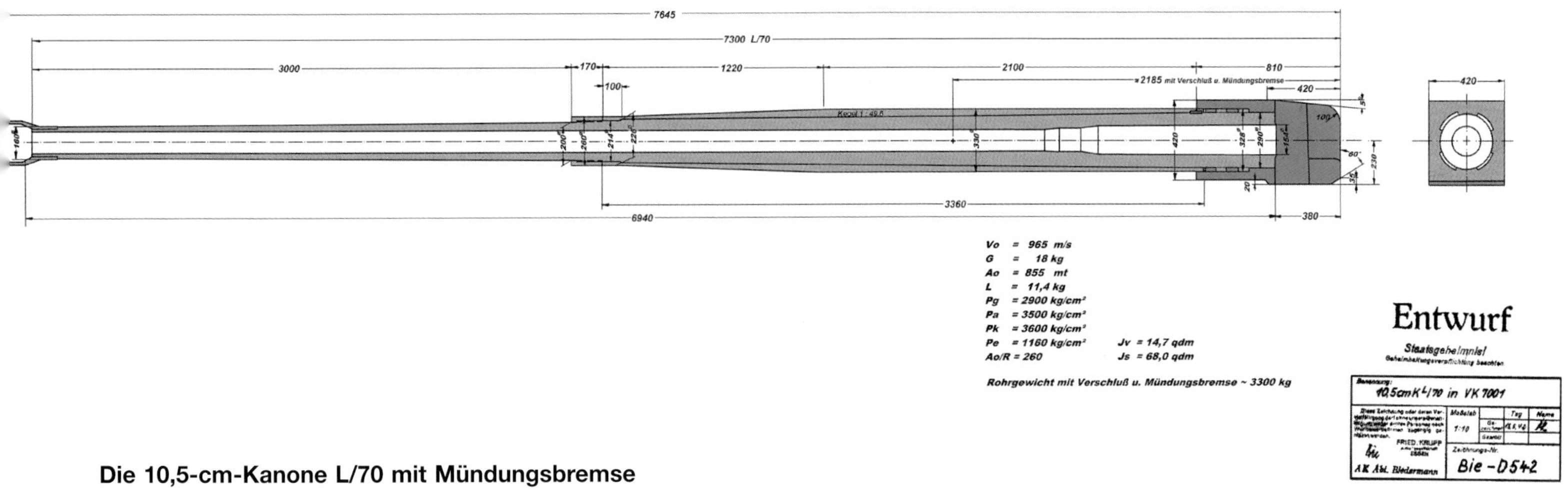

Die 10,5-cm-Kanone L/70 mit Mündungsbremse des VK 7001 vom 18. Mai 1942.

Entwurf W 1658

Dabei handelte es sich um einen 76-t-Panzer mit 100-mm-Frontpanzerung und einer Seitenpanzerung von 80 mm. Die Wannenlänge betrug 7.070 mm und die Kettenauflage 4.340 mm. Mit der 1.000 mm breiten Kette ergab sich ein spezifischer Bodendruck von 0,92 kg/cm². Bei einer Einsinktiefe von 200 mm betrug der Wert des Bodendruckes 0,7 kg/cm². Wahlweise verglich Krupp die Variante mit zwei 330 PS-Porsche-Motoren. Dadurch verlängerte sich jedoch die Wannenlänge um 410 mm auf 7.480 mm. Das Leistungsgewicht verringerte sich zudem von den ca. 10 PS/t bei Verwendung eines 800 PS-Maybach-Benzinmotors auf 8 PS/t beim Porsche-Aggregat.

Entwurf W 1661

Diese Alternative war ein 90-t-Panzer mit 120-mm-Frontpanzerung und einer Seitenpanzerung von 100 mm. Die Wannenlänge betrug 7.450 mm bei einer Kettenauflage von 4.800 mm. Mit der 1.000 mm breiten Kette ergab sich ein spezifischer Bodendruck von 0,94 kg/cm², bei einer Einsinktiefe von 200 mm betrug der Wert 0,75 kg/cm². Um das erhöhte Gewicht auszugleichen, plante Wa Prüf 6 einen noch zu konstruierenden 1.000-PS-Maybach-Benzinmotor und verstärkte Tiger-Aggregate einzusetzen. Die Verwendung zweier 430 PS-Porsche-Diesel-Motoren erforderte eine um 240 mm auf 7.700 mm verlängerte Wanne und eine auf 5.040 mm vergrößerte Kettenauflage. Daraus ergab sich bei gleichbleibender Kettenbreite ein Bodendruck von 0,89 kg/cm², was bei 200 mm Einsinktiefe 0,72 kg/cm² entsprach. Das Leistungsgewicht verhielt sich auch hier ähnlich. Die bei den Porsche-Motoren nötige längere Wanne erforderte den Einsatz einer weiteren Laufrolle. Als Vorteil sahen die Konstrukteure von Krupp hingegen die niedrigere Bauhöhe der Porsche-Motoren, die die Wannen- und somit die Feuerhöhe um 50 mm verringerte.

Bewaffnung und Munition

Das Heereswaffenamt sah das Kaliber 10,5 cm mit der Länge von L/70 als zu gering an. Um langfristig eine Überlegenheit des Panzers zu sichern, projektierte Krupp einen neuen Turm mit stärkerer Bewaffnung, nämlich mit einer 12,8-cm-Kanone L/35 mit einer Anfangsgeschwindigkeit von 620 m/s oder einer 15-cm-Kanone L/30 mit einer Anfangsgeschwindigkeit von 530 m/s. Darunter litt aber die Schussweite, was wiederum die Verwendung von längeren Kanonenrohren erforderte. Daraus entstanden die 12,8-cm-KwK mit 50 Kaliberlängen mit einer Anfangsgeschwindigkeit von 810 m/s sowie die 15-cm-KwK mit 40 Kaliberlängen und einer Mündungsgeschwindigkeit von 845 m/s. Das Geschütz sollte statt getrennter Ladung Patronenmunition verschießen, um eine Feuergeschwindigkeit von vier bis fünf Schuss in der Minute zu erreichen. Die Kartuschen der als »Gerät 50« bezeichneten 15-cm-Flugabwehrkanone 50 sollten als Basis dienen, wobei Wa Prüf 6 allerdings das Geschossgewicht von 43 kg auf 34 kg senken wollte. Die bereits entwickelte 15-cm-Granatpatrone wog beachtliche 57,4 kg bei einer Länge von 1.600 mm. Trotz der klaren Vorteile einer leichteren Munition wurden für den »Löwen« drei weitere 43-kg-Panzergranaten entwickelt, die 15-cm-Panzergranaten L/3,7, L/3,8 und L/3,9. Als Sprenggranate fungierte eine 42 kg schwere 12,8-cm-Granate L/4,5, die die 1,53 m lange Patrone auf insgesamt 69 kg Gewicht brachte.
Ein Teil dieser Munition musste als Bereitschaftsmunition im Turmheck in einer Art Rucksack lagern. Das Nachladen der Kanone sollte bei einer Patronenlänge von 1.600 mm im Winkelbereich von -8° bis +10° oder sogar bei +15° Rohrerhöhung direkt aus dem »Rucksack« möglich sein. Das Gesamtrichtfeld sollte bei 360° im Seitenrichtbereich und 40° in der Höhe liegen.
Interessanterweise hatte die Firma Krupp diesen Turm bis zum 15. Mai 1942 auch der Firma Porsche für ihren »VK 100.01« anzubieten. Dahinter verbarg sich das unterdessen angelaufene Projekt des überschweren Panzerkampfwagens »Mäuschen«. [3]

[3] RH 8 I-2959.

Stand der Planungen Ende April 1942

Bestellt werden mussten:

- die Panzerung und die größeren Teile bis zum 1. September 1942,
- die terminbestimmenden Teile bis 1. Oktober 1942,
- die restlichen Teile bis zum 1. November 1942.

Entsprechend den Fahrzeugterminen benötigte Krupp:

- die ersten zwei Türme bis 1. März 1943,
- drei weitere Türme bis 1. April 1943,

die nächsten fünf Türme bis 1. Juni 1943.

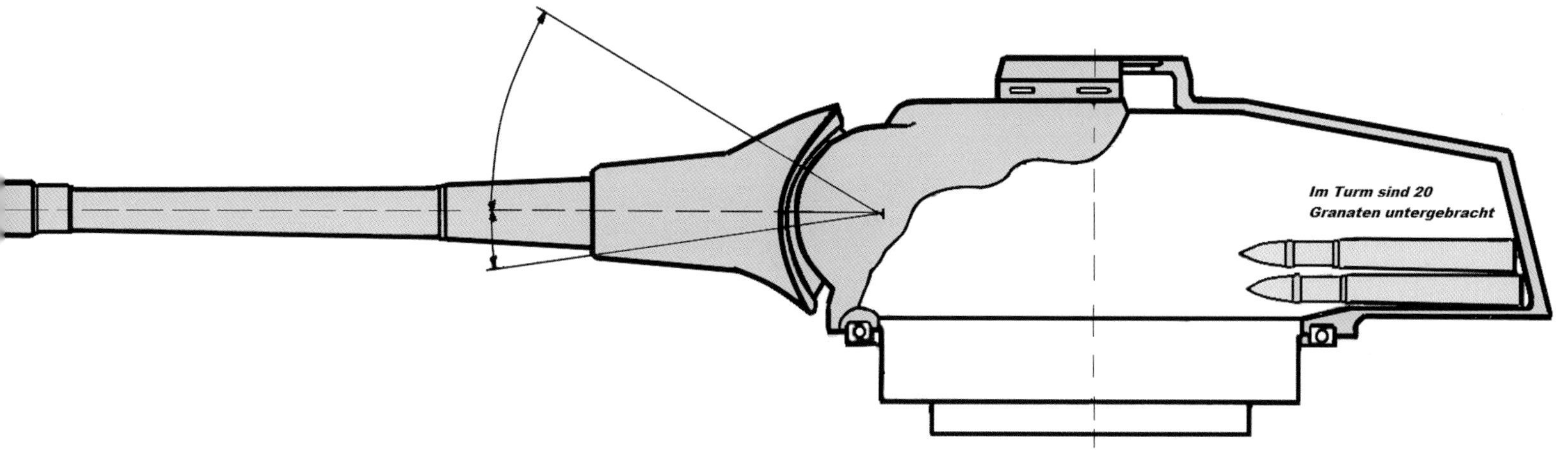

Der überarbeitete »Löwe«-Turm mit der 15-cm-Kampfwagen-kanone L/37 vom 4. Juni 1942. Erkennbar ist der sogenannte »Rucksack«, Aufbewahrung für 30 Granatpatronen.

Die Entscheidung über die Hauptbewaffnung des VK 7001 war am 29. April 1942 immer noch nicht gefallen, sollte aber bis Mitte Mai erfolgen. Ungeachtet dessen plante man bei der Firma Krupp schon die Produktion von zehn Prototypen.

Danach sollten monatlich zehn Türme gefertigt werden, jeweils fünf für die Krupp-Fahrzeuge und fünf für die Porsche-Fahrzeuge. Die Entwurfszeichnungen des Turmes sollten Mitte Mai an die Bereiche ausgegeben werden. Die Geschütze mit Bremse und Rückholer mussten zwei Monate vor der Fertigstellung der Türme bereitgestellt werden.

Zunächst sollten zwei Entwicklungsfahrzeuge geliefert werden, davon ein Fahrzeug mit Turm und ein Fahrzeug ohne Turm mit Belastungsgewichten. Da der 1.000 PS starke Maybach-Benzinmotor noch nicht zur Verfügung stand, plante Wa Prüf 6 am 11. Mai 1942 für den 90-t-VK 7001 »Löwen« mit einer 15-cm-KwK L/40 mit zwei Porsche-Dieselmotoren mit Aufladung und insgesamt 840 PS Leistung. Zum Einsatz sollte ein Überlagerungslenkgetriebe KLL 800/320 der Firma Henschel und wahlweise entweder ein elektromagnetisches 12-Gang-Schaltgetriebe 12 EV 170 oder das Maybach-Olvargetriebe OG 401216 kommen. Zunächst stand allerdings nur der 750 PS starke Maybach-Benzinmotor zur Verfügung.

Während einer Besprechung am 7. Mai 1942 in Berlin gab Dr. Roland als Vorsitzender des »Hauptausschuss Panzerwagen und Zugmaschinen« schriftlich allen Teilnehmern das »Programm III« für den Zeitraum vom 1. Januar bis zum 31. Dezember 1943 bekannt. Unter anderem war dem zu entnehmen, dass der 100-t-Panzerkampfwagen »Löwe« nicht bei Krupp gefertigt werden sollte. Dennoch bat am 13. Mai 1942 anlässlich einer Besprechung das Wa Prüf 6/III die Firma Krupp um ein Angebot für die konstruktive Entwicklung des Panzers VK 7001 und den Bau zweier Entwicklungsfahrzeuge, eines mit und eines ohne Turm, aber mit Belastungsgewichten.

Das Amt würde dafür zwei Motoren, zwei Schaltgetriebe, ein Lenkgetriebe sowie zwei Satz Ketten zur Verfügung stellen. Das zeigte deutlich das Interesse von Wa Prüf 6, die Entwicklung des schweren Panzerkampfwagens VK 7001 notfalls in Eigenregie fortzuführen.

Ebenfalls am 13. Mai 1942 forderte Hitler schnelleren Fortschritt bei den in Konstruktion befindlichen schwersten Panzern. Seiner Meinung nach war die Reduzierung des Gewichts auf 70 t falsch, viel mehr könne das Gewicht von 100 t auf 120 t ansteigen: Die Stärke der Panzerung und eine Kanone höchster Leistung mit Kaliberlängen L/60 bis L/72 hielt er für wichtiger, um einen Entwicklungsvorsprung vor den zu erwartenden schwersten russischen Panzern zu erreichen. Er wusste allerdings nicht, dass Stalin die geplante Serienproduktion des ca. 100 t schweren Panzers KW 5 aus dem Kirow-Werk Leningrad aufgrund der Kriegslage abgebrochen hatte.

Das 10,5-cm-Geschütz L/70

Fünf Tage nach obiger Besprechung, am 18. Mai 1942, stornierte Oberbaurat Kniepkamp, Leiter von Wa Prüf 6/III, den Auftrag über die Fertigung der beiden »Löwe«-Versuchsfahrzeuge; in einer firmeninternen Mitteilung informierte Krupp am 26. Mai alle Beteiligten und ließ die Konstruktionsarbeiten am 10,5-cm-Geschütz L/70 einstellen. Die Konstruktionsunterlagen des VK-7001-Turmes sollten der Firma Porsche ausgehändigt werden.

Für das entstandene 10,5-cm-Geschütz interessierte sich allerdings das Amt Wa Prüf 4/III, das Krupp einen sogenannten »Kriegsauftrag« vom 27. Mai 1943 über die »Aufstellung von Entwürfen und Arbeitszeichnungen eines Geschützes 10,5-cm L/70 mit dazugehörigen Ziel- und Richtmitteln« erteilte. Dass es sich um eine Panzerabwehrkanone handeln sollte, war am geforderten Pak-Zielfernrohr 3x8° und an zu verwendenden Erdpfählen der 8,8-cm-Flugabwehrkanone erkennbar. Diese Pfähle wurden für den direkten Beschuss zur besseren Verankerung benötigt.

Laut Wa Prüf 1/VII sollte die Form der Hülsen ähnlich der 12,8-cm-Flugabwehrkanone sein und nach geringer Änderung in der Länge mit Hilfe einer neu anzufertigenden Einziehmatritze eingezogen werden. Für erste Versuche sollten 100 Hülsen ausreichen. Die von Wa Prüf 1/VII von der Firma Krupp geforderten ballistischen Daten ergaben für die 10,5-cm-Kanone L/70 folgende Werte:

- Anfangsgeschwindigkeit Vo = 965 m/s bzw. 1.075 m/s
- Geschossgewicht = 18 kg bzw. 15,6 kg
- Ladungsgewicht = 11,4 kg
- Rohrgewicht = 3.300 kg mit Verschluss und Mündungsbremse
- Gebrauchsdruck = 2.900 kg/cm^2
- Konstruktionsdruck = 3.600 kg/cm^2

Der Preis des zur Einlagerung in einen 21-cm-Mörser 18 vorgesehenen 10,5-cm-Rohres betrug 16.000 Reichsmark. Die schon in Fertigung befindliche 10,5-cm-Kanone wollte Wa Prüf 4 als Beschuss-Rohr für eine in Planung befindliche 10,5-cm-Hochleistungs-Panzerabwehrkanone verwenden. Dazu sollte Krupp die Seelenlänge auf 7.220 mm verlängern. Das geplante konische Rohr erreichte rechnerisch mit einer 15,6 kg schweren Granate eine Anfangsgeschwindigkeit von 1.075 m/s. Als Fertigstellungstermin für dieses Geschütz gab Wa Prüf 4/III den Juni 1943 vor, was laut Krupp noch auf Mai 1943 vorzuziehen war, wenn das Geschützrohr statt mit konischen Zügen mit zylindrischen Zügen gefertigt werden könnte.

Daraus wurde nichts, Ende 1942 hatte das Amt jedes Interesse an dem 10,5-cm-Rohr L/70 verloren, so dass es im Januar 1943 frei gegeben wurde und Wa Prüf 4 es als Beschuss-Rohr verbrauchte.

Nachdem die Führung sich eindeutig für einen noch schwereren Panzerkampfwagen ausgesprochen hatte, fiel am 7. Juni 1942 offiziell die Entscheidung, das Projekt »Löwe« mit der 10,5-cm-KwK L/70 abzubrechen und stattdessen das Projekt »Maus« mit den beiden Geschützen 15 cm L/37 und 7,5 cm L/24 voranzutreiben. Das bedeutete zwar letztlich das Ende für das Projekt VK 7001, doch trotzdem riet der Referent für schwere Panzerkampfwagen im Rüstungsministerium, Jäger, während einer Besprechung bei Oberst Fichtner von Wa Prüf 6 am 19. Juni 1942 Dr. Müller, den »Löwen« noch nicht ganz abzuschreiben. Je nach Bewährung des »Porsche-Tigers« schiene es durchaus denkbar, dass das Interesse am wahlweisen Bau eines Wagens mit rein mechanischem Antrieb wieder aufleben könnte, vor allem, weil beim ersten Wagen von Porsche noch verschiedene Schwierigkeiten auftraten.

Entwurf W 1670

So versuchten alle Beteiligten, das Projekt weiter zu optimieren. Die Firma Krupp hatte beim Entwurf W 1664 aus taktischen Gründen das Gewicht mit 90 t angegeben, rein rechnerisch lag dieses aber lediglich bei 84 t. Daher bestand noch Spielraum, was zum Entwurf W 1670 mit tatsächlich 90 t führte, der eine Erhöhung der Panzerstärke an Stirnwand und Seiten um jeweils 20 mm auf 140 mm beziehungsweise 120/100 mm vorsah.

Die Auffassung der Verantwortlichen bei Krupp zu dieser Zeit war eindeutig: *»Soweit sich überhaupt der Bau von Panzerkampfwagen über 60 t (entsprechend dem Tiger mit verstärktem Turm) lohnt, sollte man mit dem Fahrzeuggewicht möglichst niedrig bleiben, um eine ausreichende Waffe und Panzerung mit guter Beweglichkeit und Höchstgeschwindigkeit zu vereinen. Dabei ist zu beachten, dass nur eine Motorenanlage von 800 PS verfügbar ist. Ferner hat eine größere Panzerstärke wegen des mangelnden Schutzes des Laufwerks nur bedingten Wert und erschwert den Einbau der Fahrersehklappe. Meistens reicht eine Frontpanzerung von 100–120 mm unter 35°, entsprechend etwa 160–200 mm bei senkrechter Wand, aus.«* [4]

Die Diskussionen gingen weiter. Weil, wie oben angeführt, die Motorenfrage nicht zufriedenstellend gelöst werden konnte, regte Oberst Fichtner an, anstelle des 90-t-Panzers mit der 15-cm-Kampfwagenkanone L/37 einen Panzerkampfwagen mit einem gedrängten 8,8-cm-Turm und besonders starker Gesamtpanzerung nach Zeichnung W 1668 an. Auch kam der Vorschlag, einen besonders flachen, aus Panzerblech gepressten Turm mit der 8,8-cm-KwK L/71 zu konstruieren. Trotz der stärkeren Panzerung von 140 mm vorn und 140/120 mm seitlich ließe sich, bei einer Verkürzung des Fahrzeugs, ein Gewicht von 80 t erreichen, was das Leistungsgewicht von 8,9 auf 10 PS/t und die Höchstgeschwindigkeit von 30 auf 35 km/h erhöhe. Zudem ließe sich so die Feuerhöhe von 2.450 mm auf 2.260 mm verringern. Bei einem Patronengewicht der 8,8-cm-Munition von 23 kg anstatt der 58 kg der Munition der 15-cm-Kanone läge auch die mögliche Feuergeschwindigkeit höher.

Gegenüber dem 60 t schweren Porsche- oder Henschel-»Tiger«, die mit der gleichen 8,8-cm-Waffe ausgerüstet sein sollten, wies der stärker gepanzerte 80-t-Wagen durch seine Turmform weniger Geschossfangstellen auf und hätte sich auch einfacher fertigen lassen. Bei einer Konstruktions-Ausführung ohne Verwendung von Verladeketten ermöglichte die geplante Breite von 3.500 mm (statt 3.250 mm mit Gegenverkehr) immer noch einen Bahntransport ohne Gegenverkehr. Doch allen Gedankenspielen zum Trotz: Projekt VK 7001 wurde für zu leicht befunden.

[4] RH 8-2836.

Zeichnung	Gewicht	Bewaffnung	Panzerung Front	Panzerung Seite	PS/t	Vmax
W 1668	80 t	8,8-cm-L/71	140 mm	140/120 mm	10 PS/t	35 km/h
W 1669	80 t	15-cm-L/37	140 mm	100/80 mm	10 PS/t	35 km/h
W 1670	90 t	15-cm-L/37	140 mm	120/100 mm	8,9 PS/t	27–33 km/h

Krupp A.K.-Aufstellung für das Projekt »Löwe« vom 19. Juni 1942.

LÖWE VK 7001				
	1/ November 1941	27/ Februar 1942	9/ April 1942	23/ April 1942
Gewicht	72 t	75 t	76 t und 90 t	80 t
Motor	Schnellbootmotor Mercedes DB 507 800 PS/2200 U/min 1000 PS/2400 U/min Diesel		Maybach HL 230 700 PS/3000 U/min 800 PS/	Maybach HL 230 750 /800 PS-Otto
Getriebe			elektromagnetisches Schaltgetriebe 12 EV 17	
Lenkung	Überlagerungsgetriebe L 600 c mit 3 Stu			
Fahrwerk	Drehstabfederung mit versetzten, gummigefederten Laufrol			
Panzerung **Wanne vorn**	140 mm	100 mm	100 mm und 120 mm	100 mm
Wanne seitl.	100 mm	80 mm	80 mm und 100 mm	80 mm
Turm vorn	140 mm		100 mm und 120 mm	100 mm
Turm seitl.	100 mm		100 mm und 120 mm	100 mm
Decke		40 mm	40 mm	40 mm
Boden		30 mm		
V $_{max.}$	40 km/h bei 800 PS 43,6 km/h bei 1000 PS		26,8 km/h und 23 km	
Besatzung Wanne **Turm**			2 Mann 3 Mann	
Kanone	10,5, 12,8 oder 15 cm	10,5 cm L/70	10,5 cm L/70	10,5 cm L/70
Richtbereich Höhe Seite	+ 20° / -10° 360°		+ 38° / - 8° 36(	
Bedienkreisdurchmesser		2420 mm		
Turmgewicht		19,2 t		
Schusszahl		76 Granaten, davon 46 im Turm		80 Granaten
Kettenlänge		15 Meter		
Kettenbreite		750 mm	800 mm	900 mm
Kettengewicht		ca. 250 kg/m		
Auflagelänge		4340 mm	4340 mm und 4800 mm	4340 mm
bei 20 cm Einsinktiefe				5700 mm
spez. Bodendruck			1,10 und 1,17 kg/cm²	1,0 kg/cm²
bei 20 cm Einsinktiefe				0,78 kg/cm²
Gesamtlänge mit Gesch.			11.240 und 11.640 mm	11.220 mm
Gesamtlänge ohne Gesch.		6850 mm	7050 und 7450 mm	7000 mm
Gesamtbreite			3630 mm	3830 mm
Spurbreite			2830 mm	2930 mm
Bodenfreiheit			480 mm	500 mm
Gesamthöhe mit Kuppel				3085 mm
Gesamthöhe o. Kuppel			2960 mm	2985 mm
Feuerhöhe			2470 mm	2495 mm

Übersicht über die Vielzahl entwickelter Varianten des Projektes VK 7001.

	23/ April 1942	1/ Mai 1942	11/ Mai 1942	11/ Mai 1942
	90 t	90 t	75 t	90 t
	Maybach HL 230 750 /800 PS-Otto oder 2 x Porsche ohne Aufl. 660 PS-Otto oder 2 x Porsche mit Aufl. 840 PS-Diesel oder Maybach verstärkt 1000 PS-Otto		Maybach HL 230 700 PS/ 3000 U/min Otto	2 x Porsche mit Aufl. 840 PS Diesel
12 Gänge (später 7 Gänge)				s. April oder Olvar OG 401216
(später 2 Stufen)				Überlagerungsg. KLL 800/320
	120 mm	120 mm	100 mm	120 mm
	100 mm	80/100 mm	80 mm	80/100 mm
	120 mm	120 mm	100 mm	120 mm
	120 mm	120 mm	100 mm	120 mm
	40 mm	40 mm	40 mm	40 mm
mit neuen Lenkgetriebe 35 km/h			30 km/h	30 km/h
	10,5 cm L/70	10,5 cm L/70	10,5 cm L/70	15 cm L/40
				+ 30° / - 7° www360°
	80 Granaten	80 Granaten-10,5 cm		50 Granaten-15 cm davon 30 im Turm
	1000 mm	900 oder 1000 mm	750 mm	900 oder 1000 mm
	4960 mm	4960 mm	4340 mm	4960 mm
	6260 mm	6260 mm		6260 mm
	0,9 kg/cm^2	1,0 oder 0,9 kg/cm^2	1,12 kg/cm^2	1,0 oder 0,9 kg/cm^2
	0,72 kg/cm^2	0,8 oder 0,72 kg/cm^2		0,8 oder 0,72 kg/cm^2
	11.670 mm	11.670 mm	11.250 mm	10.760 mm
	7450 mm	7450 mm	6970 mm	7740 mm
	4030 mm	3830 oder 4030 mm	3534 mm	3830 oder 4030 mm
	3030 mm	2930 oder 3030 mm	2790 mm	2930 oder 3030 mm
	500 mm	500 mm	500 mm	500 mm
	3085 mm	3085 mm		3080 mm
	2985 mm	2985 mm	3030 mm	
	2495 mm	2495 mm	2510 mm	2480 mm

Vom »Löwen« zum »Mäuschen«

Die Firma Krupp hatte vom Heereswaffenamt den Auftrag, bis zum 17. Juli 1942 einen Turm für das »Mäuschen« zu konstruieren. Der Turm hatte eine 15-cm-KwK L/37 und eine 7,5-cm-KwK 37 mit einer Länge von L/24 aufzunehmen. Gefordert waren seitens des Wa Prüf 6 Panzerstärken von 250 mm vorn, 200 mm seitlich und 80 mm oben. Das Gewicht des Turmes durfte dabei 57 t nicht überschreiten, sein Schwenkbereich sollte bei 360° liegen und der Höhenrichtbereich der beiden Kanonen bei -7° bis +25°. Dieses Anforderungsprofil konnte der 23-t-Turm des Panzerkampfwagens »Löwe« nicht erfüllen, zumal es Krupp nicht möglich schien, die Panzerplatten in diese beim Projekt »Löwe« projektierte gerundete Form zu bringen.

Am 23. Juni 1942 legte Professor Porsche seine ersten Entwürfe vor. Im Prinzip war Hitler mit den Entwürfen einverstanden, nur forderte er eine stärkere Panzerung und eine stärkere Bewaffnung, die 15-cm-Kanone L/37 oder die 10,5-cm-Kanone L/70. Letztere bevorzugte Hitler wegen der höheren Schussfolge und des größeren Munitionsvorrates. Der Turm sollte wahlweise für beide Kanonen geeignet sein. Am 21. August 1942 bestellte die Firma Krupp ein Holzmodell im Maßstab von 1 : 10 für einen aus gewalzten Platten zusammengeschweißten Turm mit einer 15-cm- und einer 7,5-cm-Kanone. Diese Turm-Konstruktion fand sich auch in der »Maus«-Konstruktion der Firma Porsche vom 25. Oktober 1942 wieder.

Bei einer Besprechung Ende November 1942 berichtete Krupp über die Suche nach einem passenden Motor für den eigenen »Maus«-Entwurf. Erste Wahl waren zwei

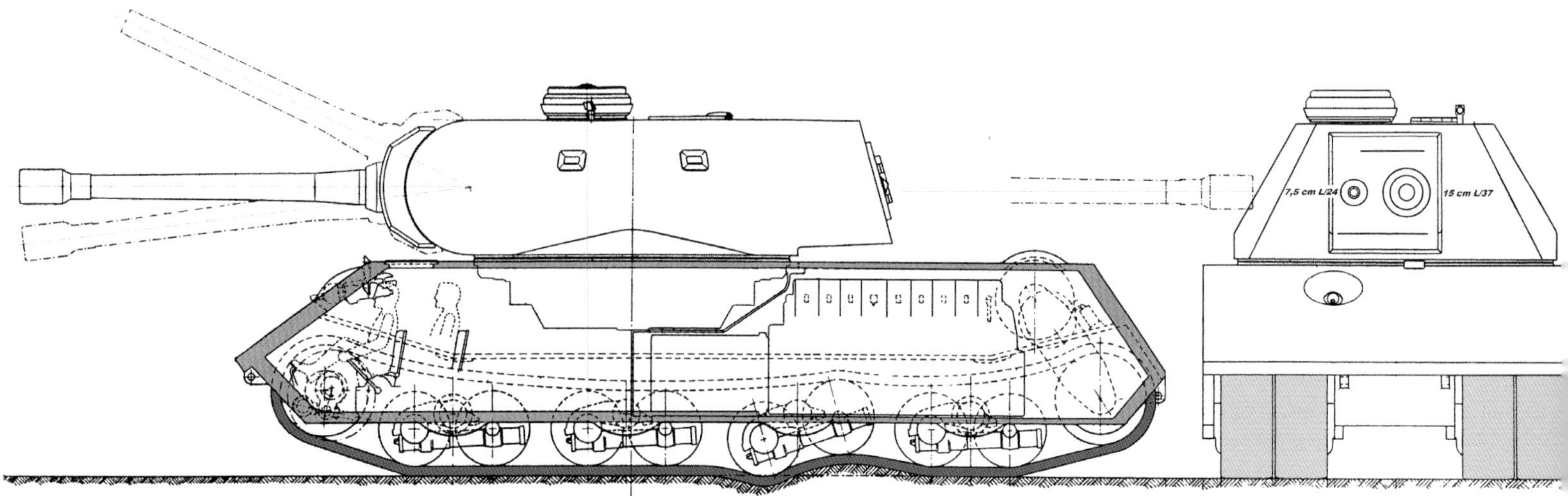

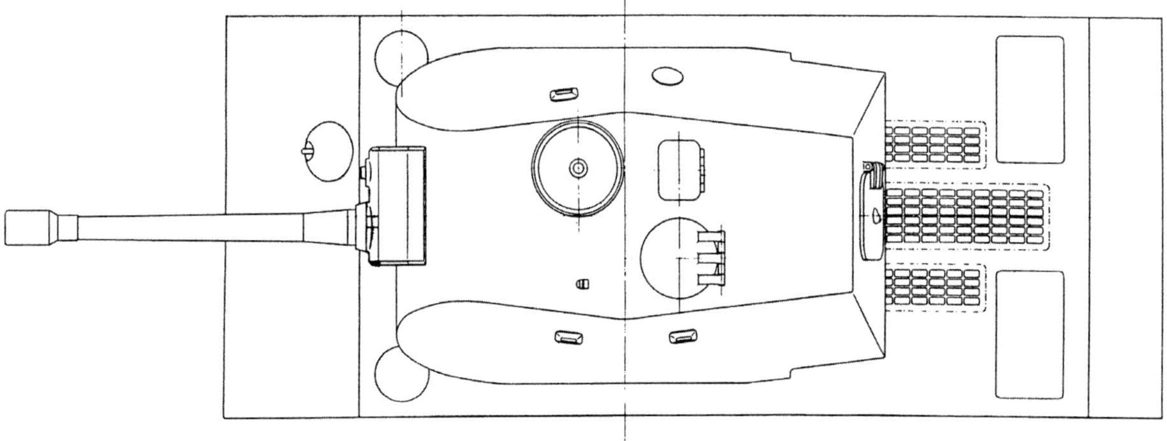

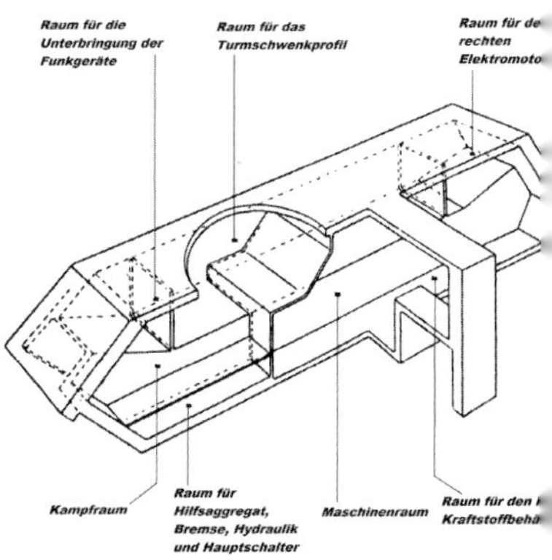

Der für beide »Mäuse« vorgesehene verstärkte Krupp-Turm mit der 15-cm- und 7,5-cm-Kanone, hier auf der Zeichnung für die »Porsche-Maus« vom 25. Oktober 1942.

wassergekühlte Ottomotoren von Daimler-Benz, einmal der Typ MB 501 mit 1.200/1.500 PS sowie der Typ MB 503 mit 1.200 PS. Falls eine Lieferung aus Terminschwierigkeiten nicht möglich sein sollte, wollte Krupp den Maybach-Benzinmotor HL 230 mit 700 PS bei 3.000 U/min aus dem »Tiger«-Panzer oder den Schnellboot-Dieselmotor MB 507 mit 800/1.000 PS bei 2.200/2.400 U/min verwenden. Porsche favorisierte bei seiner »Maus« den Daimler-Benz-Flugmotor DB 603 mit 1.375 PS bei 2.300 U/min. An Getrieben standen für die »Krupp-Maus« ein verstärktes Olvar-Getriebe für 1.200 PS der Firma Maybach, das Allklauen-ZF-Getriebe oder aber das elektromagnetische Getriebe, ebenfalls von der Zahnradfabrik Friedrichshafen, in der engeren Auswahl.
Ein Lenkgetriebe für diese hohe Leistung gab es jedoch noch nicht. Daher hatte erst einmal die Herstellung zweier Getriebe zur Erprobung zu erfolgen. Die Eckdaten dafür beinhalteten ein Lenkverhältnis von 1:2, einen Schaltsprung von 1: 16 und eine Höchstgeschwindigkeit von 30 km/h. Dabei lagen ein Fahrzeuggewicht von 170 t und eine Motorleistung von 1.200 PS zugrunde. Als Termin hatten die Firma Krupp und Wa Prüf 6 den 1. September 1943 vorgesehen. Schwierigkeiten bereitete die Unterbringung eines 1200-PS-Motors und der dazugehörigen Kühlanlage. Wa Prüf 6 bestimmte die Einbaulage des Motors im Heck der Wanne. Falls zu diesem Zeitpunkt die Motoren und die Schaltgetriebe nicht zur Verfügung stehen sollten, war die Konstruktion auf 700 bis 800 PS auszulegen, was die mögliche Geschwindigkeit dann auf nur noch 20 km/h herabsetzte. [5]

Interessanterweise sollte diese Komponentenzusammenstellung auch bei den geplanten Raupenfahrgestellen »R-1« mit 38-cm-Schiffskanone C/34 L/48,5 und »R-2« mit 28-cm-Schiffskanone C/34 und der Länge L/54,5 für den Küstenschutz zum Einsatz kommen.

Krupp-Maus und Porsche-Maus im Vergleich

Am 1. Dezember 1942 referierten während einer Rüstungskonferenz Professor Porsche und Dr. Müller über den Stand der Dinge bei ihren jeweiligen Entwürfen. Hitler erwartete von beiden Firmen bis zum Sommer 1943 erste Versuchsfahrzeuge. Die Herstellung sollte bei Krupp erfolgen. Hitler forderte eine Monatsproduktion von fünf »Mäuschen«. Da die Entscheidung über die zu verwendende Kanone noch nicht gefallen war, wünschte Hitler die Vorlage der Durchschlagsleistungen der vorgesehenen Alternativen, der 15-cm-Kampfwagenkanone L/38, der 12,7-cm-Marinekanone, der 12,8-cm-Flugabwehrkanone 40 sowie der 12,8-cm-Kanone größerer Kaliberlänge. [6]
Am 8. Dezember 1942 erfolgte eine weitere Besprechung zwischen der Artillerie-Konstruktions-Abteilung der Firma Krupp und der WaPrüf 6 vom Heereswaffenamt. Krupp schlug einen 130 t schweren Panzerkampfwagen vor, basierend auf Triebwerksteilen des »Henschel-Tiger« III (später »Tiger« II) mit mittig gelagertem Turm. Für diese Lösung sprachen das bessere Lenkverhältnis von 1: 1,43

[5] RH 8/2854.

[6] »Deutschlands Rüstung im Zweiten Weltkrieg«. W. A. Boelcke, S. 205.

Die 28-cm-Kanone auf Raupenlafette R-2 der Firma Krupp.

anstatt von etwa 1: 2,5 bei der Porsche-Ausführung und der bessere Bodendruck von 1,1 kg/cm² (mit Einsinktiefe) im Vergleich zu den 1,27 kg/cm² bei Porsche. Außerdem war der Krupp-Entwurf um 40 t leichter als der 170-t-Porsche, was zudem einen geringeren Kraftstoffverbrauch versprach und Einsparungen in Rohstoffen und Arbeitsstunden. Außerdem, so Krupp, könne der Bahntransport ohne Sperrung des Gegenverkehrs erfolgen. Das allerdings setzte die Verwendung von Verladeketten und der damit verbundene Verzicht auf eine Laufwerkspanzerung voraus, was gegen den Krupp-Entwurf sprach.

Ein weiterer Nachteil ergab sich durch den zur Verfügung stehenden 700-PS-Maybach-Benzinmotor, der mit seinem spezifischen Leistungsgewicht von nur 5,4 PS/t zu schwach war. Oberbaurat Kniepkamp von der WaPrüf 6 stellte jedoch bis September 1943 einen 1000-PS-Motor mit einem Leistungsgewicht von 7,5 PS/t in Aussicht. (Damit meinte Ernst Kniepkamp vermutlich den Maybach-Benzinmotor vom Typ HL 232 mit mechanischer Benzineinspritzung und mechanischer Aufladung, den aber Maybach bis Kriegsende nicht zur Serienreife brachte.)

Krupp legte das Seitenvorgelege und das Lenkgetriebe dennoch schon auf diese höhere Leistung aus. Kniepkamp forderte außerdem einen leichteren Turm, der nach gegenwärtigem Stand 35 Prozent des Fahrzeuggesamtgewichts ausmachte. Beim Panzerkampfwagen »Tiger« lag dieser Gewichtsanteil dagegen nur bei 17 bis 20 Prozent. Die Lagerung in der Mitte der Wanne erlaubte zudem bessere Böschungswinkel, besser sogar als bei »Tiger« I und »Tiger« III. Gegen die Heckanordnung, wie bei der Porscheausführung praktiziert, sprach der um 400 mm weiter hinten liegende Schwerpunkt. Dadurch konnte die geplante UK-Anlage (Unterwasserfahreinrichtung) der Krupp-Version nicht vollständig vom »Tiger« übernommen werden. Außerdem musste man den vorhandenen Motorraum – wie im »Panther« beziehungsweise »Tiger«

Der 14-achsige Tiefladewagen von Simmering-Graz-Pauker A.G. (Foto: Sammlung Deppmeyer)

– ändern. Für die Besatzung ergab sich dadurch eine Trennung in Fahrer- und Kampfraum sowie eine erhöhte Wärmebelastung durch den vorn liegenden Motor, was weitere Nachteile dieser Bauart waren.

Diese Argumente, die schon während der »Löwe«-Konstruktion die Einbaulage des Turmes bestimmt hatten, galten auch in diesem Fall. Krupp und Wa Prüf 6 waren sich auch einig, dass wegen der niedrigen Geschwindigkeit des Fahrzeugs die Art und die Abstimmung der Federung, egal ob Blattfeder oder Drehstab, nur eine untergeordnete Rolle spielten.

Für den geplanten Bahntransport der Fahrzeuge verglich das Heereswaffenamt drei Möglichkeiten miteinander. Der erste Vorschlag sah die Verwendung des für die Porsche-Maus entwickelten Spezial-Tiefladewagens der Simmeringer Waggonfabrik aus Graz vor. Das Wagengewicht betrug 72,5 t und mit der »Krupp-Maus« beladen, erfolgte nur eine geringfügige Überschreitung des Höhenprofils der Reichsbahn.

Die zweite Variante sah die Aufhängung des Panzerkampfwagens zwischen zwei fünfachsigen Drehgestellen (mit Transportverlängerungen) vor. Ähnlich hatte es die Truppe schon beim 60-cm-Mörser »Karl« praktiziert. Mit einem Wagengewicht von 40 bis 50 t ergab sich hier keine Überschreitung des Eisenbahnprofilmaßes.

Die dritte Lösung erforderte einen 10-achsigen Gelenkwagen mit einem Fahrzeuggewicht von 50 t. Dabei sollte die Verladung des Panzerkampfwagens mit Hilfe von hydraulischen Stempeln und besonderen seitlichen Rampen erfolgen.

Fest stand aber, dass das Heereswaffenamt sich erst nach einer Entscheidung für das Fahrzeuggewicht auf eine Transportart festlegen konnte. Krupp und Wa Prüf 6 hatten aber ein jeweils großes Interesse an einer kurzfristigen Fertigung der 130-t-»Krupp-Maus«, denn diese konnte aufgrund der bewährten Tigerbauteile sofort in Serie gebaut werden. Allerdings stand das Projekt unter Zeitdruck, denn Professor Porsche hatte durch seine Zusagen gegenüber Hitler den Zeitrahmen gesetzt: Um den Auftrag zu bekommen, musste das erste Krupp-Fahrzeug unbedingt bis Herbst 1943 abgeliefert werden. Das wiederum bedingte eine Beschleunigung der Konstruktionsarbeiten, weshalb Kniekamp vorschlug, die Firma M.A.N. zur Detaillierung wichtiger Laufwerksgruppen heranzuziehen. Oberstleutnant Holzhäuer, als Amtsleiter von Wa Prüf 6, wollte über Oberst Thomale eine schnelle Entscheidung bei der Panzerkommission herbeiführen. Letztlich sprach, so das Fazit der Besprechungsteilnehmer, mehr für die »Krupp-Maus« als für die »Porsche-Maus«.

Krupp skizzierte am 18. Dezember 1942 die Möglichkeiten einer Gewichtsreduktion von 155 t (Zeichnung W 1671) auf 130 t (Zeichnung W 1677):

Die Transportgestelle des »Gerät 40« (60-cm-Mörser).

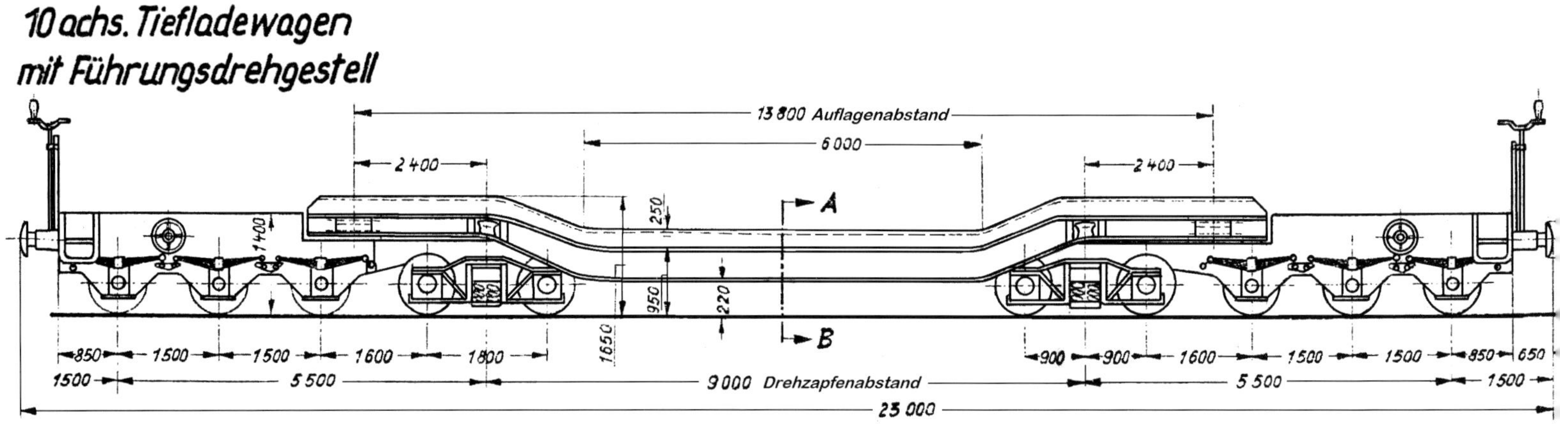

Der 10-achsige Tiefladewagen mit Führungsdrehgestell vom LHW Breslau. (Foto: Sammlung Deppmeyer**)**

Die Vorzüge der Krupp-Maus:

- Lenkverhältnis 1 : 1,5 gegenüber 1 : 2,5
- keine Sperrung des Gegenverkehrs
- kein Blockade des Laufwerkes durch Verschmutzung
- bewährte Einbauteile, sofortige Serienfertigung
- geringeres Gewicht, also höherer Ausstoß und geringerer Werkstoff- und Kraftstoffbedarf.

1. Fortfall des äußeren Panzerschutzes von 100 mm.
2. Herabsetzung der Wandstärke von Rückwand, Decke und Boden.
3. Verschmälerungen des Panzer-Gehäuses um etwa 300 mm auf 3.270 mm durch Verwendung von Verladeketten beim Eisenbahntransport. Dadurch keine Sperrung des Gegenverkehrs wie bei 3.680 mm Fahrzeugbreite.
4. Herabsetzung der Turmwandstärke um 10 %.
5. Verwendung der schwächeren »Tiger«-Baugruppen.
6. Verkürzung der Raupenauflage um 880 mm und des Panzer-Gehäuses um 680 mm wegen der Gewichtsherabsetzung durch Punkt 1 bis 5. [7]

Bis zum 31. Dezember 1942 legte Krupp mehrere Konstruktionszeichnungen der inzwischen auch als »Tiger-Maus« bezeichneten »Krupp-Maus« vor, wobei die Entscheidung zwischen den beiden Zeichnungen W 1686 und W 1677 letztlich die wichtigste war. Als Termin für die erste »Tiger-Maus« sah die Firma Krupp den November 1943 vor.

Zeichnung **W 1677**: 130-t-Fahrzeug mit leichtem Kettenschutz und starkem Seitenpanzer,
Zeichnung **W 1686**: schwerer Kettenschutz vorn und seitlich und leichter Seitenpanzer
Zeichnung **W 1679**: Rohrüberstand von »Tiger« und »Tiger-Maus«.
Zeichnung **W 1681**: 130-t-Fahrzeug mit nach hinten verlegtem Turm
Zeichnung **W 1687**: Gewichtsermittlung

Auch die Firma Henschel entwarf einen »Über-Tiger«, der bei einer Gesamtmasse von 90 t einen 19,2 t schweren Turm mit der 8,8-cm-Kampfwagenkanone mit der Länge von L/71 besaß. Der Munitionsvorrat betrug 60 Schuss, davon 16 Schuss im Turm. Angetrieben von einem 12-Zylinder-Maybach-Benzinmotor vom Typ HL 230 in Verbindung mit einem mechanischen Getriebe. Das 19,6 t schwere Laufwerk besaß 32 Laufräder von 700 mm Durchmesser, die auf einer 1.000 mm breiten Kette liefen. Die Besatzung sollte aus sechs Mann bestehen.

Am 3. Januar 1943 entschied sich Hitler dennoch für die »Porsche-Maus«. Damit verschwanden die Entwürfe zur »Tiger-Maus« vorerst in den Archiven, nur um drei Wochen später wieder hervorgeholt zu werden.

[7] RH 8/ 2837.

Von der »Tiger-Maus« zum Panzerkampfwagen »E-100«

Am 26. Januar 1943 ließ sich Dipl.-Ing. Kniepkamp, Leiter der Forschungsabteilung im Wa Prüf 6, die Gewichtsaufstellung vom VK 7001 mit »Tiger«-Aggregaten und 8,8-cm-Turm bringen. Ab Juni 1943 arbeiteten er und seine Mitarbeiter auf dieser Basis an einer Vorlage zur Entwicklung einer neuen Serie von Panzerfahrzeugen, welche 1944/1945 der Truppe zulaufen sollte. Dabei flossen die Kriegserfahrungen der Truppe ebenso mit ein wie die Erfahrungen mit den bereits in der Produktion befindlichen Baugruppen und Teilen. Da der Leiter des Heereswaffenamtes General Emil Leeb seiner Behörde am 17. März 1942 ein Entwicklungsverbot auferlegt hatte, [8] übergab Kniepkamp schon vorhandene Konstruktionspläne wie auch die Unterlagen der »Tiger-Maus« an Firmen, die noch nie Panzer produziert hatten und über keinerlei Erfahrung auf diesem Gebiet verfügten. So konnte Kniepkamp seine Vorstellungen in die Projekte einfließen lassen, ohne das Konstruktionsverbot offiziell zu verletzen.

Allen Entwürfen gemeinsam waren der größere Innenraum bei gleichbleibenden Abmessungen und Gewichten. Um das zu erreichen, musste die zwar bewährte, aber material- und platzintensive Drehstabfederung aus dem Kampfraum verschwinden. Die zweite Maßnahme, mit Ausnahme des schwersten Typs bei allen Ausführungen angedacht, verbannte die bisher einzelnen Antriebskomponenten wie Schaltgetriebe, Lenkgetriebe, Turmantrieb mit der dazugehörigen Kardanwelle und der Seitenvorgelege aus dem Kampfraum. Diese Elemente sollten nach Plan des Wa Prüf 6 als kompakte Antriebseinheit im Heck zu finden sein, um im Falle von Reparaturen oder einem Aggregat-Wechsel komplett getauscht werden zu können. Das sparte nicht nur Arbeitszeit, sondern ergab auch Platz für mehr Munition, erlaubte den Einbau einer größeren Waffe und reduzierte die Bauhöhe. Außerdem bestand so die Möglichkeit, endlich die von der Truppe schon lang geforderte Bodenluke einzubauen. Nur der Panzerkampfwagen »Tiger« II und der schwere Panzerjäger »Jagdtiger« besaßen diese so wichtige Notöffnung für die Besatzung. Die Material-Normung nahm bei der Planung eine sehr wichtige Stelle ein, weil Wa Prüf 6 versuchte, möglichst viele schon in Fertigung befindliche Teile zu verwenden.

Eine komplett neue Baureihe mit vielen gleichen Teilen

Vom Grundsatz her waren die Entwürfe für die neue Panzergeneration konventionell gehalten, neu aber war die von Kniepkamp vorangetriebene neue, außenliegende Laufwerksaufhängung, welche alle künftigen Entwicklungen aufweisen sollten. Die bisher verwendete querliegende Drehstabaufhängung besaß zwar ein ausgezeichnetes Federverhalten und damit sehr gute Fahreigenschaften, war aber teuer in Fertigung und Wartung, erforderte einen hohen Materialaufwand und vergrößerte die Bauhöhe, weil die Drehstäbe quer durch den Kampfraum verliefen. Auch belastete der hohe Reparaturaufwand die Instandsetzungseinheiten. Diese Nachteile führten letztlich zur geplanten Verwendung von außenliegenden Federeinheiten, die, bis auf die schwere Klasse, aus Tellerfederpaketen bestanden. Diese Federeinheit war Anfang 1944 von Professor Dr. Lehr als geschlossene, gekapselte Gruppe konstruiert worden. Das neue Programm umfasste Vorschläge verschiedener Gewichtsklassen.

Typ E-5, Klasse von 5 t bis 10 t

Planung von Ausführungen als Panzerkleinzerstörer, Spähpanzer und leichtes Mannschaftstransportfahrzeug. Es war als Zwei-Mann-Fahrzeug vor allem für die Fallschirmjäger gedacht. Als Bewaffnung ging das Heereswaffenamt von einem 8-cm-Panzerabwehrwerfer aus. Laut Oberst Holzhäuer entstanden ca. 20 Entwürfe, unter anderem:

- ein Entwurf der Firma BMW mit dem 3,5 t schweren Panzerzerstörer »Rutscher«, ausgerüstet mit zwei 8-cm-Panzerabwehrwerfer (-PAW-) und einer Länge

[8] BA R3/1593.

Holzmodell des Panzerzerstörers »Rutscher« mit zwei 8-cm-PAW.

von 3,55 m;

- ein Entwurf von der Firma Büssing NAG mit einem Fahrzeug »VK 501« von 3 t Gewicht und einem 90 PS-Vierzylinder-Dieselmotor der Firma Tatra;
- ein Entwurf von der Firma Weserhütte AG als Projekt »VK 301«;
- ein Entwurf eines zweisitzigen Panzer-Zerstörers von Klöckner-Humboldt-Deutz, das bereits vorhandene Aggregate nutzen wollte.

Alle diese Projekte wurden aufgrund ihrer schwachen Panzerung und Bewaffnung vom Militär abgelehnt.

Typ E-10, Klasse von 10 t bis 15 t

Die Planungshoheit dazu lag offiziell bei der Firma Klöckner-Humboldt-Deutz in Ulm, Werk Magirus. Diese Firma fertigte als Kettenfahrzeug bisher nur den Raupenschlepper Ost RSO/03, auf dessen Teile das Projekt aufbauen sollte. Vorgeschlagen wurden die Ausführungen als Schützenpanzerwagen und als leichter Jagdpanzer für eine Drei-Mann-Besatzung. Das Projekt nutzte die Fahrwerksteile des größeren E-25. Als Bewaffnung hatte das Heereswaffenamt die 7,5-cm-Panzerabwehrkanone 39 L/48 vorgesehen. Der Entwurf verwendete außenliegende Federelemente auf Basis von Tellerfedern, an denen pro Seite vier Laufrollen befestigt waren. Das Projekt entfiel, da sich der Entwurf des Jagdpanzers 38 (D), der Nachfolger des Jagdpanzers »Hetzer«, als überlegener gezeigt hatte.

Typ E-25, Klasse von 25 t bis 30 t

Die Planung erfolgt bei der Firma Argus in Frankfurt (Main), vorgesehen als Ersatz für die Jagdpanzer auf Panzer IV-Basis. Es entstand eine Zwischenlösung, die zwischen dem Jagdpanzer 38 (D) und dem Panzerjäger »Jagdpanther« lag. Um bestmöglichen Schutz zu gewährleisten, entstand ein flaches Fahrzeug mit allseits geschrägten Wänden ähnlich dem Jagdpanzer »Hetzer«. Um den Innenraum besser nutzen zu können, kamen außenliegende Federelemente zum Einsatz.

Auf jeder Seite befanden sich fünf außen montierte Teller-Federelemente. Die Anordnung der Laufräder erfolgte in Staffelanordnung. Ketten, Lauf- und Antriebsräder stammten vom Panzerkampfwagen V »Panther«. Jede Laufrolle besaß ein Federelement mit Tellerfedern und hydraulischen Stoßdämpfern. Das Federgehäuse schwang mit der Laufrolle, während man die dazugehörige Kurbel fest mit dem Wannengehäuse verband. Entgegen der sonst im deutschen Panzerbau üblichen Praxis saß das Antriebsrad im Heck, wobei nach Ansicht des WaPrüf 6 der Frontantrieb klare Vorteile durch die bessere Selbstreinigung der Ketten sowie durch die Verteilung der Aggregate eine günstigere Schwerpunktlage besaß. Die Antriebsanlage, bestehend aus Motor, Getriebe, Kühlanlage und Lenkgetriebe, bildete eine kompakte Einheit, die als Ganzes ausgefahren werden konnte. Für das neue Antriebskonzept wollte die Firma den in der Entwicklung be-

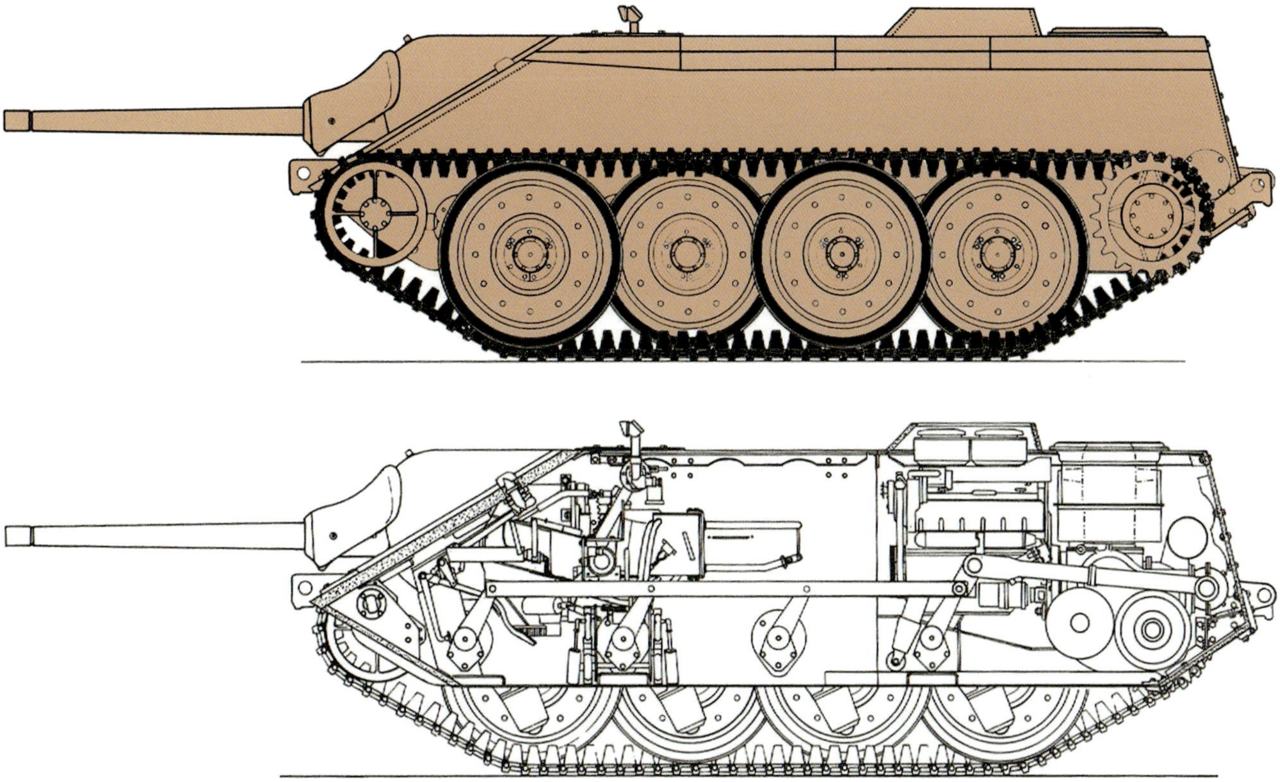

Der E-10-Entwurf von Klöckner-Humboldt-Deutz.

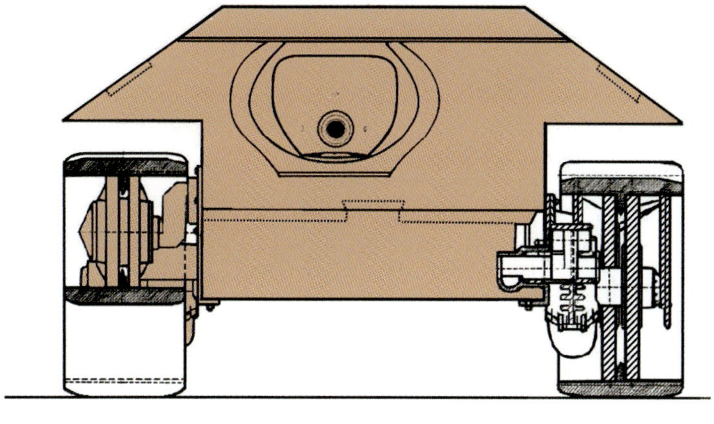

Der E-25-Entwurf der Firma Argus mit seinen seitlichen Federungselementen.

findlichen querliegenden Maybach-Motor HL 100 mit 400 PS oder einen luftgekühlten Argus-Otto-Motor mit 350 PS zusammen mit einem hydraulischen Voith-Drehmomentwandler und hydrostatischen Lenkgetriebe einsetzen. Die Kraftübertragung zwischen Schaltgetriebe und Lenkung erfolgte mittels seitlicher Planetengetrieben auf die hinten liegenden Antriebsräder. Als Hauptwaffe sah Wa Prüf 6 die 7,5-cm-Panzerjägerkanone L/70 vor. Nach unbewiesenen Aussagen sollen noch einige fertige Wannen von Kattowitz zur Firma Alkett Berlin transportiert worden sein, um dort fertig montiert zu werden.

Rheinmetall-Borsig

Zu dieser Gewichtsklasse gehörten noch einige eigenständige Entwicklungen, wie der schwere, kleine Panzerkampfwagen mit einer 10,5-cm-leichten Feldhaubitze 43 und einer 3-cm-Flugabwehrkanone MK 108 der Firma Rheinmetall-Borsig A.G. aus Düsseldorf vom Juli 1943. Dieser besaß einen kleinen Turm, der zum Schießen mit der Maschinenkanone geöffnet werden musste. Die 58 kg schwere Maschinenkanone 108 war als Flugzeugwaffe sehr erfolgreich und konnte aufgrund der Prägeherstel-

Der Rheinmetall-Entwurf vom 29. Juli 1943 mit der 10,5-cm-leichten Feldhaubitze.

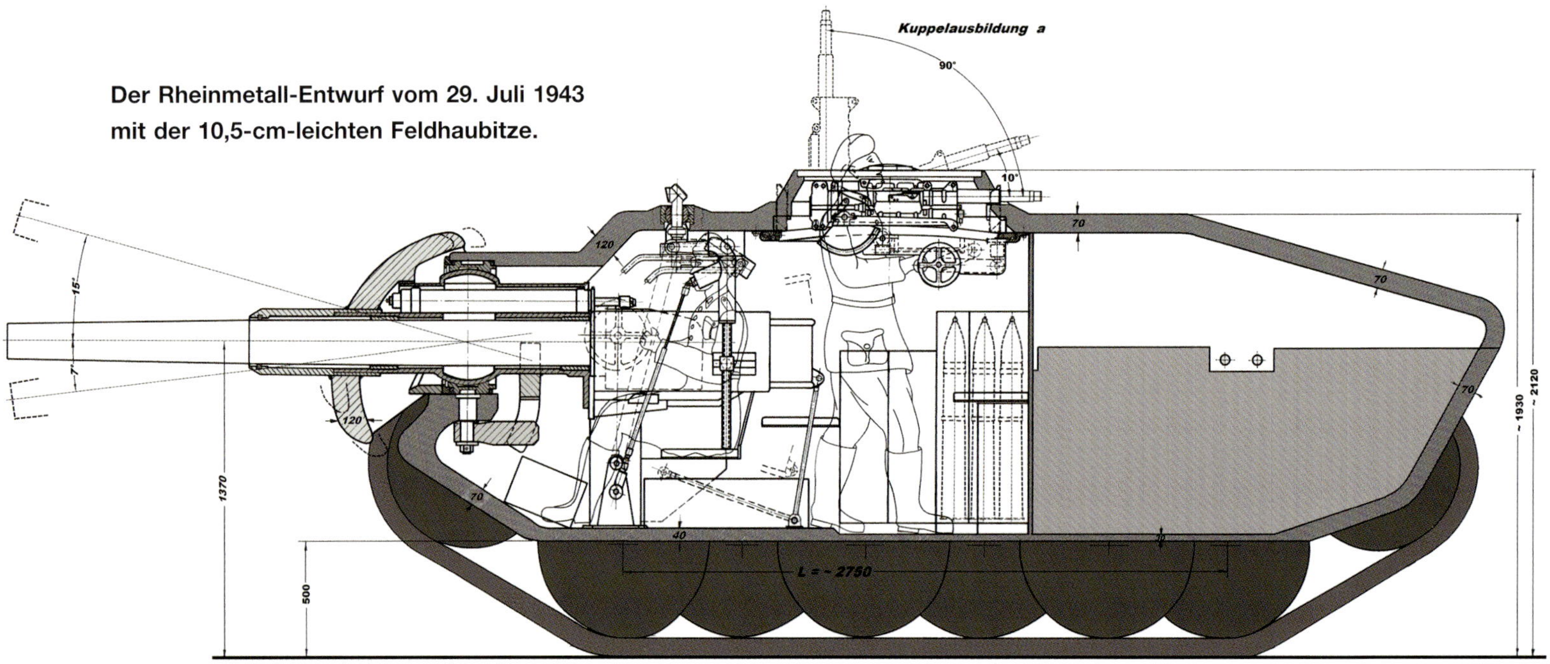

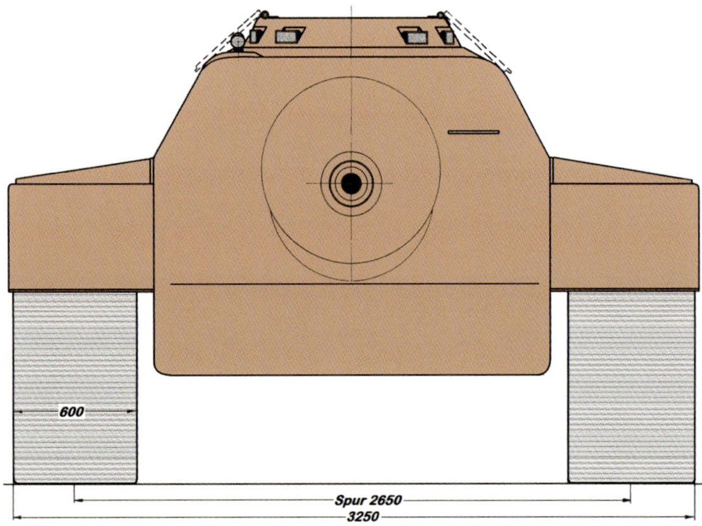

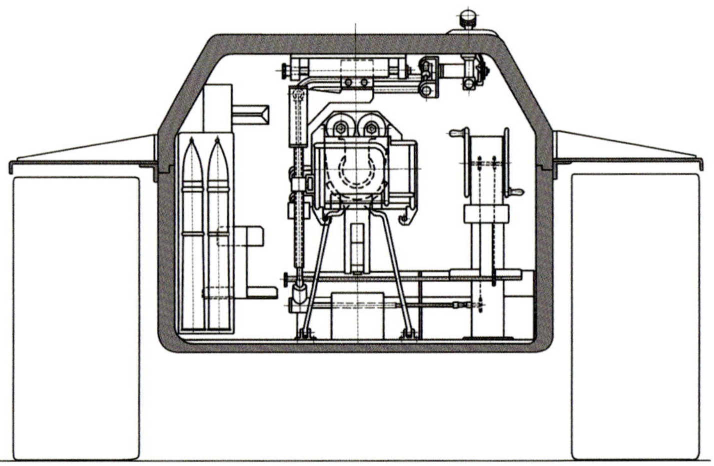

lung kostengünstig produziert werden. Die Waffe besaß eine elektrisch pneumatische Durchlade- und Abzugseinrichtung. Die Patronenhülse wurde nicht ausgeworfen, sondern verblieb im Gurt. Die Anfangsgeschwindigkeit von 600 Schuss/min konnte Rheinmetall-Borsig auf 900 bis 1.000 Schuss/min steigern. Die Vier-Mann-Besatzung verfügte über einen Munitionsvorrat von 44 Patronen vom Kaliber 10,5 cm und 700 Patronen für die 3-cm-Maschinenkanone. Der zweiteilige Panzeraufbau bestand aus Panzerguss mit einer 120 mm starken Frontpanzerung sowie einer 70-mm-Panzerung an den Seiten, der Decke und am Heck. Die Bodenstärke ging von 40 mm nach

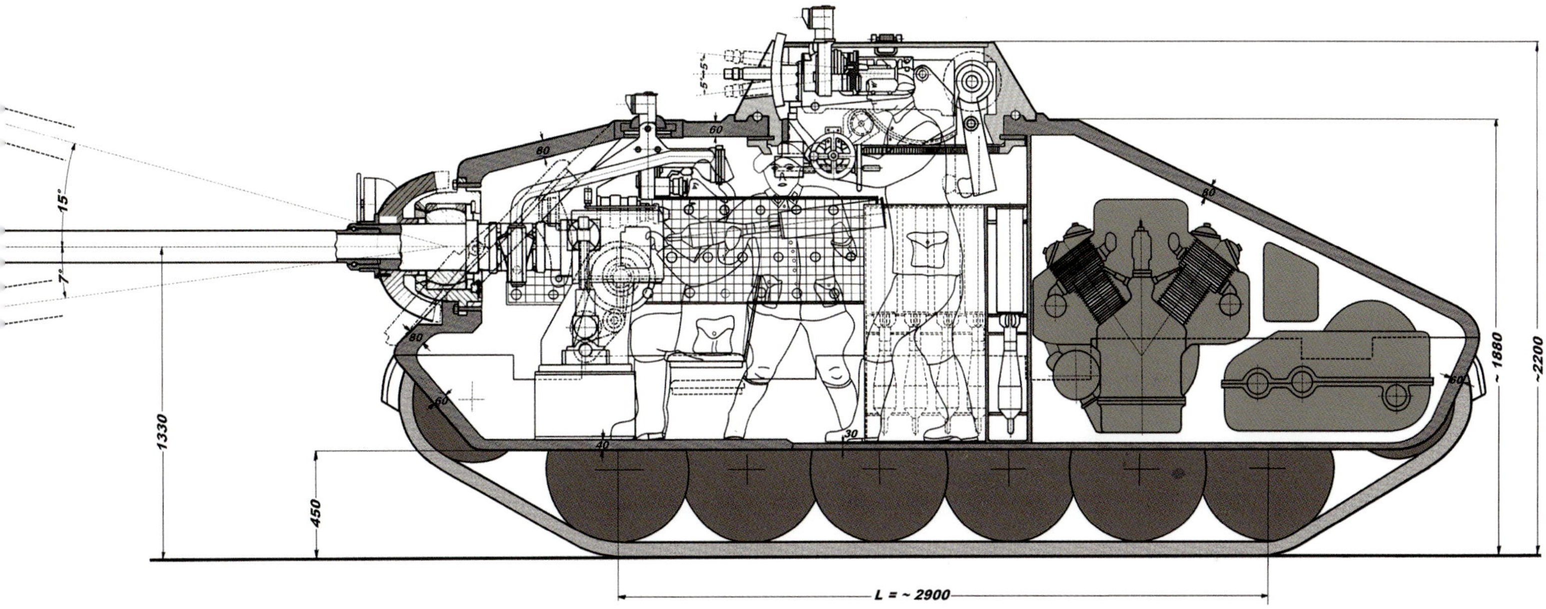

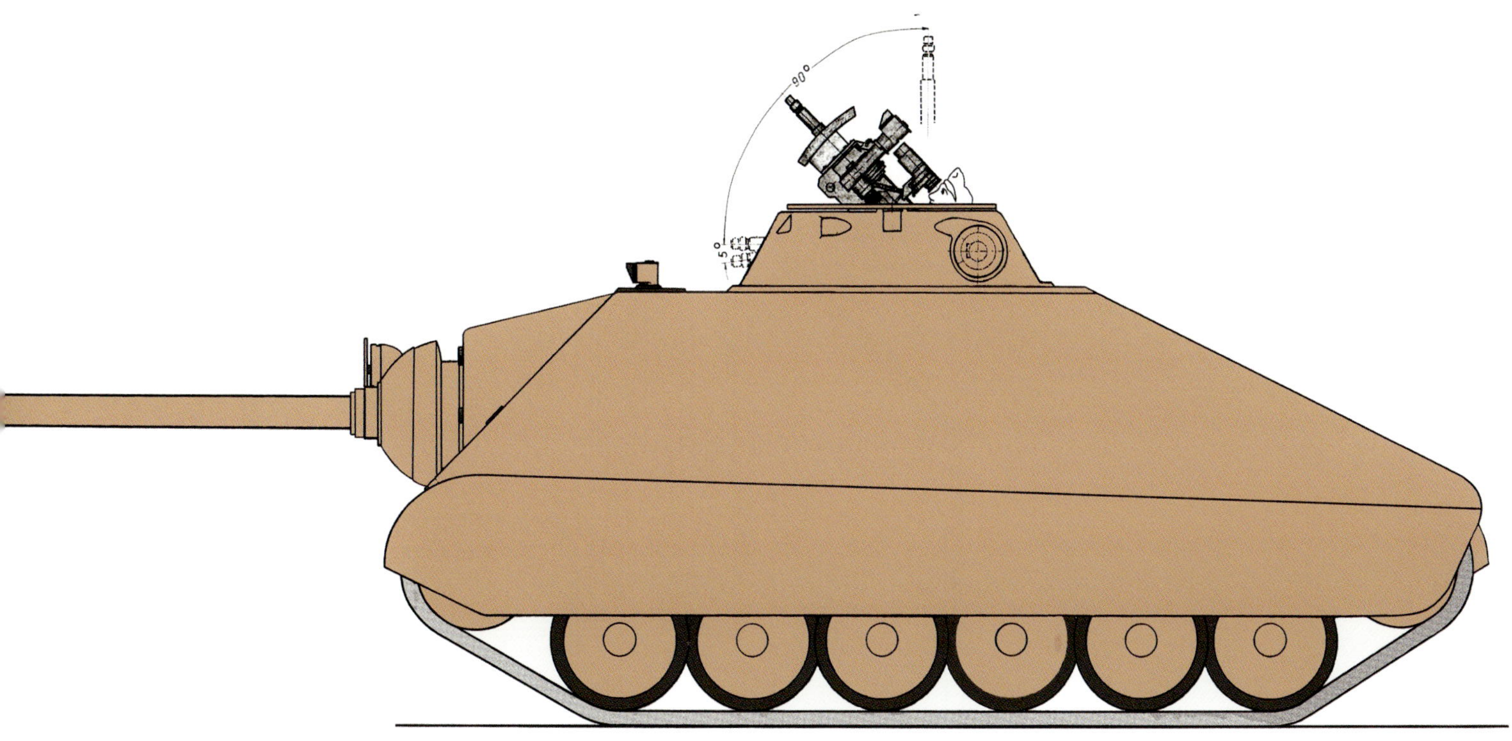

Der Rheinmetall-Entwurf vom1. Juni 1944 mit dem 10-cm-Panzerabwehrwerfer (PAW).

hinten auf 30 mm zurück. Das Gewicht sollte bei 27 t liegen. Ein Wendeverhältnis 1,04 und ein Bodendruck von 0,8 kg/cm² kennzeichneten das Fahrzeug. Die Gesamthöhe von 2.200 mm bei einer Breite von 3.200 mm zeigte einen gedrungenen Aufbau. Die Feuerhöhe des 10,5-cm-Geschützes betrug nur 1.370 mm.

Ein im Juni 1944 entstandener Entwurf dieser Firma zeigte einen sehr fortschrittlichen schweren, kleinen Panzerkampfwagen mit einem 10,5-cm-Panzerabwehrwerfer und einer 3-cm-Flugabwehrkanone MK 108 sowie ein »Ultra-Rot-Suchgerät« und ein Entfernungsmesser. Dessen Gesamtgewicht betrug 26 t bei einem Lenkverhältnis von 1: 16 und einem Bodendruck von 0,8 kg/cm². Der dafür geplante Panzerabwehrwerfer erreichte mit einem Geschossgewicht von 6,15 kg eine Anfangsgeschwindigkeit von 900 m/s. Die 943 mm lange Munition in Patronenform besaß ein Gewicht von etwa 10 kg. Der Munitionsvorrat betrug 56 Schuss. Der ebenfalls zweiteilige Panzeraufbau aus Guss bestand oben frontal aus einer 80-mm-Panzerung, während die untere Front, das Heck und die Decke mit 60 mm gepanzert waren. Die Seiten- und die vordere Bodenpanzerung betrugen 40 mm. Dabei verstärkten die allseits schrägen Außenwände die Panzerwirkung durch den längeren Durchdringungsweg.

Das Fahrwerk deckten 20 mm starke Schürzen ab. Eine Breite von 3.150 mm und eine Höhe von 2.200 mm ergaben ein kompaktes Fahrzeug mit geringem Aufzug; die Feuerhöhe war dagegen mit 1.330 mm noch niedriger als beim zuvor beschriebenen Entwurf. Die vier Männer der Besatzung verwendeten für beide Waffen Winkelzielfernrohre, um die frontale Panzerung nicht zu schwächen. Der Richtschütze des Panzerabwehrwerfers besaß zusätzlich ein mit dem Zielfernohr gekoppeltes Nachtsichtgerät FG 1250, das aus dem 200-mm-Scheinwerfer mit IR-Filter-Streuscheibe und IR-Zielfernrohr bestand. Zusätzlich hätten neben einem Stromerzeuger noch Umformer und Zerhacker untergebracht werden müssen. Der horizontale 1,2-m-Entfernungsmesser befand sich dagegen im Turm und musste separat bedient werden. Der Turmschütze konnte im Bodenkampf unter Panzerschutz schießen. Nur zur Luftabwehr musste der Turmschütze aus dem (in diesem Fall oben offenen) Turm schießen. Für Vortrieb sollte ein luftgekühlter 12-Zylinder-Dieselmotor in V-Bauform dienen, der von der Firma Porsche aus dem 10-Zylinder-Porsche-Typ 101/3 A entstehen sollte.

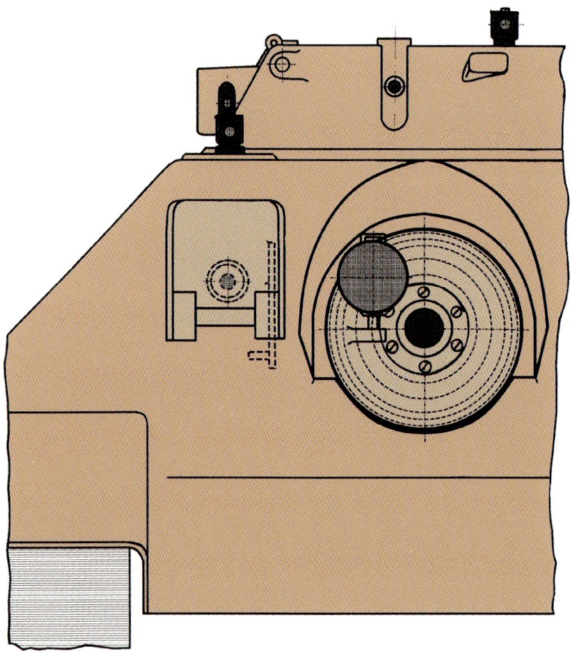

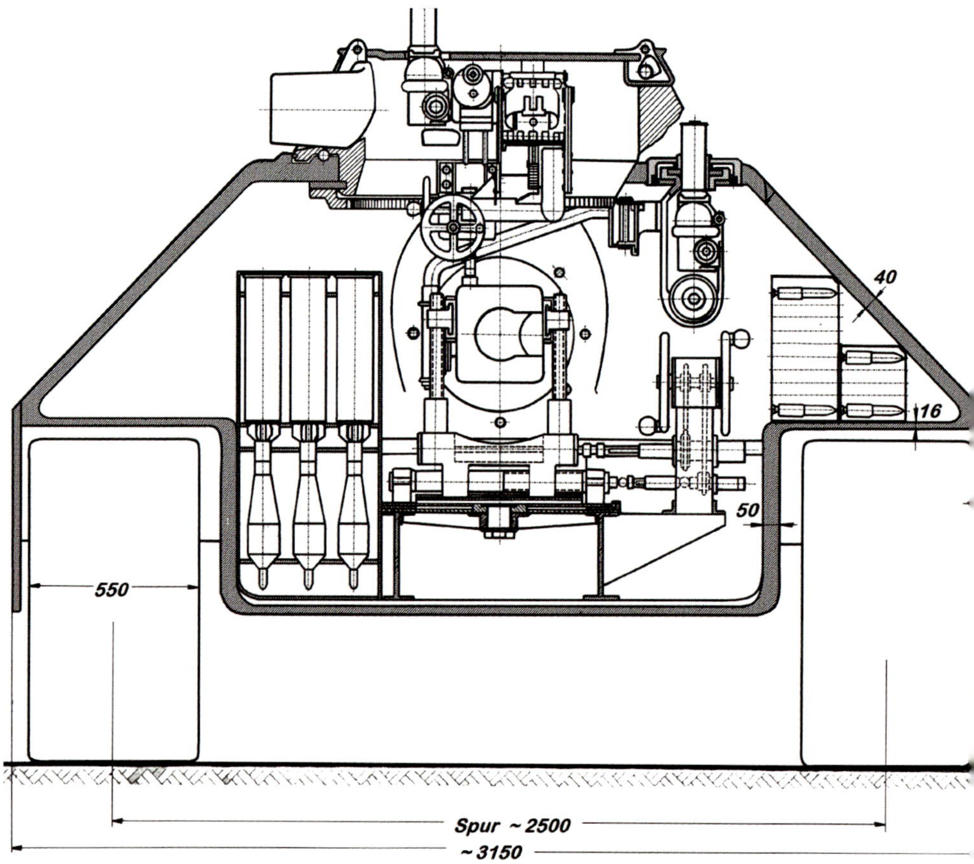

Die Porsche-Entwürfe

Auch die Porsche KG fertigte im Juli/August 1943 eigenständige Entwürfe innerhalb dieser Gewichtsklasse an. So schuf Porsche unter dem Begriff »Sonderfahrzeug V« einen leichten Mehrzweckpanzer (»Porsche Typ 245/1«), einen leichten Panzerkampfwagen (»Porsche Typ 245/2«) sowie einen Mehrzweckpanzer (»Porsche Typ 250/255«), die allerdings nicht über das Stadium von Projektzeichnungen hinaus gediehen.
Der Typ 245/1 besaß ein Gewicht von 18 t. Als Bewaffnung hatte Professor Porsche eine 5,5-cm-Maschinenkanone vorgesehen, die wegen der großen möglichen Erhöhung für Erd- und Luftbeschuss gleichermaßen eingesetzt werden konnte. Angetrieben wurde der Drei-Mann-Panzer von einem luftgekühlten 10-Zylinder-Benzinmotor vom Porsche Typ 101. Der Motor aus dem »Porsche-Tiger« mit seinen 300 PS verfügte aber in diesem Fall über eine Aufladung und erbrachte 345 PS bei 2.500 U/min. Die Kraftübertragung erfolgte mittels eines hydraulischen Wandlers, der eine Geschwindigkeit von 65 km/h ermöglichen sollte. Das Fahrwerk entsprach dem Federungsprinzip

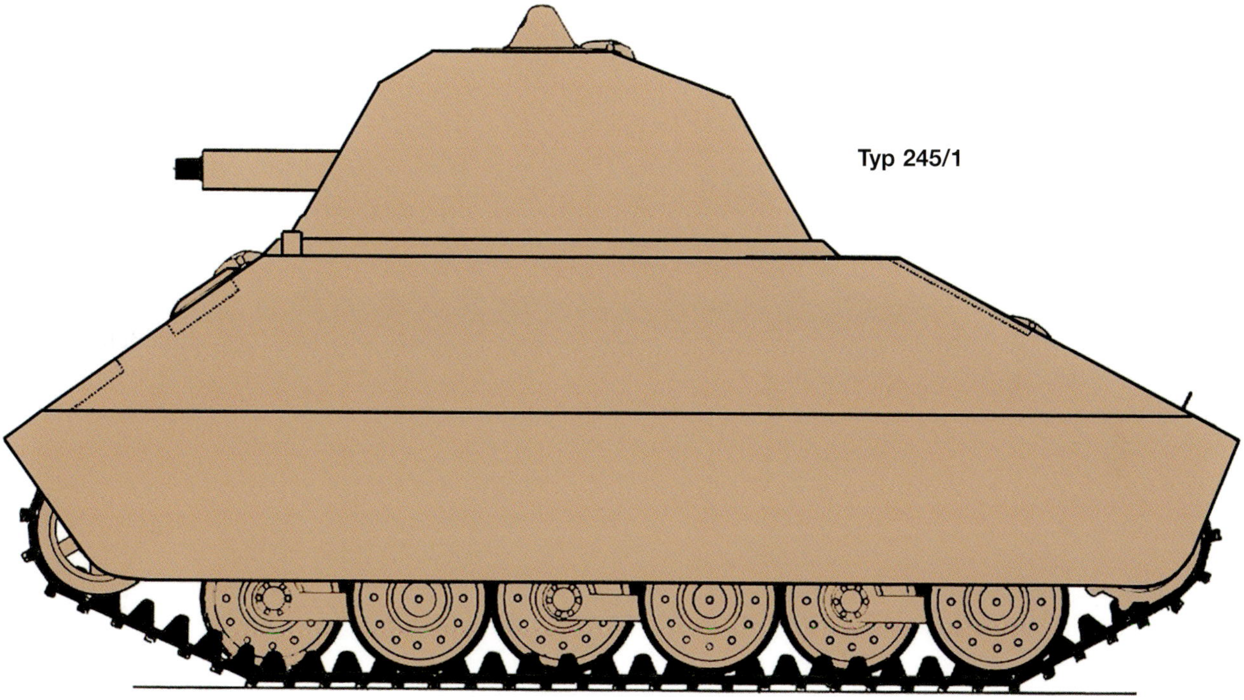

Typ 245/1

Porsche Typ 245/2
mit 5,5-cm-Geschütz.

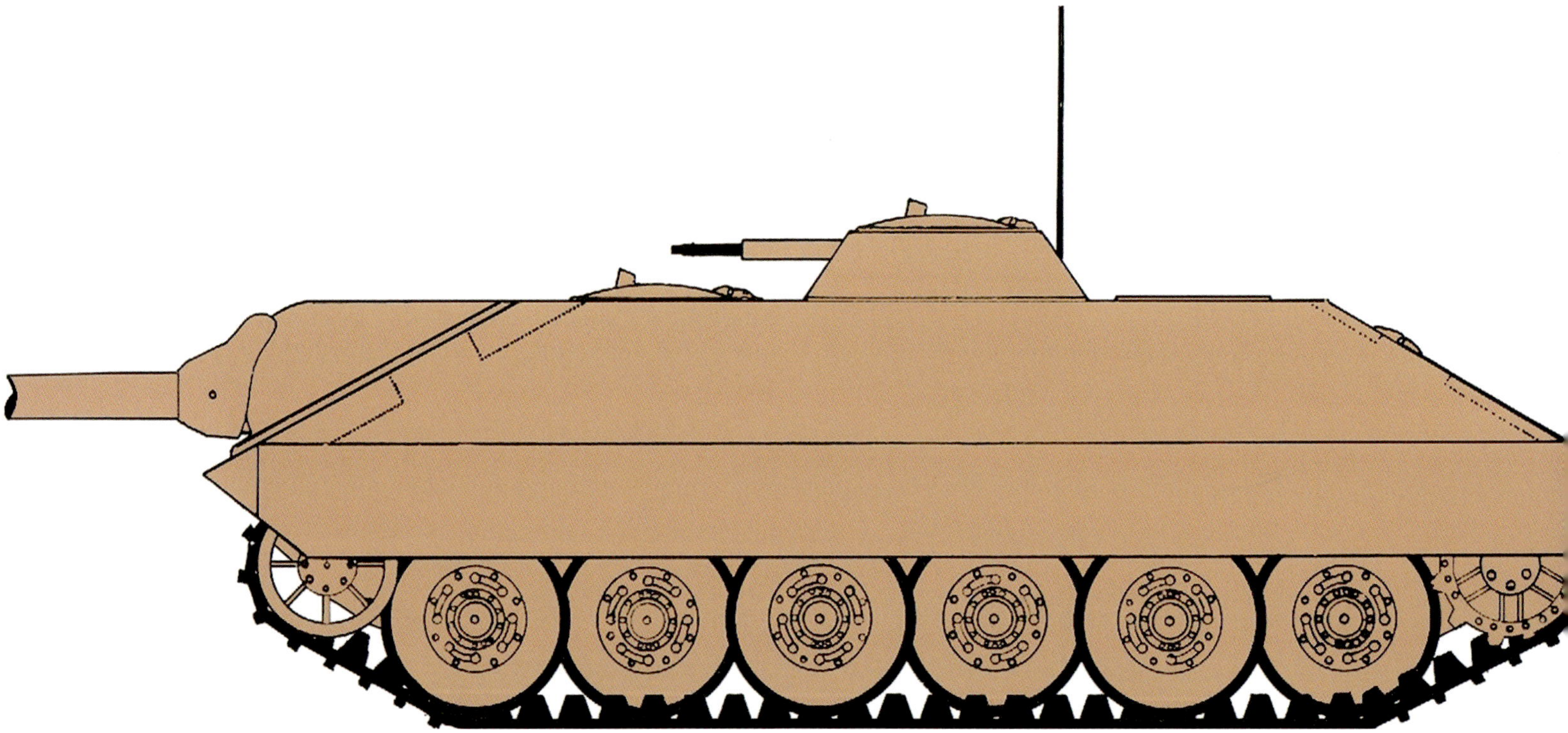

Porsche Typ 250/255 mit 10,5-cm-Geschütz.

des Panzerkampfwagens »Maus« mit seiner Kegelstumpffederung. Die Frontpanzerung bestand aus einer 60 mm starke Platte.

Das zweite Projekt zeigt ein 2-Mann-Sturmgeschütz auf gleicher Basis. Dieser Fahrzeugentwurf wog 15 t, besaß ebenfalls ein 5,5-cm-Hauptgeschütz in längerer Ausführung mit beschränktem Seitenrichtfeld und eine Feuerhöhe von 1.130 mm. Zusätzlich verfügte die Besatzung über einen 7,92-mm-Maschinengewehr-Turm. Dennoch betrug die Fahrzeughöhe nur 1.450 mm. Vorgesehen hatte Porsche hier den Maybach-Benzinmotor HL 116 mit 250 PS, der wiederum mit Hilfe eines hydraulischen Voith-Drehmomentwandlers eine Höchstgeschwindigkeit von 58 km/h ermöglichen sollte. Möglicherweise war die Motorwahl ein Zugeständnis an Wa Prüf 6/F. Die Panzerung entsprach dem Modell 245/1. Durch die längere Kanone stieg die Gesamtlänge auf 5.970 mm.

Als »Sonderfahrzeug VI« bezeichnete man bei der Firma Porsche die Typen 250 und 255. Die wesentlich vergrößerten Fahrzeuge unterschieden sich untereinander nur durch ihre Kraftübertragung, entweder mechanisch (Typ 250) oder hydraulisch (Typ 255). Der Entwurf ähnelte sehr stark dem von Rheinmetall und ist mutmaßlich das Ergebnis einer gemeinsamen Entwicklung. Im Aufbau ähnlich einem Sturmgeschütz, wog dieser Entwurf ebenfalls 27 t und besaß auch die 120-mm-Frontpanzerung. Das 10,5-cm-Geschütz wie auch die 3-cm-Maschinenkanone (beide von Rheinmetall-Borsig) verwendeten die Ingenieure von Porsche ebenfalls. Als Antrieb hatte die Firma Porsche ihren weiterentwickelten luftgekühlten 12-Zylinder-Benzinmotor vorgesehen, der vom 10-Zylinder-Motor-Typ 101 abstammte. Die Motorleistung des quer eingebauten Aggregats betrug 500 PS aus 18 Liter Hubraum, die Höchstgeschwindigkeit sollte bei 57 km/h liegen. Die Ausführung Typ 250 mit dem mechanischen Getriebe hatte ein Gesamtgewicht von lediglich 25 t. Die Federung bestand wiederum aus den schon bekannten Kegelstumpffedern, die sich pro Seite auf je drei Rollenwagen abstützten. Die Besatzung bestand aus vier Mann. Unterschiede zum Rheinmetall-Entwurf bestanden in der geschweißten, 12,5 t schweren Wanne und der geringeren Seitenpanzerung von 45 mm. Als Hersteller hatte Professor Porsche die Firma Krupp vorgeschlagen, aber auch diese fortschrittlichen Projekte verblieben letztendlich in den Schreibtischen.

Typen E-50 und E-75, Klassen von 50 t und 75 bis 80 t

Diese beiden Entwürfe, die die »Panther« II und »Tiger« II ersetzen sollten, waren prinzipiell identisch und unterschieden sich in den Panzerstärken. Als Auftragsnehmer wählte das Heereswaffenamt die Firmen Adler aus Frankfurt (Main) und Weserhütte aus Bad Oeynhausen aus. Beide Typen sollten eine identische Wanne besitzen, die sich nur in den Panzerstärken und damit im Gewicht unterschieden. Die E-50-Wanne wog rund 40 t; die des E-75 sollte 60 t wiegen. Die E-50/75-Klasse besaß einen Rollenwagen mit Tellerfederpaketen für jeweils zwei Rollen. Dieses Federungssystem, auch als »Belleville-Washer«-Federung bezeichnet, beruhte auf der seriellen Stapelung einer Vielzahl von Tellerfedern, wobei sich die Biegungen addierten. Die Federkraft entsprach dem einer einzigen Feder. Der E-75 hatte aber zwei zusätzliche Laufrollen auf jeder Seite, die dem höheren Gewicht Rechnung trugen.

Charakteristisch für beide Panzerwannen waren der verstärkte vordere Unterboden und die stärker gepanzerten Einstiegsluken, die den Minenschutz verbessern sollten. Wa Prüf 6 hatte geplant, beide Typen mit den gleichen Gefechtsketten, einem identischen Kühl- und Kraftstoffsystem und einer identischen Antriebseinheit zu versehen. Diese Antriebseinheit bestand aus dem Motor des in der Entwicklung begriffenen, aufgeladenen Maybach-Benzinmotors HL 232 mit einer geplanten Leistung von 1.000 PS oder aus dem Maybach-Benzinmotor HL 234 mit 900 PS Leistung, die zusammen mit einem hydraulischen 8-Gang-Vorwählgetriebe des gleichen Herstellers und einem Zweiradien-Überlagerungslenkgetriebe verwendet werden sollten. Diese Aggregate sollten als Block zu einer Komponente vereinigt werden, wodurch man sich eine Gewichtseinsparung von 1.000 kg sowie eine 23% Einsparung bei der Herstellung der Fahrzeuge errechnete. Auch der Wartungsaufwand sollte so erheblich sinken. Für den E-75 plante die Firma eine zusätzliche Getriebeuntersetzung, um das höhere Gewicht zu kompensieren.

Am Fahrwerk sollte die gekapselte Federeinheit zwei unabhängig gefederte, gummisparende Laufräder aufnehmen. Die Laufräder saßen an Kurbelarmen, an denen sich innen ein Zahnsegment befand. Diese Segmente übertrugen die Radlast auf innenliegende horizontale Zahnstangen. Diese stützten sich auf unterschiedlich bemessene Tellerfedern mit 185 mm Durchmesser ab. Für den schwereren E-75 benutzte man zusätzlich 100 mm große Zusatztellerfedern. Auf der anderen Seite der Zahnstangen hatte die Firma das Gehäuse des hydraulischen Stoßdämpfers befestigt. Die Ölversorgung der Stoß- bzw. Schwingungsdämpfer erfolgte über die Zentralschmierung des Fahrwerkes. Als Höchstgeschwindigkeit für den E-50 plante Wa Prüf 6 maximal 60 km/h und für den E-75 maximal 40 km/h.

Auf Basis des Panzerkampfwagens E-75 stellte sich die Forschungsabteilung von Wa Prüf 6 auch ein 80 t schweres Sturmgeschütz vor, das den schweren Panzerjäger »Jagdtiger« ersetzen sollte. Wie der Turm konkret auszusehen hatte, war noch nicht definiert. Fest stand, dass der Turmantrieb mittels eines Elektromotors erfolgen sollte. Den dazu benötigten Strom erzeugte ein Hilfsaggregat. Damit war ein Drehen des Turmes auch bei Stillstand des Hauptmotors möglich. Das hatte weiterhin den Vorteil, dass das Schwenkwerk unabhängig von der Motordrehzahl des Hauptmotors funktionierte und außerdem eine höhere Brandsicherheit bot, weil das leicht entflammbare Hydrauliköl entfiel.

Die Federelemente ähneln, wie aus den Zeichnungen hervorgeht, sehr stark den Porsche-Rollenwagen, die man in »Tiger« (P) und »Jagdtiger« (P) verwendet hat. Auch Aufbau und Funktion gleichen sich auffällig, daher verwundert es nicht, dass diese Ähnlichkeit schon zu Verwechslungen in der Literatur geführt hat.

Über die Turmkonstruktion ist nur wenig bekannt geworden. Die Konstruktion befand sich in den Händen der Firma Krupp und sah entweder eine 8,8-cm- oder eine 10,5-cm-Kampfwagenkanone vor. Vorstellbar war für den E-50 der in der Erprobung befindliche, sogenannte »Panther-Schmalturm« mit Saukopfblende, da er die zur damaligen Zeit modernsten Komponenten, wie einen horizontalen Entfernungsmesser Em 1,32 m R sowie ein Turmwinkelzielfernrohr, aufwies. Zudem war geplant, dass der Turm horizontal stabilisiert werden konnte. Auch hatte das Heereswaffenamt den Einbau des Nachtfahr- und Zielgerätes FG 1250 vorbereitet. Der Turm besaß eine schmale, jedoch stärker gepanzerte Frontplatte von 120 mm Dicke. Die Seitenpanzerung betrug bei diesem Schmalturm 60 mm. Das koaxiale Maschinengewehr 34 wurde durch das zuverlässigere und schneller schießende Maschinengewehr 42 ersetzt, zumal die Produktion des Maschinengewehrs 34 auslief.

Bestückt war der hier gezeigte Turm mit einer weiterentwickelten 7,5-cm-KwK 44/1 der Firma Skoda ohne Mün-

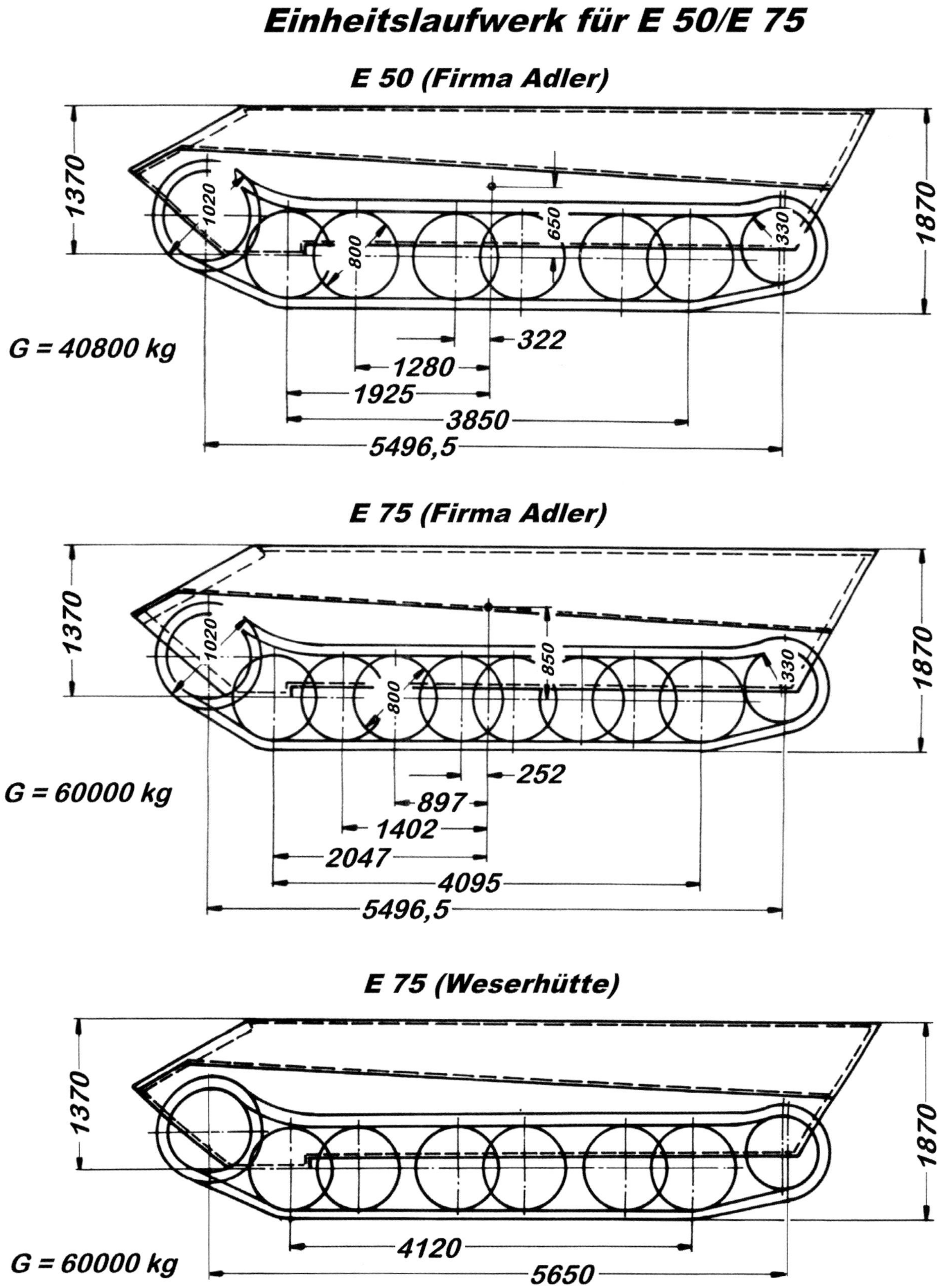

Die geplanten Wannen-Abmessungen der E-50/75-Serie.

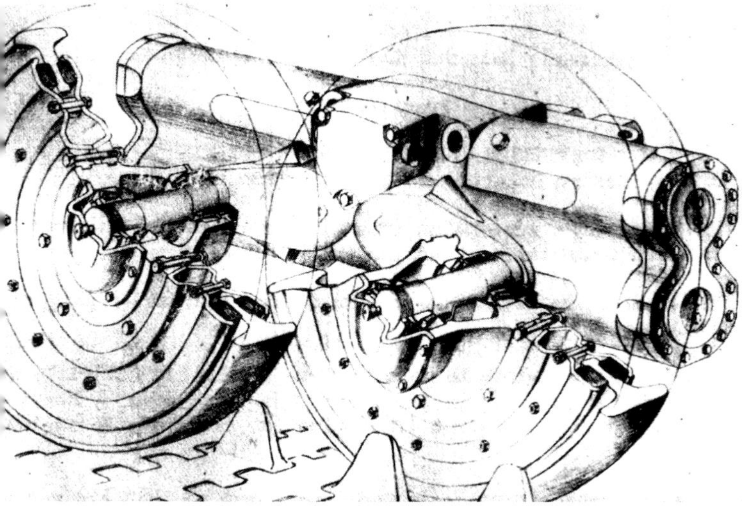

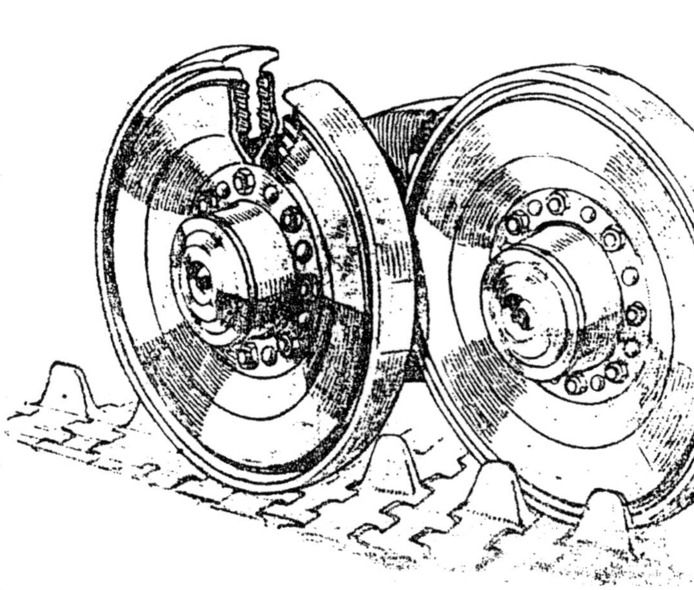

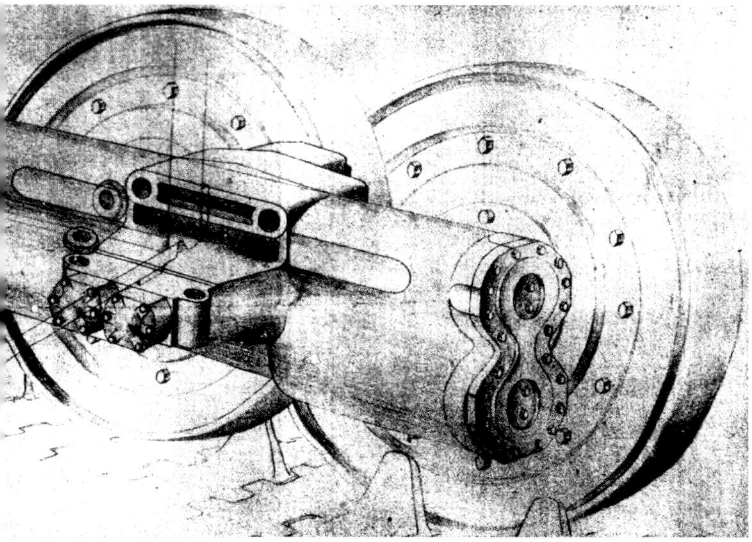

Beide Varianten verwendeten, in Schrittform angebrachte, sogenannte »gummisparende« Laufrollen. Links der Tellerfeder-Rollenwagen, rechts der schon bekannte Porsche-Rollenwagen aus »Tiger«(P) und »Jagdtiger«(P).

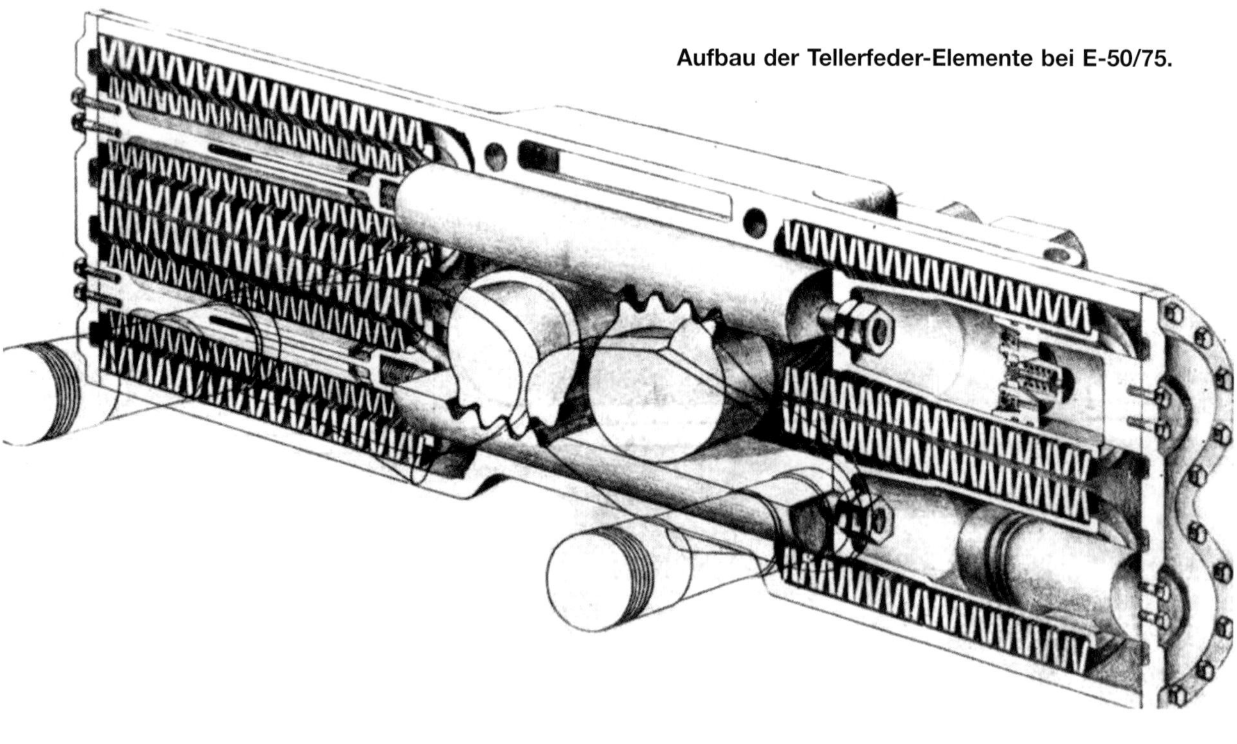

Aufbau der Tellerfeder-Elemente bei E-50/75.

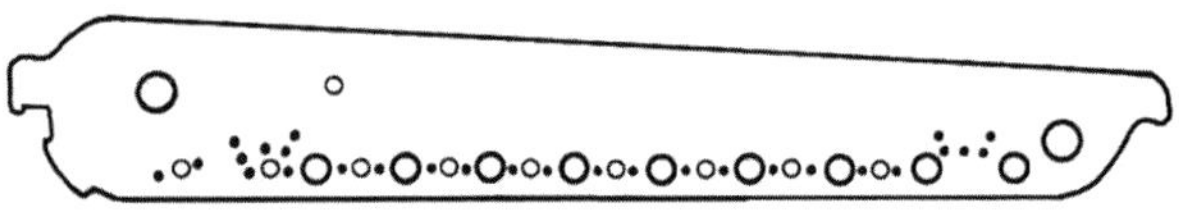

HENSCHEL

Wannenbearbeitungszeit	360 Stunden
Kosten für die dazu benötigten Werkzeugmaschinen	RM 866 000,–
Rohmaterialgewicht der Federungsteile einschl. Stoßdämpfer	17 200 kp
Gewicht dieser Teile bearbeitet	9 480 kp
Aufwand an Maschinenarbeit für Federungsteile einschl. Stoßdämpfer	460 Stunden

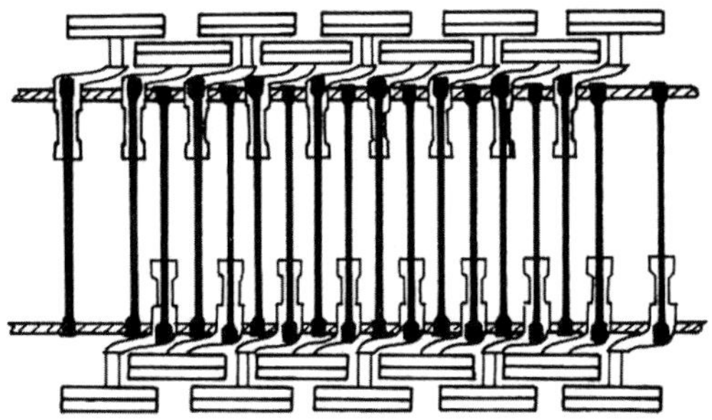

Um einen Kurbelarm zu entfernen ist es notwendig, auch die nebenan liegenden Räder auszubauen.
18 Drehstäbe, jeder 1960 mm lang mit einem Fertiggewicht von 887 kp.
Zentralschmierung für 36 Schwingarmlager.
Größtes Schmiedestück (Schwingarm) 200 kp.

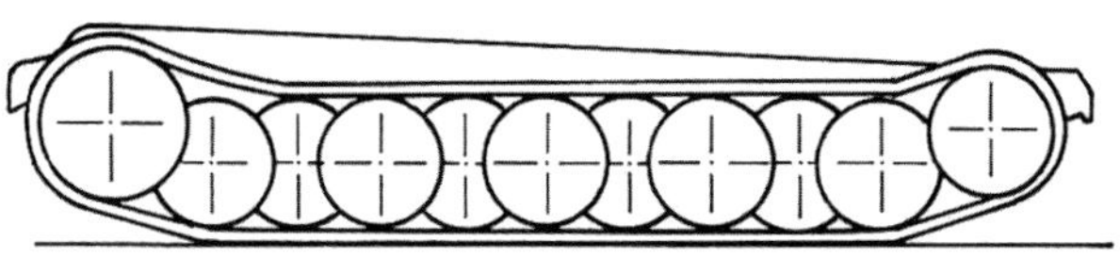

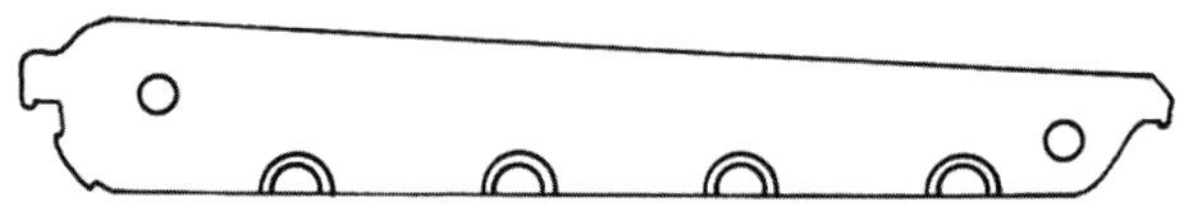

PORSCHE

Wannenbearbeitungszeit	140 Stunden
Kosten für die dazu benötigten Werkzeugmaschinen	RM 462 000,–
Rohmaterialgewicht der Federungsteile einschl. Stoßdämpfer	12 000 kp
Gewicht dieser Teile bearbeitet	6 800 kp
Aufwand an Maschinenarbeit für Federungsteile einschl. Stoßdämpfer	230 Stunden
Einsparung im Gewicht	2 680 kp
Einsparung an Kosten für Werkzeugmaschinen	RM 404 000,–

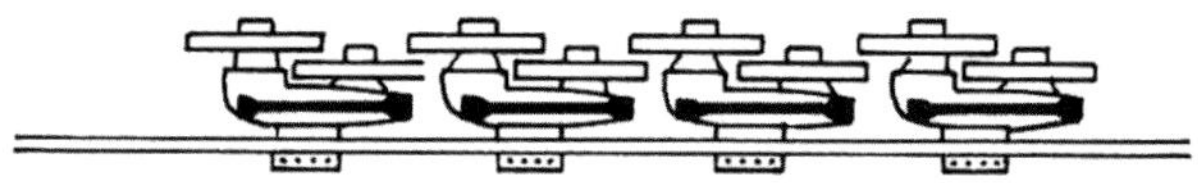

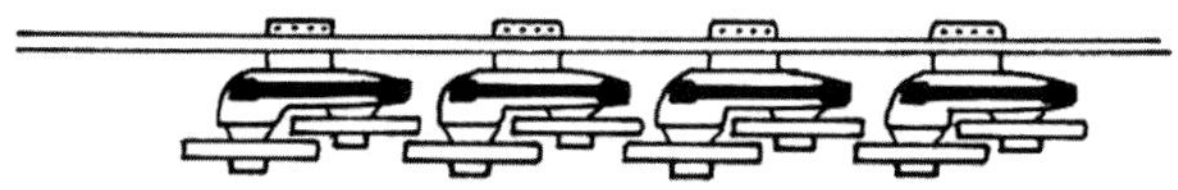

Es ist möglich, einen Rollenwagen auszubauen ohne andere Teile ebenfalls ausbauen zu müssen. Auch wird keine Winde benötigt. Alle Schraubverbindungen sind von außen zugänglich.

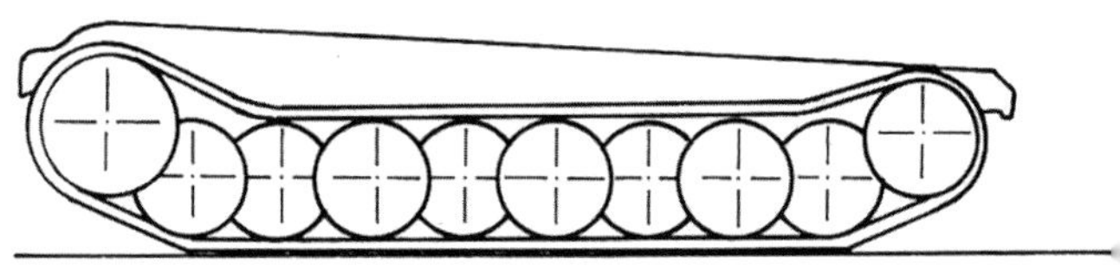

Die Ähnlichkeit der Fahrwerkselemente legte den Vergleich der Tellerfeder-Konstruktion mit den beim »Jagdtiger« verwendeten Drehstäben nahe.

dungsbremse, weil die in Entwicklung befindlichen Treibspiegelgeschosse noch nicht mündungsbremssicher gebaut werden konnten. Die Treibspiegelgeschosse besaßen den Vorteil einer hohen Anfangsgeschwindigkeit und damit einer hohen kinetischen Energie zum Durchschlagen von stärkster Panzerung. Die Rückstoßenergie nutzten die Konstrukteure, um mit Hilfe eines zusätzlichen Zylinders unter der Kanone die Pulvergase auszublasen. Der ansonsten nötige separate Kompressor entfiel.

Den Krieg überdauert hat noch ein Schmalturm-Entwurf von Krupp mit der 8,8-cm-KwK L/71, wie sie im Panzerkampfwagen »Tiger« II verwendet wurde. Dieser Turm hätte, wie aus der Zeichnung ersichtlich, den Panzerturm-Entfernungsmesser vom Typ Em 1,6 m R erhalten sollen, der aufgrund der Turmbreite eine andere Basis benötigte.

Der sogenannte Schmalturm mit Saukopfblende.

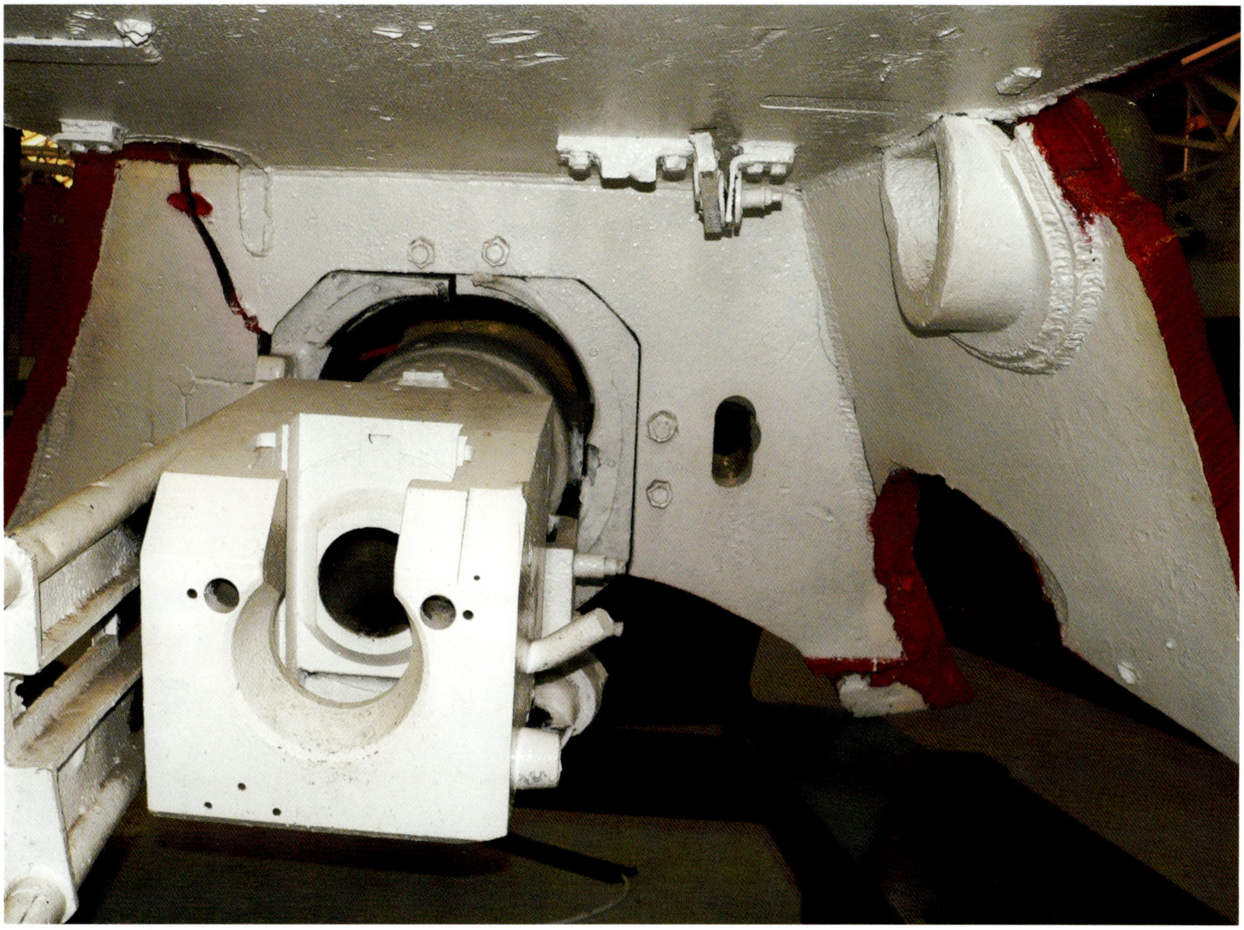

Das erhaltene Schmalturm-Fragment im britischen Tankmuseum Bovington.

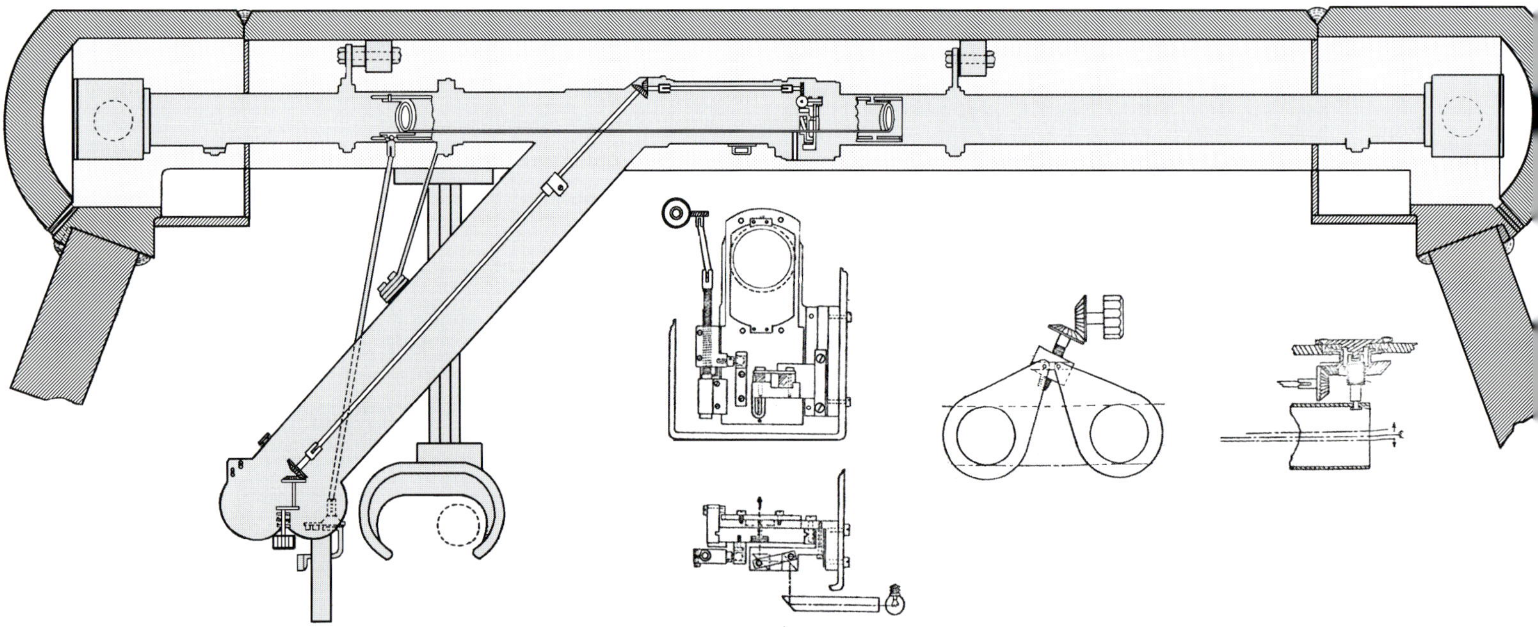

Panzerturm - Entfernungsmesser Em 1,6 m R (Pz.)

Typ E-100, Klasse von 130 bis 140 t

Dieser Typ war als Ablösung für den Panzerkampfwagen »Maus« gedacht. Am 30. Juni 1943 erging an die Firma Adler unter Leitung von Direktor Jenschke die Aufgabe, einen Panzerkampfwagen dieser Gewichtsklasse zu entwickeln. An Eckdaten nannte Wa Prüf 6/F auf Grundlage der »Krupp-Maus« ein Gesamtgewicht von etwa 140 t, das sich aus der 80-t-Wanne mit abnehmbarem Kettenschutz und dem 51,5-t-»Maus«-Turm zusammensetzen sollte. Dazu kamen noch das Zubehör und die Ausrüstung. Bei einer Kettenauflage von 4.900 mm und mit den 1.000 mm breiten Geländeketten resultierte daraus ein relativ hoher Bodendruck von 1,43 kg/cm^2, was in etwa dem Bodendruck (ohne Einsinktiefe) der 189 t schweren »Maus« I entsprach. Dabei fiel die effektive Kettenbreite des Projekts E-100 ohne Einsinktiefe durch die gebogene Form der Kettenglieder geringer aus und entsprach etwa den 550 mm breiten Verladeketten. Deshalb war vor allem die später beschriebene Reduzierung des Turmgewichtes ein wichtiger Schritt in die richtige Richtung. Die Gesamtlänge des Panzerkampfwagens mit der 15-cm-KwK L/36 betrug 10.250 mm.

Die Abmessungen der Wanne ergaben 8.500 mm in der Länge, 4.480 mm in der Breite (mit Vorpanzer) und 3.320 mm in der Höhe mit Turm. Die Bodenfreiheit erreichte 570 mm. Die Panzerplattenstärke betrug vorn 200 mm bei der oberen, um 30° geneigten Bugplatte und 120 mm bei der unteren, um 45° geneigten Bugplatte. Die senkrecht stehenden seitlichen Panzerplatten waren 120 mm dick, es bestand die Möglichkeit, darauf eine bis zu 75 mm starke Vorpanzerung anzubringen. Die um 68° geneigte Heckplatte erreichte eine Stärke von 150 mm. Der vordere Wannenboden wies mit einer 85 mm starken Panzerung einen hohen Minenschutz auf. Der Boden verjüngte sich nach etwa 2.000 mm, hinten betrug die Stärke noch 40 mm.

Schwachstelle Motor

Probleme bereitete einmal mehr die Motoranlage. Der von Kniekamp angedachte Einsatz des 1.200-PS-Maybach-Benzinmotors samt neuem mechanisch-hydraulischen Maybach-Achtgang-Schalt-Lenkgetriebe vom Typ MEKYDRO sollte eine Höchstgeschwindigkeit von 40 km/h ermöglichen. Doch diesen Maybach-Benzinmotor gab es nicht. Um eine solche Leistung zu erreichen, hätte dieser Motor mit mechanischer Benzineinspritzung auf Basis des HL 230 mechanisch aufgeladen werden müssen. Doch solche Abgasturbolader konnten die Konstrukteure zu dieser Zeit mangels geeigneter Materialien nur bei Dieselmotoren mit ihren geringeren Abgastemperaturen einsetzen. Der neue Maybach-Motor HL 232 erreichte maximal 1.000 PS bei 3.000 U/min, eine Leistung von 1.200 PS war unter den damaligen Umständen für Maybach nicht zu realisieren. Es entstand lediglich ein einzelner Prototyp des Maybach-Benzinmotors HL 234, der mit mechanischer Benzineinspritzung 900 PS bei 3.000 U/min erreichte.

Da Maybach diese HL-Projekte nicht rechtzeitig fertigstellen konnte, entschied sich Wa Prüf 6 für den Einbau der »Tiger« II-Komponenten mit dem 700 PS starken 12-Zylinder-Maybach-Benzinmotor HL 230 P45, dem Maybach OLVAR-Getriebe OG 401 216 B und dem Zweiradien-Lenkgetriebe L 801 von Henschel. Mit diesem Antrieb zeigte sich schon der knapp 70 t schwere »Tiger« B – Leistungsgewicht 10,1 PS/t – untermotorisiert; das 140 Tonnen schwere Projekt E-100 wäre damit rein rechnerisch lediglich 23 km/h schnell gewesen. Das Leistungsgewicht hätte völlig ungenügende 5 PS/t betragen. Zum Vergleich: Der Panzerkampfwagen »Maus« von Porsche brachte es in der Abschlussausführung mit dem 1.200 PS-12-Zylinder-Dieselmotor wenigstens noch auf 6,35 PS/t, was allerdings auch deutlich zu wenig war. Der Kraftstoffvorrat des E-100 sollte 1.200 Liter betragen, verteilt auf einen Haupttank mit 850 Litern und 350 Litern in den Zusatztanks im Motorraum.

Das Fahrwerk

Der geplante E-100 sollte im Gegensatz zu den leichteren Entwicklungstypen statt der dort beschriebenen Tellerfederung pro Schwingarm und Laufrolle zwei Schraubenfedern und den im deutschen Panzerbau bis dahin üblichen Frontantrieb aufweisen. Der Grund dafür dürfte im Turmdrehkranz-Durchmesser von 3.000 mm zu finden sein, da mit einem längeren Motorraum der Turm zu weit nach vorn gerutscht wäre. Auch hätte der 1.200 PS-Maybach-Benzinmotor einen vergrößerten Kühlerraum erfordert.

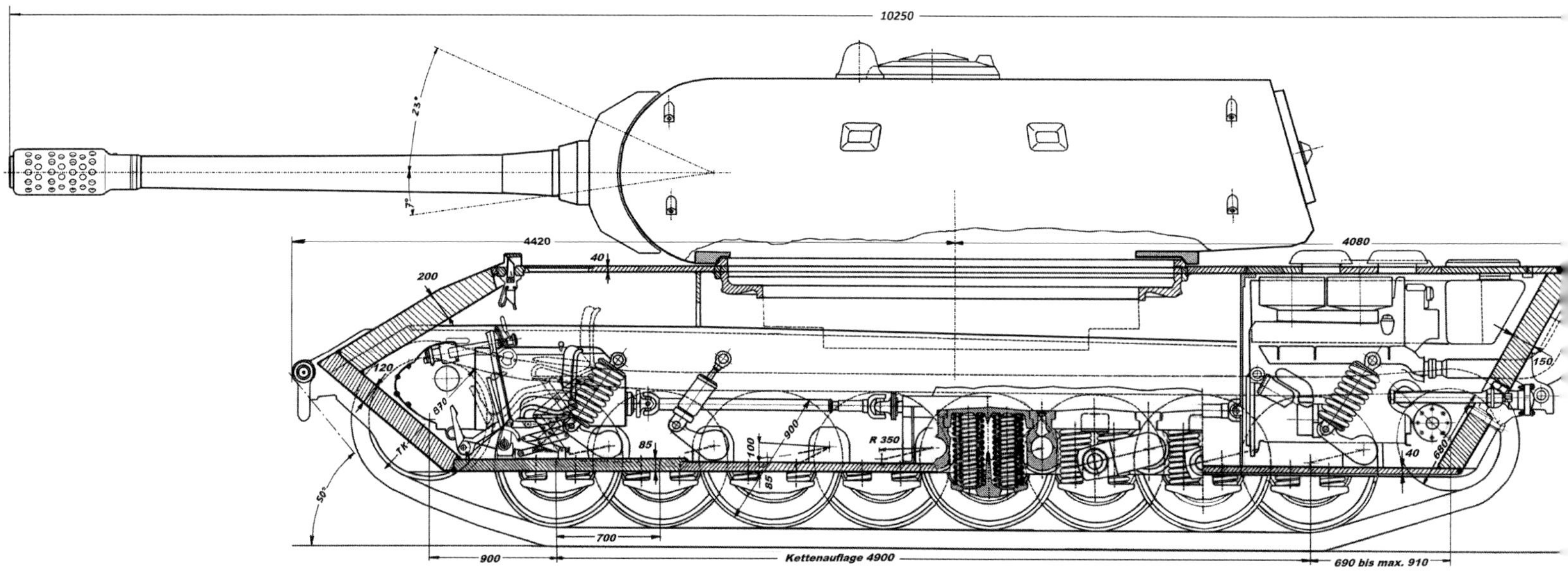
10250
4420
4080
40
200
120
150
R 350
Kettenauflage 4900
900
700
690 bis max. 910
50°

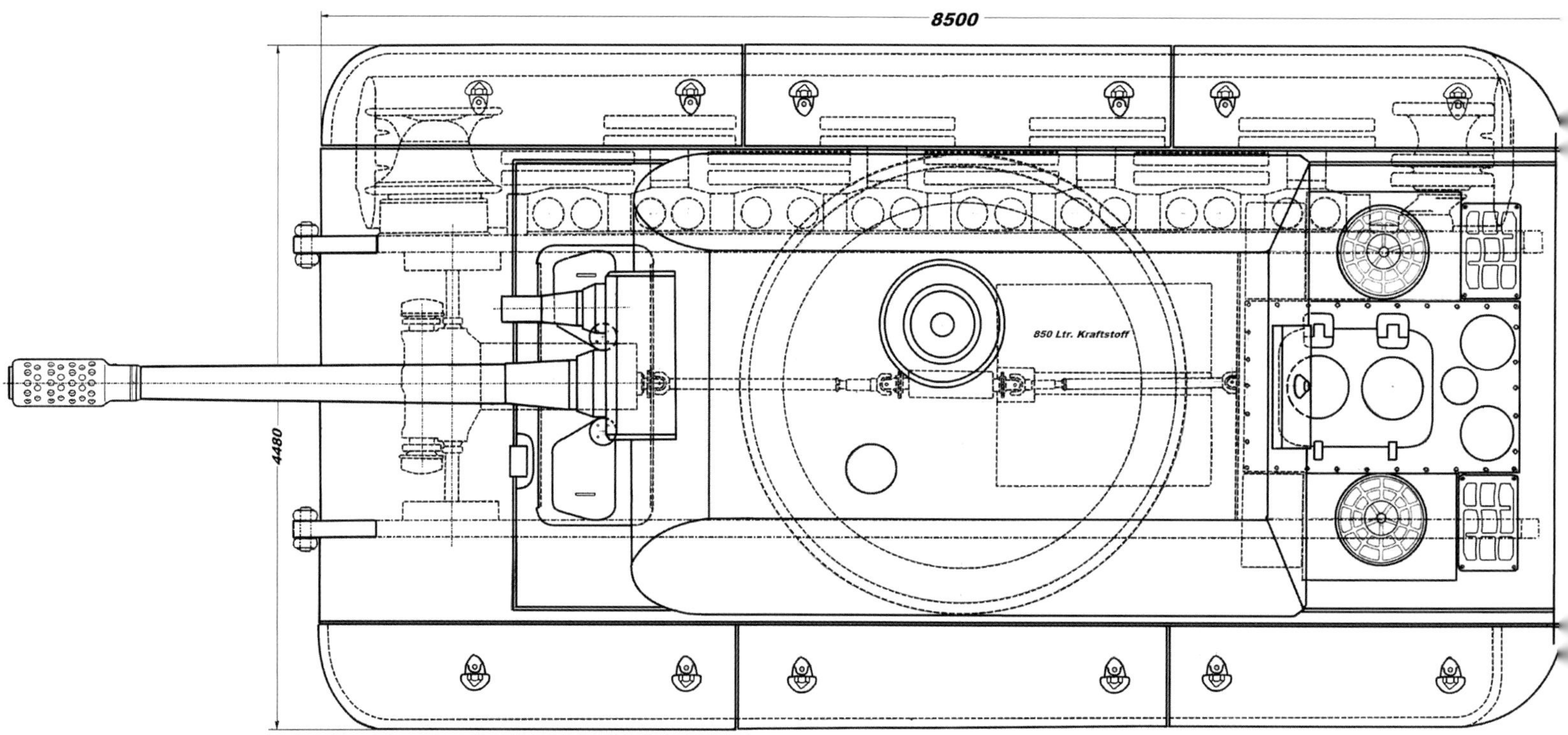
8500
4480
850 Ltr. Kraftstoff

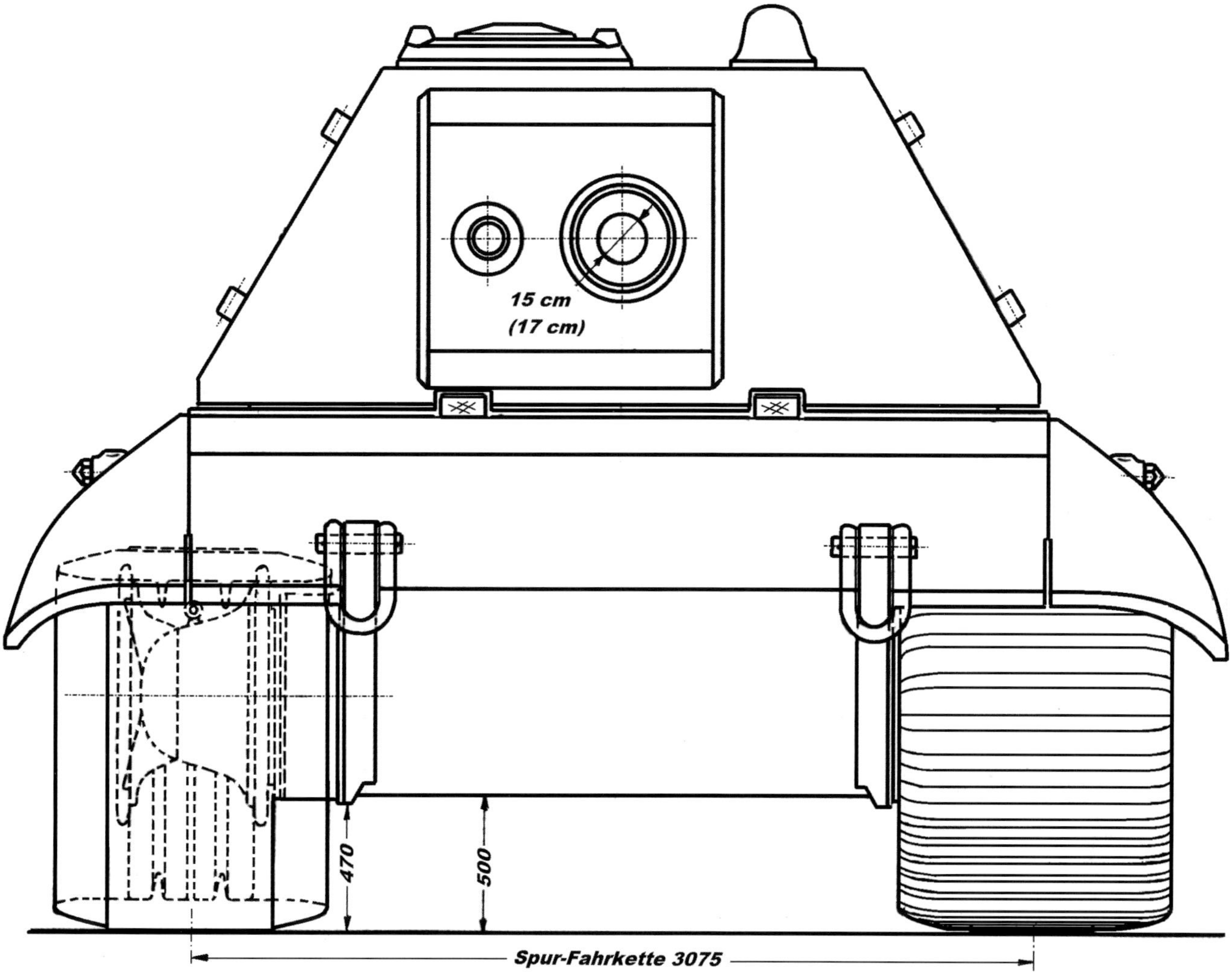
15 cm
(17 cm)
470
500
Spur-Fahrkette 3075

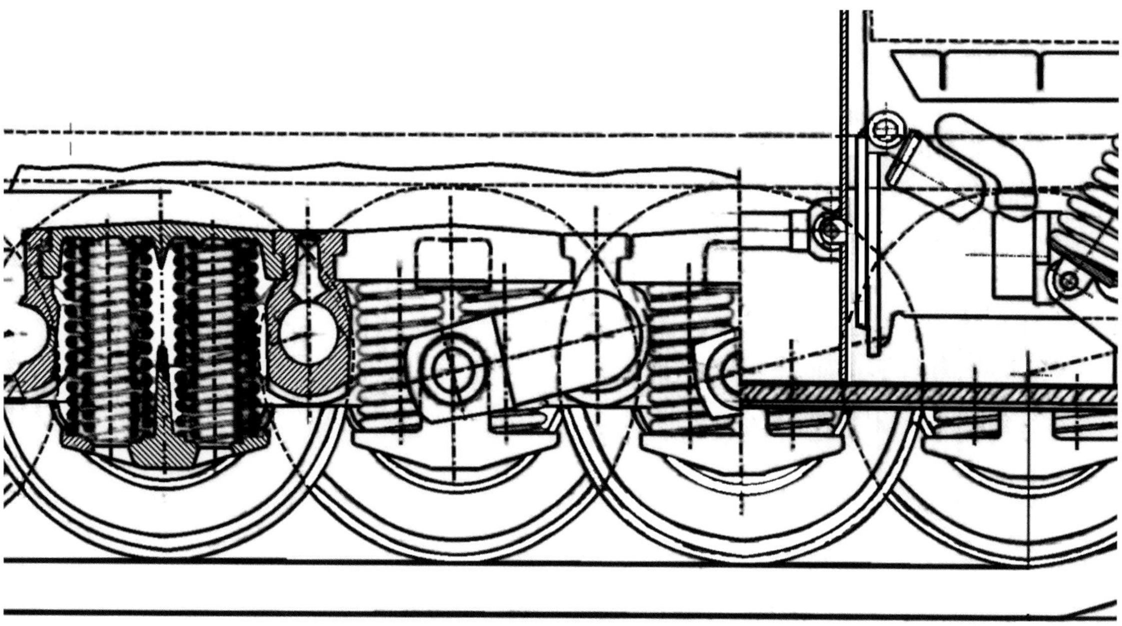

Die Laufradkurbeln mit den Radnaben für die 900 mm großen Laufrollen. Dahinter die Federteller des noch nicht montierten Schraubenfederpärchens.

Ein klarer Fall von Urheberrechtsverletzung

Mit der Übernahme der Krupp-Maus-Entwürfe auf den E-100 brachte Ministerialrat Kniepkamp natürlich die Firma Krupp gegen sich auf. Das brachte der Aktenvermerk von Oberingenieur Wolfert, leitender Angestellter bei der Firma Krupp-Artilleriekonstruktionen (A.K.P), über eine Besprechung in Kummersdorf-Schießplatz vom 30. Mai 1944 so deutlich zum Ausdruck, dass der Originaltext wörtlich wiedergegeben werden soll:

»Bei einer Besprechung mit Ministerialrat Kniepkamp über die Weiterentwicklung des E-100 gibt Kniepkamp ohne weiteres zu, dass der Entwurf unserer Tiger-Maus von November 1942 die Grundlage für den E-100 bilde und dass nur die Federung des Laufwerkes abweicht. Kniepkamp hatte nach [der] Entscheidung Ende 1942 zugunsten der Porsche-Maus unser Projekt im Frühling 1943 wieder aufgegriffen und im Rahmen seiner (!) Entwicklungsreihe von Versuchs-Panzerkampfwagen über Oberst Holzhäuer bei der Panzerkommission die Erlaubnis zum Bau eines E-100-Versuchsfahrzeuges erhalten. Ich führte aus, dass es doch dann nahe gelegen hätte, zuerst an AK als geistigem Urheber dieses Projektes heranzutreten. Die Entwicklung von Fahrgestell und Turm bei e i n e r Firma mit langjährigen Erfahrungen auf beiden Gebieten wäre bestimmt günstiger gewesen, anstatt in der jetzigen Zeit immer wieder neue Firmen heranzuziehen, abgesehen von der erschwerten Verbindung zwischen getrennten Firmen. Kniepkamp wandte ein, dass nach seiner Ansicht AK durch andere Arbeiten überlastet gewesen sei. Ich erwiderte, dass wir über genügend Konstrukteure verfügten und bestimmt einen Weg für eine schnelle Lösung gefunden hätten. Kniepkamp äußerte noch Bedenken, dass FK (Firma Krupp) nicht über eine leistungsfähige und bewegliche Versuchswerkstatt für Panzer verfüge. Ich verwies auf die Versuchswerkstatt beim G.w.k. hin.«

Ministerialrat Kniepkamp wiegelte ab, seine Position war nahezu unangreifbar. Die im Panzerbau unerfahrenen Firmen, die er mit den neuen Projekten beauftragt hatte, waren auf ihn angewiesen und leichter beeinflussbar. Doch Erich Woelfert gab nicht auf. Schon am nächsten Tag, anlässlich einer Vorführung der Selbstfahrlafette »Heuschrecke« IV b, äußerte er sich wie folgt: »*... wies ich auch Oberst Holzhäuer* [Leiter von Wa Prüf 6] *auf unsere Zusammenarbeit mit Adler für das Fahrgestell des E-100 hin. Der jetzige E-100 beruhe, abgesehen von der Laufwerksfederung, vollständig auf unserem bereits November 1942 vorgelegten Entwurf, der Tiger-Maus. Die Herstellung des ersten Versuchsfahrzeuges hätte sich bei Entwicklung von Fahrgestell und Turm bei e i n e r Firma mit Erfahrung auf beiden Gebieten bestimmt beschleunigen lassen. Ich hatte den Eindruck, dass Oberst Holzhäuer durch Kniepkamp seinerzeit nicht richtig informiert wurde, da er zunächst glaubte, dass der E-100 grundsätzlich von unserer Tiger-Maus abweiche.*

Ich konnte Oberst Holzhäuer jedoch von dem Gegenteil überzeugen.«

Woelfert ließ nichts unversucht. Er sprach anschließend mit Oberst Crohn, dem Leiter der Hauptgruppe Panzer bei Wa Prüf 6, und setzte ihn über die Unterhaltung mit Oberst Holzhäuer und Ernst Kniepkamp in Kenntnis. Jedoch: *»Crohn möchte mit Kniepkamp und seinen Entwicklungsfahrzeugen nichts zu tun haben, legte aber dringend nahe, unsere Urheberschaft an den E-100 durch Einsendung von Zeichnungen an Oberst Holzhäuer schriftlich festzulegen.«* [9]

Diese ganzen Querelen lassen den Schluss zu, dass der Bau des E-100 offiziell nicht autorisiert gewesen war, zumal er eindeutig gegen das Entwicklungsverbot Hitlers vom Mai 1944 verstieß. Oberst Crohn wusste das, kannte aber Kniepkamps großen Einfluss auf den Leiter von Wa Prüf 6, Oberst Holzhäuer. Dieser wiederum war ein williges Werkzeug von Hauptabteilungsleiter Saur aus dem Rüstungsministerium. Damit muss allen Beteiligten klar gewesen sein, auf welch schmalem Grad sie sich bewegten.

[9] RH 8 I/2853.

Weiterentwicklung trotz Verbot des Führers

Am 22. Mai 1944 hatte nämlich Hitler im Rahmen einer Rüstungsbesprechung im Führerhauptquartier einem Erlass zugestimmt, der die Entwicklung neuer sowie Änderungen bereits bestehender Waffen und Geräte verbot. Das wurde am 6. Juli 1944 auf dem Berghof nochmals konkretisiert:

»Aus der derzeitigen Lage heraus befiehlt der Führer die Einstellung aller Entwicklungen gepanzerter Fahrzeuge schwerer und schwerster Geschütze. Er fordert lediglich die beschleunigte Vorlage eines Entwurfs einer Selbstfahrlafette für die 17-cm-Kanone unter ausschließlicher Verwendung von Tiger-Elementen.« [10]

Ministerialrat Kniepkamp hingegen ließ auf der Panzerversuchsstation 96 der Firma Henschel in Haustenbeck bei Paderborn einen Prototyp des Fahrgestells für den Panzerkampfwagen E-100 zusammenbauen. Mit dieser Firma hatte Kniepkamp schon erfolgreich sein »Tiger« I -Projekt in die Praxis umgesetzt.

[10] Deutschlands Rüstung im Zweiten Weltkrieg, S. 368/396.

Ankunft der E-100-Rohbauwanne in der Panzerversuchsstation 96 Haustenbeck.

Die in der Legende der Karte gezeigten Nummern der Gebäude erscheinen auch in den nachfolgenden Bildunterschriften.

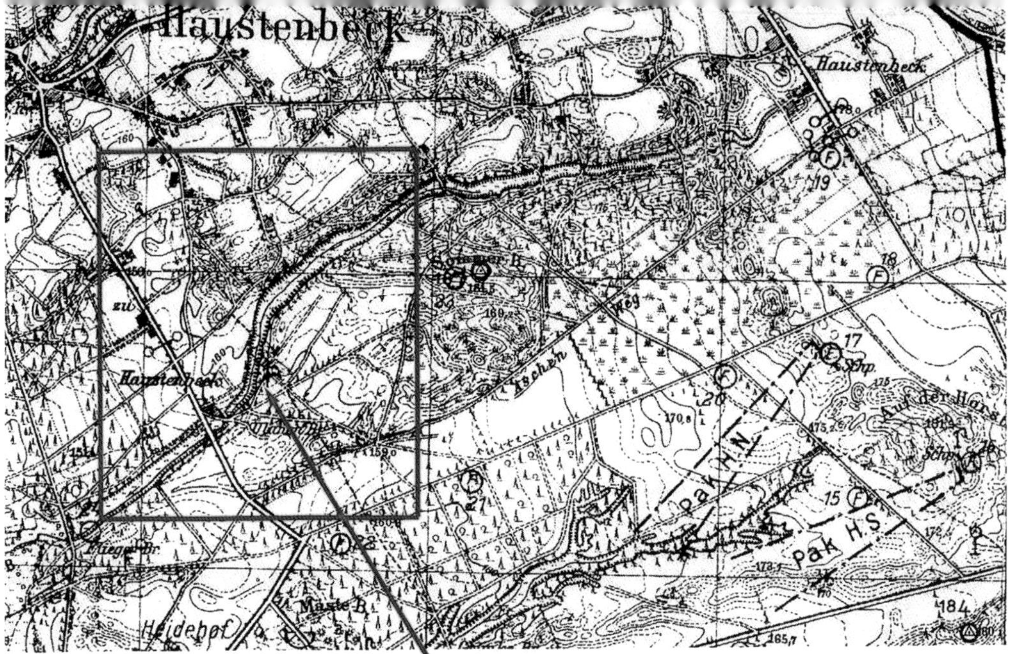

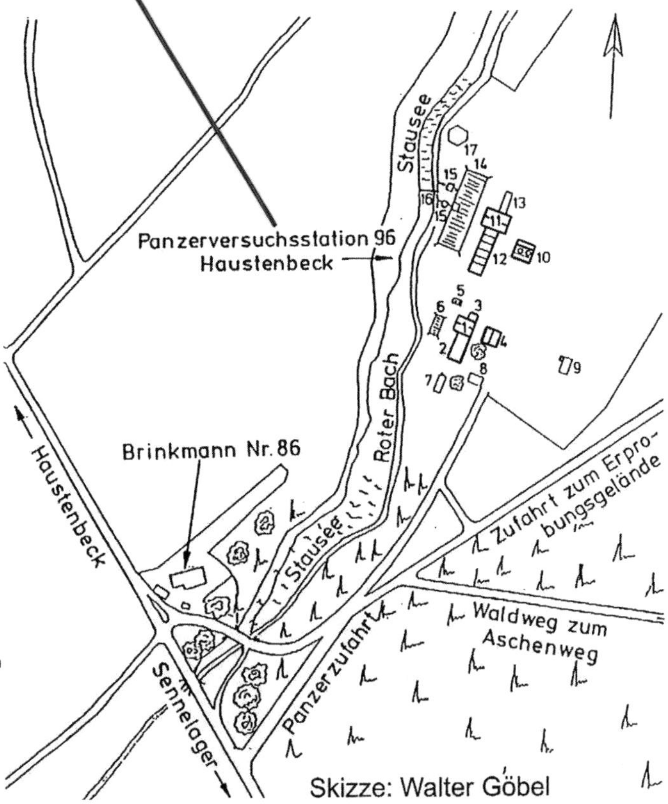

Skizze: Walter Göbel

Legende:

1 Wohngebäude mit Kantine und Aufenthaltsraum
2 Wohntrakt für Stationsangehörige
3 Stationsleiter
4 Besucherwohnhaus
5 Tankstelle
6 kleines Tauchbecken
7 Werkstatt
8 Wellblechhalle
9 Luftschutzbunker
10 Halle mit 15-t-Kran
11 Tigerhalle
12 Garagen
13 Werkstatt
14 großes Tauchbecken
15 Pumpenhäuschen mit Rohrleitung zum Tauchbecken
16 Sperrmauer für aufgestauten Roten Bach
17 Gashalle

Die Panzerwanne auf Holzklötzern in der Tigerhalle (Halle Nr.11) von Haustenbeck.

Verantwortlich für die weitere Montage war der Henschel-Konstrukteur Arnoldt. Doch lief der Zusammenbau mit Hilfe von nur drei Arbeitern der Firma Adler sehr zögerlich, zumal es immer wieder Probleme mit der Materialbeschaffung gab. Doch die im Juni 1944 begonnenen Arbeiten am E-100 wurden parallel zur der von Hitler geforderten 17-cm-Selbstfahrlafette VI fortgesetzt. Grund für den schleppenden Fortschritt der Arbeiten war sicherlich auch die noch immer unklare Hauptbewaffnung. Der schon in

Der 55-t-»Produktionsturm«, so wie er bei dem Panzerkampfwagen »Maus« zum Einsatz kam.

Produktion befindliche »Maus«-Turm mit der 12,8-cm-KwK war mit über 50 t zu schwer.
Deshalb orientierte sich Kniekamp lieber am knapp 16 t leichteren 12,8-cm-Turm für »Maus« II, der als Holzmodell in Kummersdorf-Schießplatz in Arbeit war. Beide Türme waren aber gleichermaßen gut geeignet für den Einsatz einer 15-cm-KwK.
Bei dem leichteren 35-t-Turm saß in der abgeschrägten Stirnwand die parallele 7,5-cm-Kanone nicht rechts neben, sondern über der Hauptwaffe, ähnlich wie beim »Neubaufahrzeug« in Rheinmetall-Ausführung. Durch die neugestaltete Turmfront konnte Wa Prüf 6/F die untere Geschossfangstelle beseitigen und auch das Gewicht erheblich verringern. Die Stärke der Panzerung sollte frontal 200 mm (statt 230 mm), seitlich 80 mm (statt 200 mm), hinten 150 mm (statt 200 mm) und oben 40 mm (statt

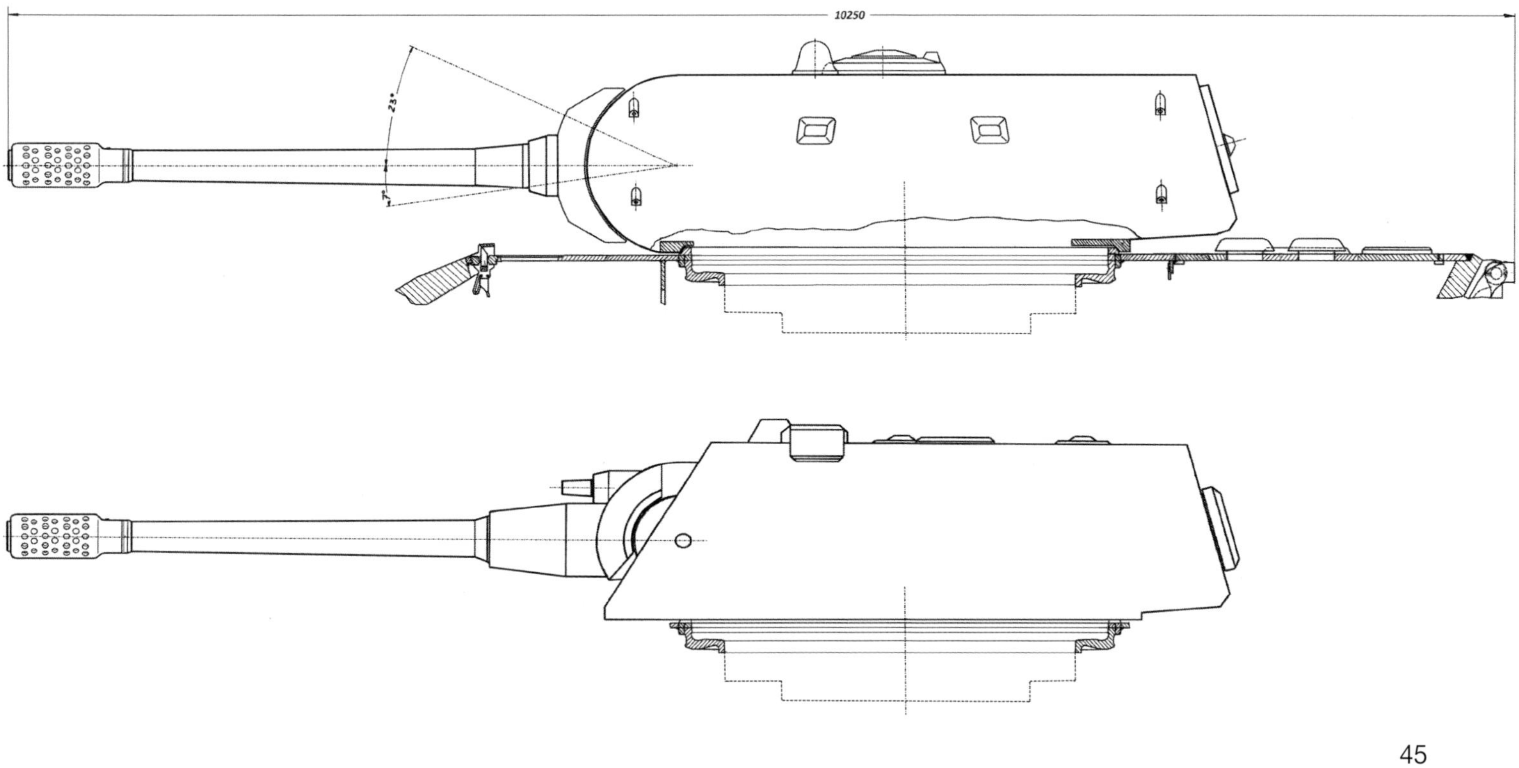

Gut zu erkennen hier: die maximal ausgefräßte Panzerung des Turmdrehkranzes.

65 mm) nicht überschreiten. Auch hatte die Forschungsabteilung für diesen neuen Turm schon einen horizontalen Entfernungsmesser, ähnlich dem im oben erwähnten »Schmalturm«, vorgesehen. Das hätte das Einsatzgewicht des Fahrzeuges von 140 t auf rund 124 t senken können. Der Turmdrehkranzdurchmesser betrug, wie schon erwähnt, 3.000 mm. Dieser Durchmesser ergab sich durch den Rücklauf der Kanone in allen Erhöhungswinkeln des Rohres und die Länge der Munition. Das sorgte im E-100 für enorme Probleme, da die Wannenbreite außen nur 3.150 mm betrug. Daher fräste man die seitliche Panzerung entsprechend des benötigten Durchmessers auf ein Maximum aus.

Damit schied die Verwendung größerer Kaliber mit größerem Rohrrücklauf und längerer Munition von vornherein aus. Die im Gespräch befindliche 17-cm-Kanone ließe sich dann nur mit einem starren Sturmgeschützaufbau realisieren, jedoch wurde die Arbeit am 15/17-cm-Sturmgeschütz auf E-100 auf Befehl des Heereswaffenamts eingestellt. Auch Porsche hatte am 17. Mai 1944 den Entwicklungsauftrag für ein »15/17-cm-Sturmgeschütz auf Mausfahrzeug« erhalten, obwohl Krupp-AK auf die größere Höhe des »Maus«-Fahrzeuges gegenüber dem Projekt E-100 hinwies. Diese hätte zwangsläufig zu einer Überschreitung des Bahnprofils geführt, und der von der Firma Porsche geplante 3-cm-Flakturm hätte den Rohrrücklauf der Kanone behindert. [11]

Der Einsatz der favorisierten 15-cm-KwK L/38 muss zum 5. Juni 1944 aber schon aufgegeben worden sein, denn einem Schreiben der Firma Krupp an die Rüstungsvertretung ist zu entnehmen, dass die beiden 15-cm-»Maus«-Kanonen mit Mündungsbremse samt der fünf Ersatzrohre nicht mehr benötigt würden und auch kein Interesse mehr an der Fertigung dieser Rohre bestünde. [12]

Höchstwahrscheinlich lag das an den Problemen beim Nachladen der großkalibrigen Munition im beengten Kampfraum. Immerhin wog die 15-cm-Panzergranate L/4 45 kg; dies wusste Wa Prüf 6 aber schon seit den Versuchen mit der kleineren 12,8-cm-Munition.

Der Projektstand im Januar 1945

Am 15. Januar 1945 schickte Ingenieur Arnoldt einen letzten Bericht über den E-100 an Diplom-Ingenieur Jaeger vom Oberkommando des Heeres, die Firma Adler und an den Leiter Wa Prüf 6/F Kniepkamp. Illustriert mit 64 Fotos,

---

[11] RH 8 I 2850.

[12] RH 8 I 2851.

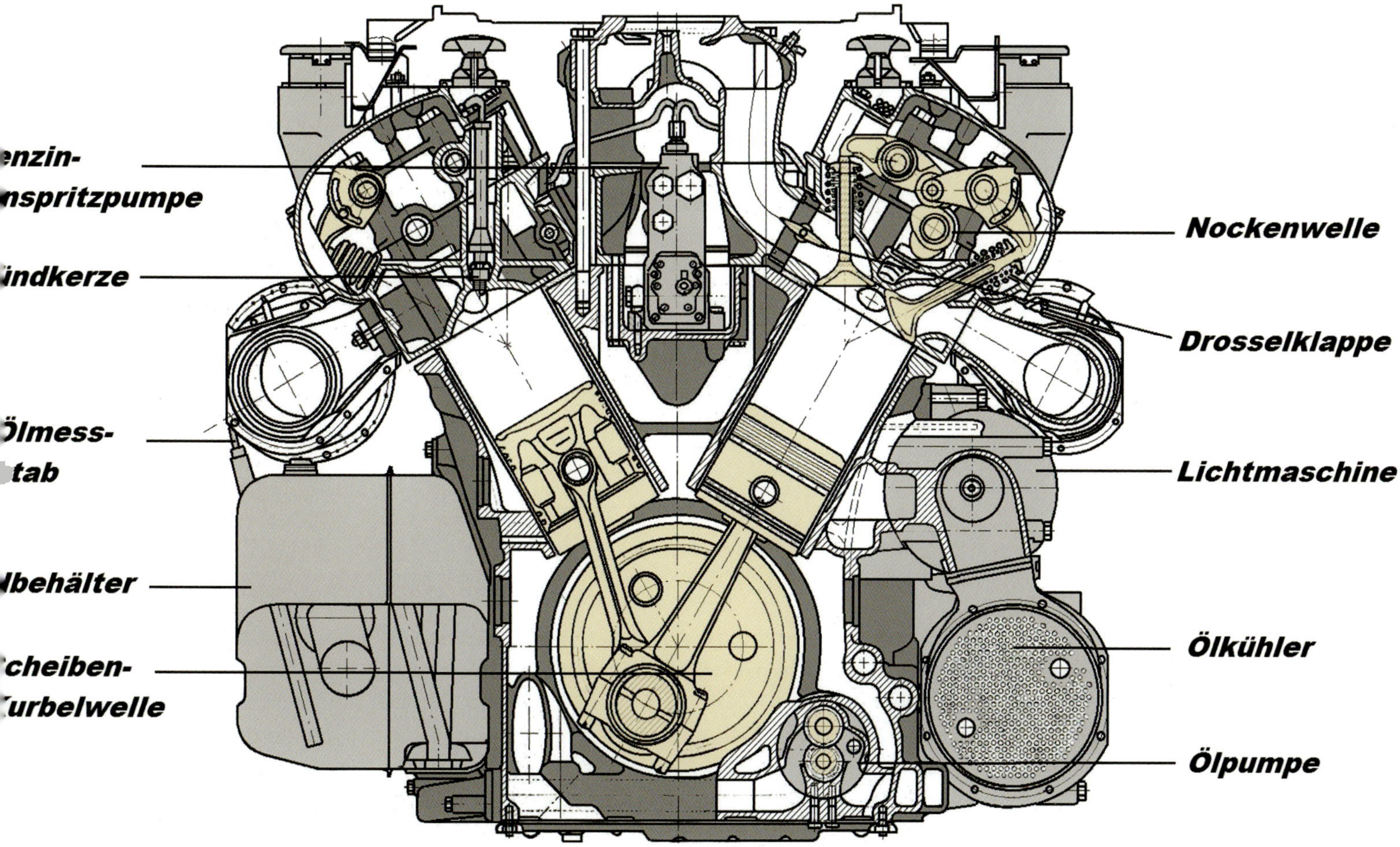

Der Maybach-Motor HL 234 mit mechanischer Benzineinspritzung, der eine Leistung von 661 kW (900 PS) aufweisen sollte, war nicht standfest. Daher musste er später auf 625 kW (850 PS) gedrosselt werden.

beschrieb er im Detail den Aufbau der fertigen Wanne. [13]
Diese Dokumentation ist auch ein Beispiel für die sich rapide verschlechternde Kriegslage, denn oft sei es nicht möglich gewesen, rechtzeitig an die benötigten Teile zum Aufbau des Prototyps zu gelangen. Trotz allem hatten die drei Angestellten der Firma Adler alle Hände voll zu tun. Ingenieur Arnoldt schrieb als Beispiel, dass zu diesem Zeitpunkt die fehlenden Schraubenfedern infolge einer Fehlleitung des betreffenden Waggons immer noch nicht eingetroffen seien, ebenso auch die beiden Gefechtsketten.

Die Transportketten lagerten jedoch schon in der Versuchsstelle Haustenbeck. Die Montage der zwischen Schott- und Heckwand liegenden Teile konnte bis auf die noch fehlenden Kraftstoffleitungen fertiggestellt werden; Henschel habe jedoch noch immer nicht die Abdeckplatte über dem Schalt- und Lenkgetriebe geliefert. Nach Lieferung der fehlenden Kraftstoffleitungen und der Vervollständigung der elektrischen Anlage sei aber ein Probelauf des Triebwerkes möglich. Dabei aber handelte es sich weder, wie schon dargelegt, um den schon für 1943 versprochenen Maybach-Benzinmotor HL 232 mit 1.000 PS noch um den Maybach-Benzinmotor HL 234 mit 900 PS, sondern um den schon im »Tiger« II zu schwachen HL 230 mit 700 PS, OLVAR-Getriebe und Lenkaggregat.

Um die problematischen Auspufftemperaturen zu verbessern, war der ein Einbau eines zusätzlichen Lüfters, des sogenannten »John-Lüfters«, vorgesehen. Dieser war im Vorfeld schon in Haustenbeck an einem »Tiger« II erprobt worden. Damit sollte auch der bei Dunkelheit verräterische Flammenschlag aus dem Auspuff vermieden werden. Dafür saugte der Lüfter die benötigte Luft aus dem ehemaligen Ansaugstutzen für Unterwasserfahrten in der Mitte des Grätings an.

[13] RH 8 I 2625.

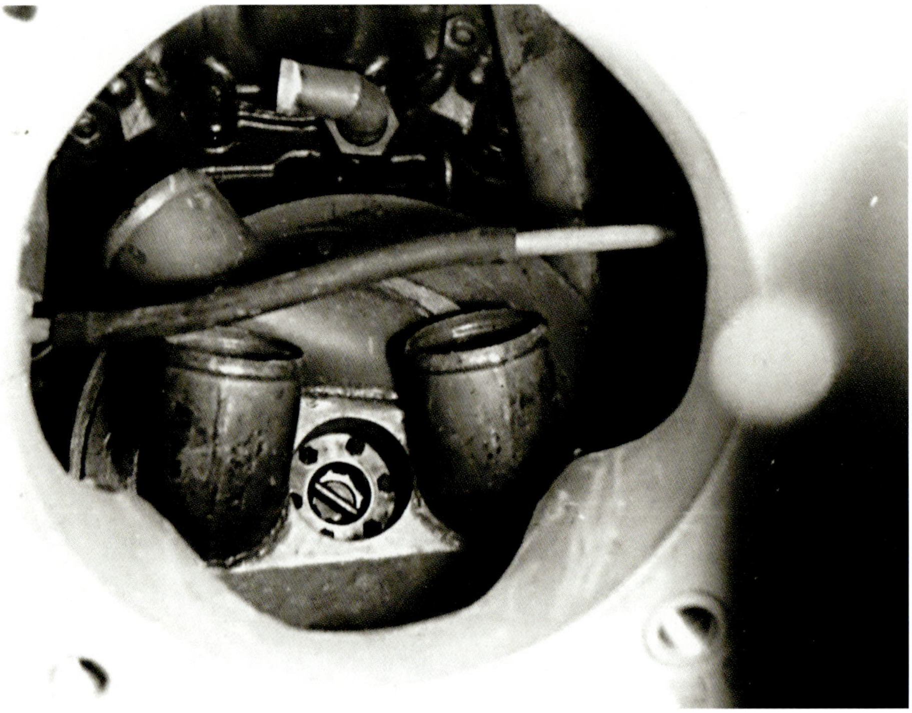

Blick auf den »John-Lüfter« durch die große Hecköffnung des E-100.

Als Ing. Arnoldt seinen Bericht schrieb, war die Turmfrage bzw. die Größe des Belastungsgewichtes immer noch nicht geklärt. Da in der damaligen Lage keine Neukonstruktionen mehr möglich waren, hätten die teilweise fertigen 50-t-Türme (51,5 t mit Munition) der »Maus« verwendet werden müssen. Bei einem geplanten Fahrzeuggewicht von 140 t wären somit 53 t auf Wanne samt Kettenschürzen, 6 t auf den Triebwerksblocks, 20 t auf das Laufwerk und 9,5 t auf Zubehör und Ausrüstung entfallen: Angesichts der zu schwachen Motoren hätte die Höchstgeschwindigkeit bestenfalls 23 km/h betragen können. Das abgefederte Gewicht sollte 128 t betragen.

Das Lenkverhältnis, das Verhältnis von Spurbreite und Kettenauflagenlänge, betrug 1: 1,6. Zum Vergleich: Die »Maus« ließ sich mit ihrem angeblich »unlenkbaren« Verhältnis von 1: 2,53 spielend leicht lenken. Die Kettenaufla-

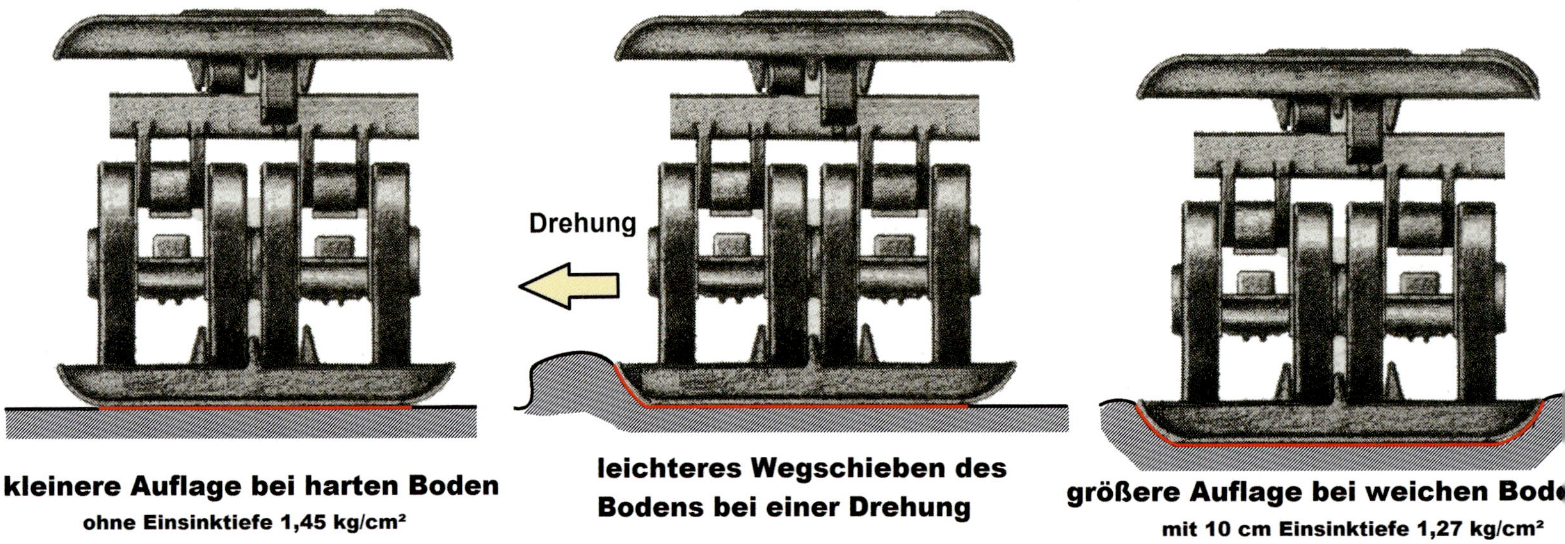

Vergleich unterschiedlicher Kettenauflagen am Beispiel des Panzerkampfwagens »Maus«.

Die im Freien abgelegten seitlichen Zusatzpanzerteile des E-100.

genfläche von 98.000 cm^2 ergab bei den 1000 mm breiten Ketten einen schon erwähnten Bodendruck von 1,43 kg/ cm^2, der dem des 189 t schweren Panzerkampfwagens »Maus« ohne Einsinktiefe entsprach (mit Einsinktiefe der 1100 mm breiten Ketten erreichte die »Maus« 1,27kg/ cm^2).

Neben der raumsparenden, außenliegenden Schraubenfederung besaß das Fahrgestell des E-100 gegenüber der »Tiger« II-Serie einige Verbesserungen. Eine weitere Neuerung stellte die abnehmbare Vorpanzerung der Ketten dar. Diese seitliche Zusatzpanzerung konnte die Besatzung mit Hilfe eines bordeignen Kranes ohne fremde Hilfe anbringen und abbauen. Dafür hatte man Halterungen an den Turmseiten vorgesehen.

Diese Zusatzpanzerung hätte die 120 mm starken senkrechten Flanken mit zusätzlichen, 75 mm dicken Panzerplatten geschützt. Entsprechende Beschuss-Versuche hatte Krupp AK auf dem firmeneigenen Schießplatz in Meppen am 22. November 1943 mit einem 12,8-cm-Studienrohr L/ 62, eingelegt in eine 21-cm-Mörser-18-Lafette, durchführt. Auf eine Entfernung von 180 m abgefeuert, konnte keine der sechs 12,8-cm-Panzergranaten 43 die 170 mm dicke Panzerung durchschlagen. Die in einem Abstand von 30 cm angebrachten 30 mm starken Vorpanzer führten bei vier Geschossen zur vorzeitigen Zündung, so dass beim Auftreffen auf die dahinter liegende 170-mm-Hauptpanzerung die Granaten sich schon zerlegt hatten. Die beiden anderen Granaten zerbrachen an der zweiten Platte und zerstörten die Sprengladung. Zum Vergleich: Die bei anderen Panzerfahrzeugen üblichen, etwa 5 mm starken Panzerschürzen sollten hauptsächlich vor den russischen 14,5-cm-Panzerbüchsen schützen und eventuell vor Spreng- und Hohlladungsgranaten mit ihrer niedrigeren Vo. Auf Vollkaliber- oder Unterkaliber-Hartkerngeschosse hatte ein so dünner Vorpanzer jedoch keine nennenswerte Auswirkung.

Während die Seitenpanzerung des Panzerkampfwagens »Maus« 180 mm stark war, war diese Vorpanzerung beim E-100 abnehmbar, denn es galt, das Eisenbahnverlademaß einzuhalten.

Das galt, analog zum »Tiger«, auch für die 1000 mm breiten Gefechtsketten, die äußeren Laufrollen und, anders als beim »Tiger«, die äußeren Zahnkränze der Antriebsräder sowie die äußeren Hälften der beiden Leiträder. Das war ein klarer Nachteil des E-100-Konzeptes, der nach dem Ausladen erst noch in Gefechtsbereitschaft versetzt werden musste, während die »Maus« sofort eingesetzt werden konnte. Außerdem erforderte die Mitnahme von Gefechtsketten, Rädern und Vorpanzerung weiteren Transportraum.

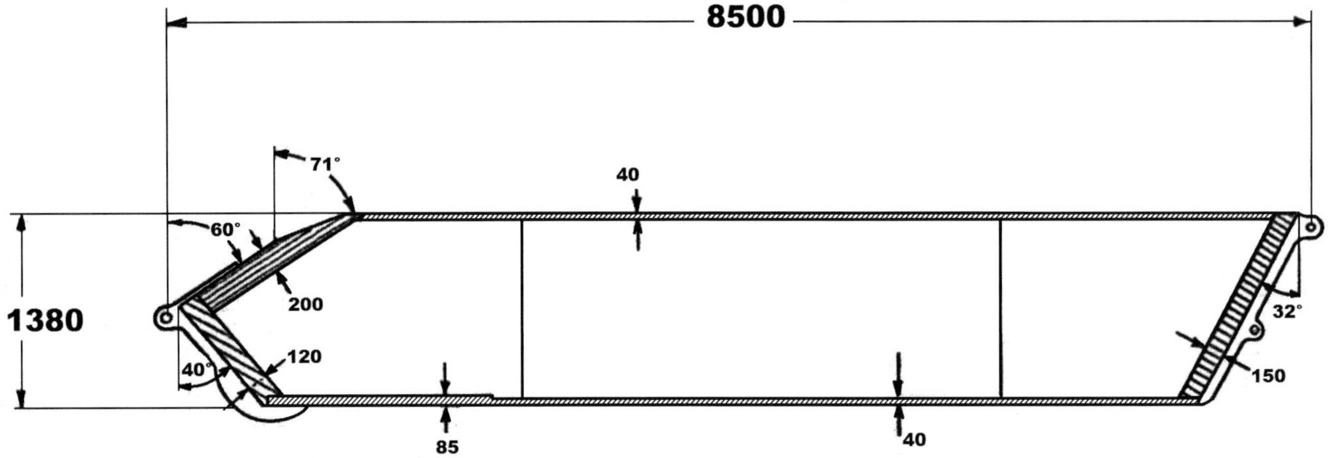
8500
71°
40
60°
200
1380
120
40°
32°
150
85
40

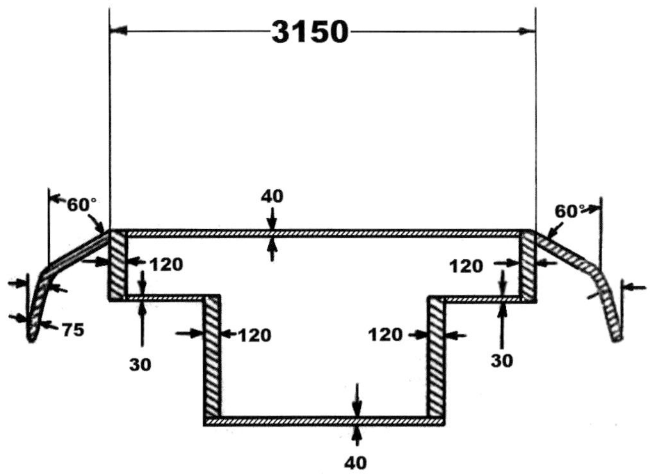
3150
60°
40
60°
120
120
75
30
120
120
30
40

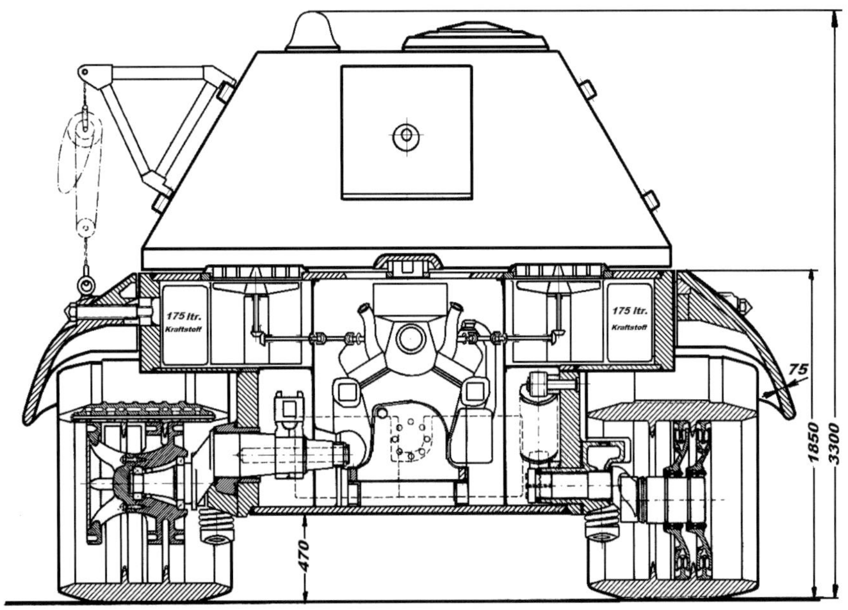
175 ltr. Kraftstoff
175 ltr. Kraftstoff
75
1850
3300
470

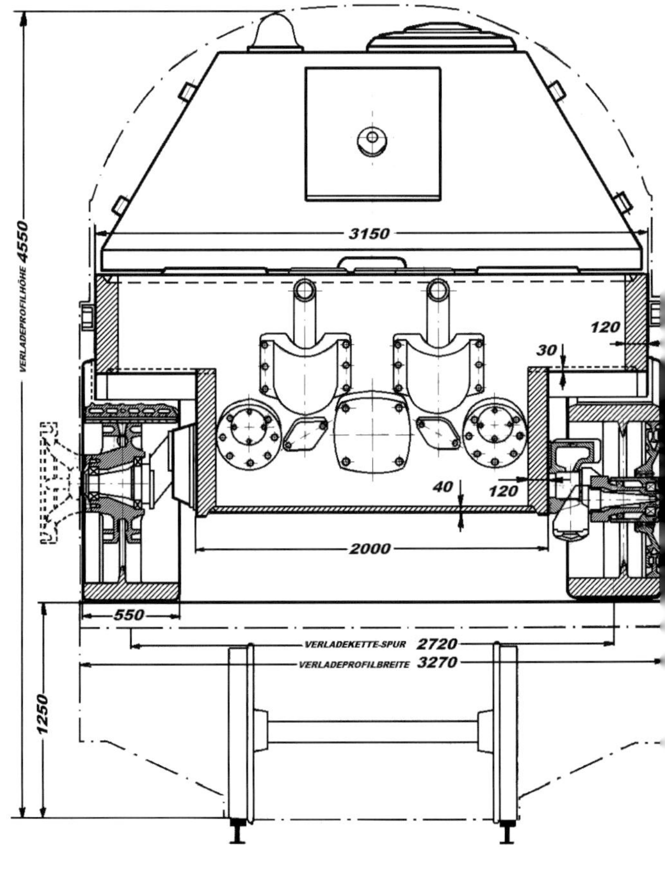
VERLADEPROFILHÖHE 4550
3150
120
30
40
120
2000
550
VERLADEKETTE-SPUR 2720
VERLADEPROFILBREITE 3270
1250

Der E-100 – ein interessanter Versuchsträger

Letztlich war der E-100 ein interessanter Versuchsträger, dem der notwendige Antrieb und der passende Turm fehlten. Seine taktische Verwendbarkeit entsprach der der »Maus«, wie diese war er ein fahrbarer »Bunker« mit stark eingeschränkten Einsatzmöglichkeiten. Er war aber leichter als ein Panzerkampfwagen »Maus«, hatte einen geringeren Aufzug sowie einen günstigeren Material- und Produktionsaufwand, da viele Bauteile schon beim »Tiger« verwendet worden waren. Dennoch besaß der Panzerkampfwagen »Maus« Vorteile gegenüber dem Panzerkampfwagen E-100. So waren bei der »Maus« die Unterwasserfahrfähigkeit sowie die Gasschutzanlage konstruktiv geklärt und ein Hilfsmotor zur Spannungserzeugung für das Turmschwenkwerk bei Stillstand des Hauptmotors vorhanden.

In beiden Fällen unbefriedigend gelöst, und das noch auf Jahre hinaus, war die Motorfrage. Den geplanten 1.000-PS-Maybach-Benzinmotor HL 232 hätte der ebenfalls benzinbetriebene 12-Zylinder-Maybachmotor HL 295 mit dem integrierten Hilfsmotor ablösen sollen. Der aber gelangte erst nach dem Krieg Ende der vierziger Jahre mit französischer Hilfe zur Serienreife. Zu der Zeit hatte man schon erkannt, dass der hochgezüchtete Benzinmotor aufgrund der Brandgefahr, des hohen Kraftstoffverbrauches und der dadurch geringeren Reichweite im Panzerbau keine Zukunft mehr haben konnte.

Der von Maybach-Mitarbeitern in Frankreich entwickelte 1.000-PS-Maybach-Benzinmotor vom Typ HL 295 mit dem in der Mitte sitzenden Hilfsmotor vom Typ HL 11 mit dem hohen Gewicht von 2,4 t. Der finanzielle Aufwand einer Eigenentwicklung, wie er bei diesem Motor notwendig wurde, war zu hoch gewesen.

Die Teststation Haustenbeck

In dem schon erwähnten Bericht an Wa Prüf 6/F wurde im Januar 1945 die im Aufbau begriffene E-100-Wanne und deren Entwicklungsstand mit vielen Bildern am Standort »Tigerhalle« vorgestellt, die hier zum Teil wiedergegeben werden sollen:

Die Wanne von vorn rechts zeigte die montagefertigen, noch nicht verschraubten Vorgelege mit montiertem Triebrad. Die Zahnkränze fehlten, ebenso die Schraubenfedern. Oben sichtbar die an der Wannenseite angeschweißten Aufnahmestellen für den seitlichen Vorpanzer.

Der gleiche Ausrüstungsstand zeigte sich auch auf der linken Seite.

Die im Durchmesser 900 mm großen Laufrollen in der versetzten Schrittbauweise waren zum Teil schon montiert. Die Naben und Laufrad-Kurbeln zeigten sich trotz unterschiedlicher Laufrollenmontage identisch.

Vor dem Leitrad im Vordergrund sind die oberen Federauflagen der Schraubenfedern erkennbar.

Gut zu erkennen ist das teilbare Leitrad an der rechten Leitradkurbel.

Das Heck im Ganzen zeigte neben den Deckeln der Kettenachspannvorrichtung die Abdeckung für den Schwungkraftanlasser. Die darüber liegenden Stehbolzen hatte man für den Panzerschutz der Auspuffkrümmer vorgesehen.

Die durchhängenden Laufwerksschwingen und die daran befestigten unteren Federteller der noch zu montierenden Schraubenfedern.

Die geschlossene Motorabdeckung mit den gepanzerten Ansaugpilzen.

Die Wannenöffnungen im Boden des E-100 im Einzelnen:

a. und b. - Zugang zu den innenliegenden Teilen der Leitradnachspannung
c. - Zugang zum Wasserablassventil
d. - Zugang zu den Wasserrohrleitungen
e. und f. - Zugang zu dem Bodenventil (-geplant-)
g. - Zugang zur Kraftstoff-Ablassverschraubung (-geplant-)

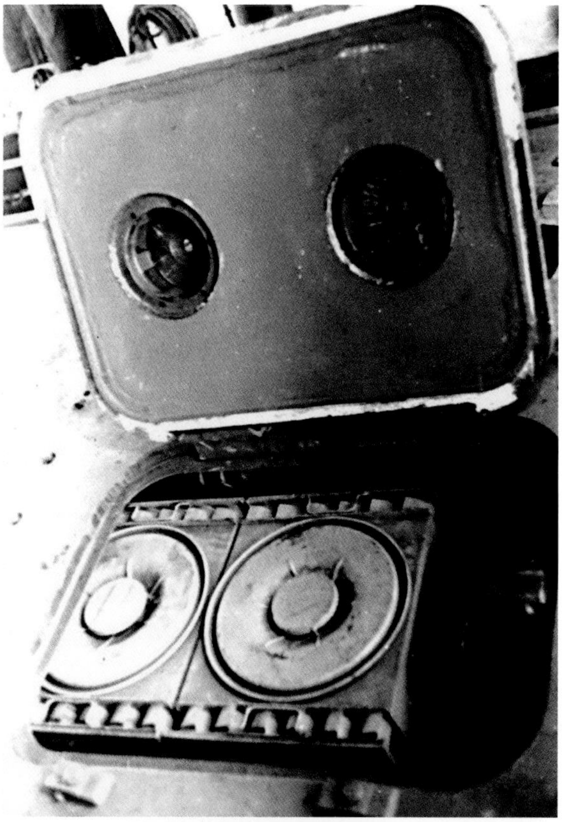

Die geöffnete Motorabdeckung zeigte die Luftfiltergehäuse des 12-Zylinder-Maybach-Benzinmotors HL 230 P 45.

Die rechte Sauggräting im offenen und geschlossenen Zustand. Mittig der Lüfterflügel der Luftabsaugung. Wegen einer möglichen Unterwasserfahrt des Panzerkampfwagens nannte sich der seitliche Raum auch »Überflutungsraum«.

Die Ansicht bei abgenommener hinterer Motorabdeckung. Links oben der Kraftstoffeinfüllbehälter und rechts daneben der Wassereinfüllbehälter.

Die mittigen Motorraumöffnungen für Betriebsstoffe:

a. - Saugstelle zum Johnlüfter
b. - Kraftstoffeinfüllstelle
c. - Kühlwassereinfüllstelle

Die Ansicht zeigt den hinteren Teil des Maybach-Benzinmotors HL 230 mit dem Zündmagneten, wobei der in Fahrtrichtung linke Magnet fehlt.

Alle Motorabdeckungen sind abgenommen, die Wasserleitungen neben den Luftfiltern sind dadurch frei sichtbar.

Die Ansaugleitungen sowie die Wasserleitungen des Kühlsystems. Im linken Bild mittig die Öleinfüllstelle des rechten Lüftergetriebes.

Der Einblick von oben durch die Turmdrehkreisöffnung nach hinten zur Schottwand zwischen Motor und Kampfraum. Man kann sich leicht vorstellen, welchen Platz der Turm mit seinem 3.000-mm-Turmdrehkranz beanspruchte. Unten links und rechts der Kardanwelle saß der zentrale Kraftstofftank.

Ein Detaileinblick links und rechts des Tanks, der die beiden 12-Volt-Batterien und deren Heizplatten (für den Wintereinsatz) zeigt. Man erkennt auf beiden Seiten die Verschlussdeckel der Laufradschwingenlagerung.

Ein wichtiges Bedienteil im künftigen Panzerkampfwagen E-100 war, wie bei allen deutschen Panzern, die Schottwand vor dem Motorraum mit dem anmontierten Schaltbrett und den darauf befindlichen Schaltgeräten.

Schaltbrett an der Schottwand:

a. - elektrisch-automatische Feuerlöschanlage von Minimax
b. - Öffnung zum Motorraum und dem Kraftstoffabsperrventil
c. - Kraftstoff-Anlasspumpe
d. - Kardanwelle zum Getriebe
e. - Luftkanäle zu den Auspuffkrümmern
f. - Drehschieber zur Auspuffkühlung
g. - Bodenventil

Detail zum Schaltbrett an der Schottwand:

a. - Umschalter (-Schaltschütz-) für den Anlasser (-2 x 12 Volt auf 24 Volt-)
b. - Batteriehauptschalter (-Haupttrennschalter-)
c. - Entstörer für die Kontrolllampe
d. - Spannungsregler für die Lichtmaschine
e. - Entstörer für die Lichtmaschine
f. - 12 Volt-Steckdose für die Handlampe

Der Kampfraum mit dem 850-Liter-Kraftstofftank. Bei dem »Tiger« II saß hier der hydraulische Turmantrieb. Bei dem E-100 konnte man darauf verzichten, da man einen elektrischem Turmantrieb sowie ein separates Stromaggregat vorgesehen hatte. Analog zum Panzerkampfwagen »Maus« verwendete man das Prinzip »Leonardo«, in dem vereinfacht ein niedrigvoltiger Elektromotor einen hochvoltigen Generator antrieb. Dieser Generator versorgte den Schwenkmotor über den Stellschalter des Turmschwenkwerkes mit Spannung.

Der Blick vom Heck in Fahrtrichtung. Der vordere Teil des Kampfraumes mit abgenommener Abdeckung für den Ein- und Ausbau von Schalt- und Lenkgetriebe.

Vorn links führte der verkleidete Kardantunnel Richtung Getriebe. Im Gegensatz zur »Tiger« II-Serie besitzt der E-100 vorne pro Seite zwei Stoßdämpfer. Der Fahrersitz befand sich im Bild in abgesenkter Position.

Die Getriebeblechverkleidung mit links sitzendem Absaugrohr. Auf der rechten Seite fehlt der Funkersitz. Ein Bug-Maschinengewehr hatte man aufgrund einer homogenen starken Panzerung nicht vorgesehen. Das rechts am Boden liegende Rohr führt von der Schottwand zum Armaturenbrett.

Der Blick von oben auf das Pedalwerk, das Lenkrad, die Lenknothebel und das verkleidete OLVAR-Getriebe neben dem Fahrersitz. Der Vorwählhebel für die Gänge befand sich rechts. Oben rechts im Bild ist das Lenkgetriebe mit dem aufmontierten Argus-Lenkschiebergehäuse.

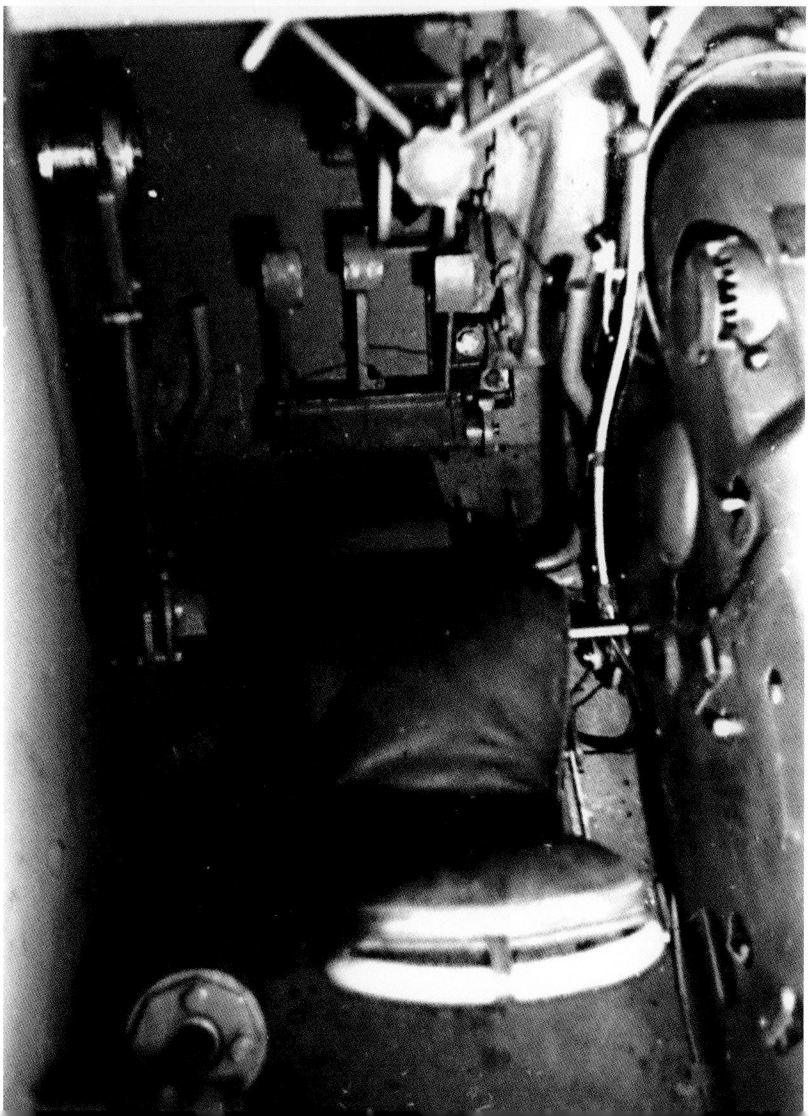

 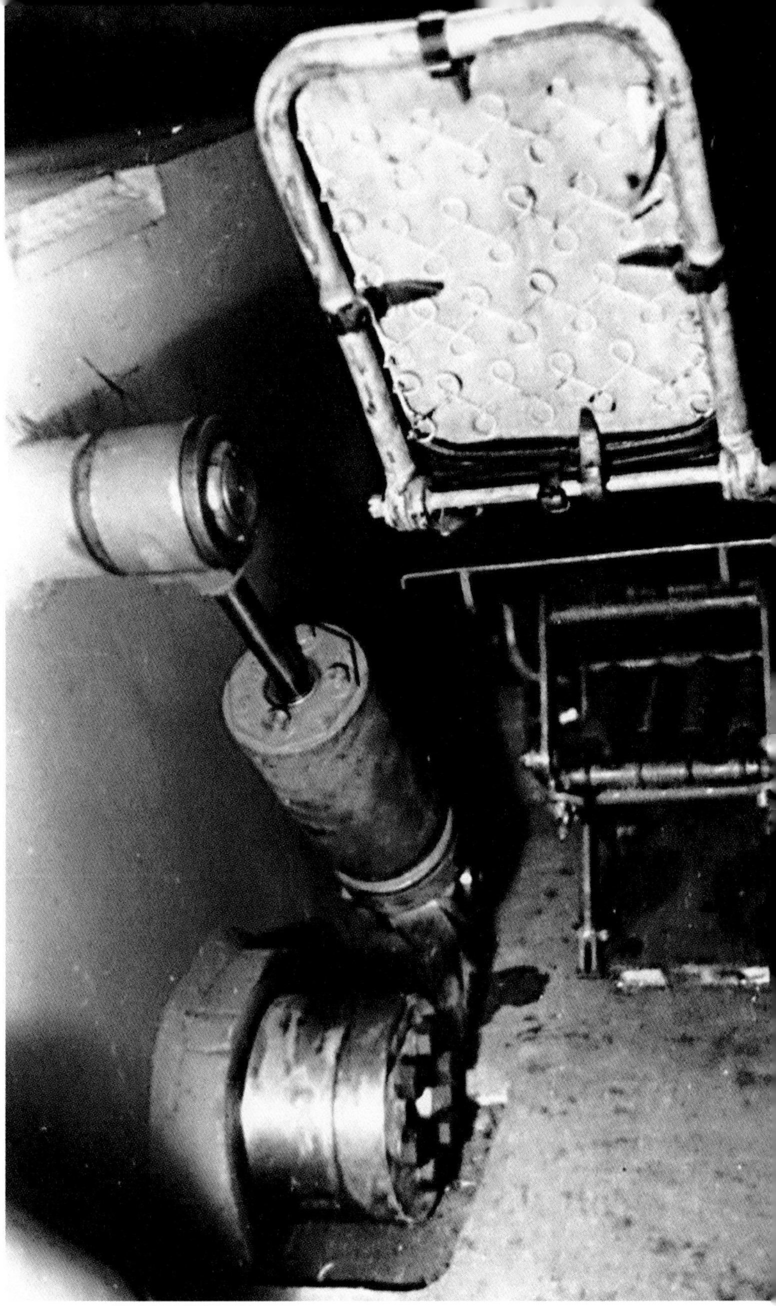

Nochmals die unterschiedliche Sitzstellung zwischen Marsch- und Kampffahrt. Über dem Lenkrad befand sich der Ausschnitt zur Aufnahme des kippbaren Fahrer-Winkelspiegels.

Am 2. April 1945 besetzten amerikanische Truppen das Gebiet um Haustenbeck und begutachteten alle dort befindlichen Fahrzeuge. Die erbeuteten Fahrzeuge und Unterlagen besaßen für die Besatzer so große Bedeutung, dass auf deren Geheiß Ingenieur Arnoldt und seine Mitarbeiter ihre Arbeit fortzusetzen hatten. Die Wanne des E-100 sollte komplettiert werden, da aufgrund der noch fehlenden Kraftstoffleitungen der Motor samt Kühlern und Lüftern wieder ausgebaut worden war. Wie der Blick auf die Kraftstoffanlage des »Tiger« II beweist, mussten, um die Kraftstoff-Tanks anzuschließen, sämtliche Aggregate wieder ausgebaut werden. Deshalb fanden die amerikanischen Besatzer die E-100-Wanne in diesem demontierten Zustand vor.

Insgesamt waren sieben Tanks anzuschließen, wobei sich im Motorraum am Boden sowie in beiden Kühlerräumen Zusatzkraftstofftanks befanden. So bestand die Kraftstoffversorgung aus drei Kreisen, die auch in dieser Reihenfolge laut H-DV 656/43 zu leeren waren:

- Hilfsbehälter-Motorraum: Behälter unter linkem Lüfter 80 Liter.
- Hauptbehälter-Motorraum: Behälter im Motorraum links und rechts des Motors, der Einfüllbehälter in der Heckwand sowie unter rechtem Lüfter 440 Liter.

Die E-100-Wanne, wie sie die amerikanischen Truppen in der sogenannten »Tigerhalle« vorfanden.

Am Laufwerk hatten sich keine Veränderungen im Baufortschritt im Vergleich zum Bericht vom Januar 1945 ergeben.

Das Triebwerk samt Kühler und Lüfter hatten die Monteure zum Zeitpunkt der Besetzung durch die US-Armee wieder demontiert.

- Kampfraum: zwei Behälter zu je 170 Liter bei dem »Tiger« II, bei dem E-100 stattdessen ein Behälter mit 850 Liter Inhalt.

Da der Gesamtvorrat mit 1.200 Litern angegeben wurde, mussten die Behälter aufgrund einer geplanten größeren Kühlanlage kleiner ausfallen.

Auch eine Reihe erbeuteter deutscher Panzerfahrzeuge, darunter der »Jagdtiger« 323 der Franzosen, wurden in der Station repariert. Im Sommer 1945 übernahmen die Briten dieses Gebiet und waren damit auch für diese Station zuständig. Auch diese waren an einer Fortführung der Arbeiten in der Versuchsstation interessiert. Unter den erbeuteten Fahrzeugen befanden sich, neben dem Panzerkampfwagen E-100 und der Selbstfahrlafette »Grille« 17 auch zwei Panzerkampfwagen »Tiger« B mit dem Porscheturm, ein schwerer Panzerjäger »Jagdtiger« mit Porschelaufwerk, ein Panzerkampfwagen VK 3001 (H) mit einem Belastungsgewicht anstelle des Turmes, ein Panzerkampfwagen »Tiger« I, ein Panzerkampfwagen »Panther«, ein Prototyp des Panzerkampfwagens DW I sowie ein sowjetischer Panzer vom Typ KW I. Die Fahrzeuge wurden auf der Freifläche vor der sogenannten »Tigerhalle« (11) für eine Reihe von Foto- und Filmaufnahmen postiert. Außerdem erfolgten Schuss- und Tauchversuche auf und mit dem »Tiger« I.

Von der Kranhalle (10) zur Wanne des E-100 in Richtung Werkstätten gesehen. Rechts die dazugehörigen Ketten.

Blick auf das Heck des E-100. Im Hintergrund die Tigerhalle (11), durch die das Pumpenhäuschen (15) des großen Tauchbeckens (14) sichtbar war. Links daneben die Garagen (12) und rechts die Werkstätten (13), vor denen die Mörserlafette 18 mit dem 21-cm-Geschützrohr lag. Ganz links das Schleppdach der Kranhalle (10).

Blick vom Dach der Kranhalle auf die Wanne. Die Laufrollen hatten die Monteure komplettiert, die Geländeketten lagen bereit, nur die Getriebeabdeckung mit Fahrer- und Funkerluke fehlte noch immer. Alle möglichen Zubehörteile legten die Arbeiter zum Abtransport in der Wanne bereit.

Die 1.000 mm breiten Geländeketten erinnern im Aufbau an die zweiteiligen »Tiger«-II-Ketten mit zusätzlichen seitlichen Laschen an Haupt- und Zwischenglied. Letzteres bestand aus drei Teilen.

Die Vorpanzerstücke von der Innenseite gesehen. Die Kette im Vordergrund ist die beschriebene schmalere Verladekette. Beide Teile verblieben vermutlich in Haustenbeck zum Verschrotten.

Bis Ende 1945 war diese Teststation noch in Betrieb. Die interessantesten Fahrzeuge, wie die E-100-Wanne, der »Jagdtiger« (305 004), ein »Tiger« II mit Porscheturm (V2), der »Tiger« I sowie weitere Panzerfahrzeuge wurden zur Erprobung nach England abtransportiert. Die Engländer nutzten die Station noch bis September 1946. Im Sommer 1948 schließlich sprengten sie die vorhandenen Anlagen im Gebiet Sennelager. [14]

[14] Tiger im Kampf Band III, S. 102.

Während die anderen »Mitbringsel« im Museum überlebten, wurde die E-100-Wanne vermutlich nach der Verwendung als »Hartziel« auf einem unbekannten Schießplatz in England zerstört und verschrottet.

Die 17-cm-Selbstfahrlafette 17/21 »Grille« 17

Sie gehört mit ihrem 58-t-Gewicht eigentlich nicht zu dem Thema »Überschwer«, allerdings entstand die E-100-Wanne im »Schatten« dieser Selbstfahrlafette. In Eigeninitiative von Krupp entstanden schon 1942 Holzmodelle von schweren Selbstfahrlafetten der späteren »Grille«-Serie auf Basis von »Tiger«- und »Panther«-Fahrgestellen. Die 17-cm-Kanonen- und die 21-cm-Mörser-18-Selbstfahrlafetten fanden anlässlich einer Rüstungskonferenz am 24.

Die 17-cm-Kanone in Feuerstellung 1944 in Italien. (Foto: BA 1011-310-0895-13A)

Juli 1942 starke Zustimmung bei Hitler und sollten zu einem Versuchsstück weiterentwickelt werden. [15]

Diese Selbstfahrlafette lief unter der Sammelbezeichnung »Grille« 17/21, da auch auf Basis desselben Fahrgestells die Aufnahme eines 21-cm-Mörsers geplant war. Das Geschütz sollte sowohl vom Fahrzeug aus als auch bei abgesetztem Geschütz ortsfest vom Erdboden aus schießen können. Die zu verwendende Panzerung hatte einen Schutz gegen MG-Feuer und Granatsplitter sicherzustellen.

Von der 17-cm-Kanone 18 bzw. dem 21-cm-Mörser 18 sollten die Rohre, der Verschluss, Rohrwiege, Unterlafette, Luftausgleicher, Lafettenbremse und -vorholer komplett, die Oberlafette und die Höhenrichtmaschine in den wesentlichen Teilen übernommen werden. Die Rohre erhielten eine 260 kg (später auf 234 kg korrigiert) schwere Mündungsbremse, die zu 100 % die Gasdrucknachwirkung aufheben sollte. In die Oberlafette wurde hinten eine Seitenrichtmaschine eingebaut und die Oberlafette drehbar auf einen Schlitten gesetzt. Die Unterlafette hatte Krupp mit einem klappbaren Stützbock versehen. Auf der Selbstfahrlafette konnte das Geschütz bis zu 5° nach jeder Seite feuern. Die grobe Seitenrichtung musste entweder durch entsprechendes Einfahren des Fahrgestells vorgenommen werden oder das ganze Fahrzeug musste auf eine Drehscheibe auffahren, um es um 360° schwenken zu können. In beiden Fällen musste hierbei ein Stützbock heruntergeklappt und nach jedem groben Seitenrichten fest auf den Erdboden aufgesetzt werden. Die 17-cm-Kanone 44 (Sf) Geschützwagen VI (ehemals als Gerät 5-1702 für die 17-cm-K 43 Sf) besaß eine verlängerte »Tiger«-Wanne. Anfänglich noch mit dem »Tiger« I-Laufwerk und später auf Basis des »Tiger« B.

Die versetzt montierten Laufrollen wurden mithilfe von Drehstabfedern abgefedert. Von den elf gummisparenden Laufrollen auf jeder Seite waren neun tragende Laufrollen. Vorn und hinten befand sich je eine erhöhte Laufrolle. Der vor dem Geschützraum eingebaute Maybach-Motor HL 230 war vom Fahrerraum durch eine doppelte Schottwand getrennt. Die Kühleranlage sowie die Kraftstoffbehälter hatte Krupp über der Kettenabdeckung zu beiden Seiten des Motors angeordnet. Der Motor trieb mit seinen 650 PS Dauerleistung über ein Maybach-Olvar-Getriebe OG 401216 B, ein Henschel-Lenkgetriebe L 801 und Argus-Lenkbremse LB 900-4 sowie Seitenvorgelegen die vorn liegenden Triebräder an. Das zuvor vorgesehene ZF-Schaltgetriebe AK 7-200 in Verbindung mit dem L 801 hatte ZF ursprünglich für den »Panther« II gedacht, wurde aber, genau wie das AK 8-200, nicht mehr benötigt.

Der Motorraum besaß eine selbsttätige Feuerlöschanlage. Als Anwärmvorrichtung für den Motor hatte Wa Prüf 4 ein Start- und Warmhaltemotor der Firma BMW vorgesehen, der später auf Grund von Lieferschwierigkeiten durch ein herkömmliches »Fuchsgerät« ersetzt wurde. Dies konnte vom Fahrerplatz aus an der Vorderseite des Motors montiert werden. Vorn links saß der Fahrer, der entweder durch einen walzenförmigen Ausblick mit Glasprisma oder mittels Hochsitz oben aus der Wanne sehen konnte. Der rechts sitzende Funker bediente neben dem Funkgerät Fu-5 (2 Empfänger, 1 Sender) das geplante Bug-Maschinengewehr. Dieses MG sollte laut Wa Prüf 4 allerdings in der Serie zum Fortfall kommen. Stattdessen hatte das Amt für Fahrer und Funker in der geplanten Serie je eine Fahrersehklappe vom Panzerkampfwagen »Panther« D vorgesehen.

Den Geschützraum hatte Krupp mit einem Panzerschutzaufbau versehen, der auf der Bahnfahrt eingeklappt werden musste. Die Drehscheibe für das Geschütz musste für die Fahrt hinten am Fahrzeug mit Schwingen und Winden hochgehoben werden. Für die ortsfeste Verwendung konnte das Geschütz auf den Erdboden abgesetzt werden. Hierzu wurde zunächst die Drehscheibe abgelassen, und die Verriegelung zwischen Unterlafette und Fahrzeug gelöst. Mit Hilfe eines zweiten Fahrzeuges oder einer Seilwinde sollte das Geschütz so weit nach hinten herausgezogen werden, dass die Rollen der Unterlafette noch hinten auf dem Fahrzeug standen. Danach wurde der Stützbock heruntergeklappt und seitlich an der Unterlafette Lager angeschraubt. Anschließend konnte das Geschütz weiter herausgezogen werden, bis sich diese Lager mit der Drehscheibe verriegeln ließen. Als Nächstes konnte das Fahrzeug wegfahren.

Das Geschütz erhielt Erdanker, Auftritte und Ladeschwinge und war damit feuerbereit. Der Stützbock musste, wie beim Schießen vom Fahrzeug, nach jedem groben Seitenrichten fest auf dem Erdboden aufgesetzt werden. Für den Bahntransport brauchte das Geschütz nicht abgesetzt zu werden. Jedoch musste vorher die Fahrkette Gg 24-800/300 gegen die schmalere Verladekette Gg 24-660/300 getauscht werden, das vordere Schutzschild umgelegt und, nach Absetzen der Drehscheibe, die Seitenschilde eingeklappt werden. [16]

[15] Deutschlands Rüstung im Zweiten Weltkrieg, S. 162.

[16] RH 8/2971.

Kaliber:	17 (21) cm	**Selbstfahrlafette:**	
Kaliberlänge:	L/50 (L/31)	Fahrgestell:	Krupp in Verbindung mit »Tiger« B
Rohrbremskraft:	55.000 kg	Länge über alles:	13.000 (11.000) mm
Geschütz abgesetzt:		Länge des Fahrzeuges:	9.500 mm
Größte Schussweite:	29,6 (16,7) km	Breite des Fahrzeuges:	3.150 mm
Höhenrichtfeld:	-2° +48° (-2° + 68°)	Höhe über alles:	3.150 mm
Seitenrichtfeld:	360° grob +/- 5° fein	Breite über Kettenaußenkante:	
Feuerstellungsgewicht	15.000 (14.200) kg	a. 800-mm-Fahrkette	3.590 mm
Stabilität bei größter Ladung:	+ 6°	b. 660-mm-Verladekette	3.270 mm
Feuerhöhe:	2.300 mm	Länge der Kettenauflage	4.170 mm
Gesamthöhe:	2.950 mm	Lenkfaktor:	1,5
Geschütz auf Selbstfahrlafette:		Spez. Bodendruck Straße:	0,9 kg/cm²
		Gelände:	0,7 kg/cm²
Höhenrichtfeld:	-2° +48° (-2° + 65°)	Bodenfreiheit:	500 mm
Seitenrichtfeld:	360° grob +/- 5° fein	Watfähigkeit:	700 mm
Gefechtsgewicht:	60.000 (59.200) kg	Kletterfähigkeit:	800 mm
Stabilität bei größter Ladung:	-2° (0°)	Überschreitfähigkeit:	3.000 mm
Feuerhöhe:	von Raupe 2.310 mm	Steigfähigkeit:	30°
	von Drehscheibe 2.500 mm	Höchstgeschwindigkeit:	45 km/h
Leistungsgewicht:	11,7 (11,8) PS/t	mittlere Geschwindigkeit Straße:	30 km/h
Panzerung	Bug 30 mm	Gelände:	18 km/h
	Seite 16 mm	Fahrbereich auf der Straße:	250–300 km
	Heck 16 mm	im Gelände:	125–150 km
	Boden 10 mm	Kraftstoffverbrauch auf der Straße:	375 L/100 km
	Decke 16 mm	im Gelände:	125 L/100 km

Das Fahrzeug war ausgelegt für eine Acht-Mann-Besatzung und beinhaltete Fahrer, Funker, Geschützführer und fünf Kanoniere. Als Bereitschafts-Munitionsvorrat standen anfangs nur fünf Schuss der 17-cm-Munition, bei dem 21-cm-Mörser 18 nur drei Schuss, zur Verfügung.

Ballistische Einzelheiten der 17-cm-Kanone (Sfl.)

Geschosstyp	Geschossgewichte	Mündungsgeschwindigkeit
Kanonengranate 39	68,0 kg	875 m/s
Kanonengranate 38 (m. Haube) HL	62,8 kg	930 m/s
Panzergranate L/4,3 (in Entwicklung)	72,0 kg	825 m/s
Betongranate L/4,7 (in Entwicklung)	68,7 kg	k.A.
Leuchtgranate L/3,7 (in Entwicklung)	58,7 kg	850 m/s

Anzahl der Ladungen: 4
Länge der Hülse: 725 mm
Gewicht der Hülse: 9,6 kg

Geschosstyp	Größte Ladung	Gewicht der Sprengladung
Kanonengranate 39	29,15 kg	7,34 kg (10,8 %)
Kanonengranate 38 (m. Haube) HL	30,5 kg	6,1 kg (9,7 %)

Durchschlagsleistung der Panzergranate L/4,3

Entfernung	Auftreffwinkel 60°	Auftreffwinkel 45°
1.000 m	275 mm	195 mm
2.000 m	250 mm	175 mm
3.000 m	220 mm	155 mm

Zur Munition kann noch gesagt werden, dass die 17-cm-Kanonengranate 38 mit Haube aus Fertigungsgründen ab Mitte 1944 fortfiel. Dadurch entfiel die dafür vorgesehene Sonderladung, die vierte Ladung.

Die erste Ladung der 17-cm-Kanone bestand aus der Sonderkartusche 1 (Vo von 635 m/s); die zweite Ladung aus der Sonderkartusche 1 und Sonderkartusche 2 (Vo von 755 m/s), die dritte Ladung aus Hauptkartusche und Vorkartusche 3 (Vo von 875 m/s) sowie die vierte Ladung aus Hauptkartusche und Vorkartusche 4 (Vo von 940 m/s). Da bei der Selbstfahrlafette neben der vierten Ladung später auch die erste und zweite Ladung wegfiel, konnte Krupp jetzt an Munition neben den sieben Geschosskörben sieben Haupt- und sieben Vorkartuschen-Behälter unterzubringen.

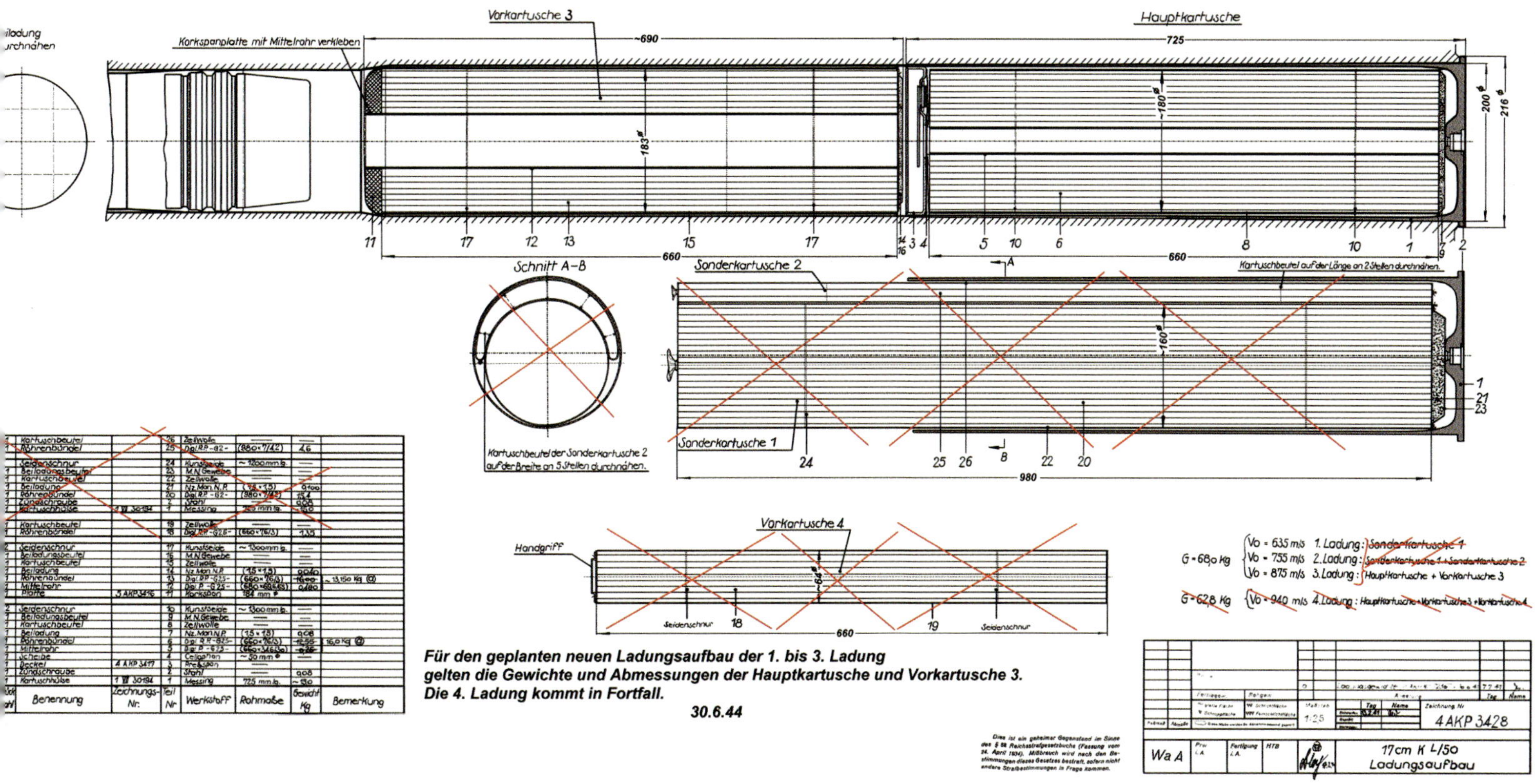

Die Ladungszusammenstellung für die 17-cm-Kanone L/50.

Der Transport der Munition von außerhalb erfolgte mit Hilfe einer Zwei-Mann-Geschosstrage (bei dem 21-cm-Mörser entsprechend eine Vier-Mann-Geschosstrage). Gezielt werden sollte laut Datenblatt mit dem Pak-Zielfernrohr 3 x 8. Weiterhin gehörte ein Rundblickfernrohr 36 zur Ausrüstung. [17]

In der kurzen Beschreibung der Firma Krupp vom 24. Juni 1944 stand bei Richtmittel »Zieleinrichtung 34 für direkten Schuss, für indirekten Schuss umschaltbar auf abhängige Zieleinrichtung.« [18]

Die Firma Krupp begann Ende Oktober 1942 mit der Rohstoffbestellung. Im November 1942 entstanden weitere Entwürfe für ein Holzmodell. Als Dringlichkeitsreihenfolge für die Entwicklungsaufträge der geplanten Geräte sah Krupp zum 9. November 1943 vor:

- Selbstfahrlafette »Grille« 17/21 für April 1944.
- Selbstfahrlafette K 4 (mot.) für Juli 1944.
- Selbstfahrlafette R 2 für September 1944.

Für den Fertigstellungstermin der Zeichnungen hatte Krupp den 28. Februar 1943 geplant. Die Abnahme des ersten Beschusses sollte am 1. August und die Endabnahme am 1. September 1943 erfolgen. Um den Termin halten zu können, musste die Werkstoffanlieferung bis spätestens Ende März 1943 erfolgt sein. Trotz der hohen Dringlichkeit durch Erteilung der Sonderstufe DE durch das Rüstungsministerium verschoben sich die Termine Monat für Monat. So fehlte im Juni 1943 immer noch der größte Teil der Press-, Schmiede- und Gussteile. Der stetige Mangel an den zu verwendenden »Tiger«-Bauteilen für die Wanne verzögerte die geplante Auslieferung für den Herbst 1943. Ein weiteres Problem verursachte die Bombardierung auf das Krupp-Werk Essen, bei der Anfang Juli 1943 sämtliche Konstruktionsunterlagen vernichtet wurden, sodass das Konstruktionsbüro von neuem mit dem Anfertigen von Zeichnungen beginnen musste. Das erhöhte den Aufwand allein von 3.500 auf 4.500 Konstrukteurs-Tage.

Für die Fertigung des Versuchsfahrzeuges »Grille« plante der Meisterbereich 9/10 etwa 10.000 Arbeitsstunden ein. Ebenfalls benötigte die Firma Krupp von den vielen Zulieferfirmen, wie z. B. Argus, ZF, Maybach, Henschel, Rheinmetall-Borsig, Eberspächter, MAN, Hemscheidt und Bosch, neue Unterlagen. So erfolgte im Dezember 1943 eine erneute Rohstoffbestellung, da zum Beispiel ein Teil

[17] Datenblätter für Heeres-Waffen, -Fahrzeuge und -Gerät.

[18] RH 8/2971.

Die 72 kg schwere Panzergranate 43 als L/4,3 vom 14. Dezember 1944.

der Stahlgussteile aufgrund der Kriegseinwirkungen (Bombardierungen) von der Gießerei-Zentrale erst im Mai 1944 geliefert werden konnte, zu einem Zeitpunkt, der eigentlich als Ablieferungstermin für das Versuchsgerät festgesetzt war. Dadurch verschob sich am 25. Mai 1944 der zugesagte Fertigstellungs-Termin auf September 1944. Am 24. Juni 1944 konnte der Meisterbereich 10 die Wanne als fertig geschweißt melden.

Am 6. Juli 1944 befahl Hitler aufgrund der damaligen Lage die Einstellung aller Entwicklungen gepanzerter Fahrzeuge schwerer und schwerster Geschütze. »*Er fordert lediglich die beschleunigte Vorlage eines Entwurfs einer schweren*

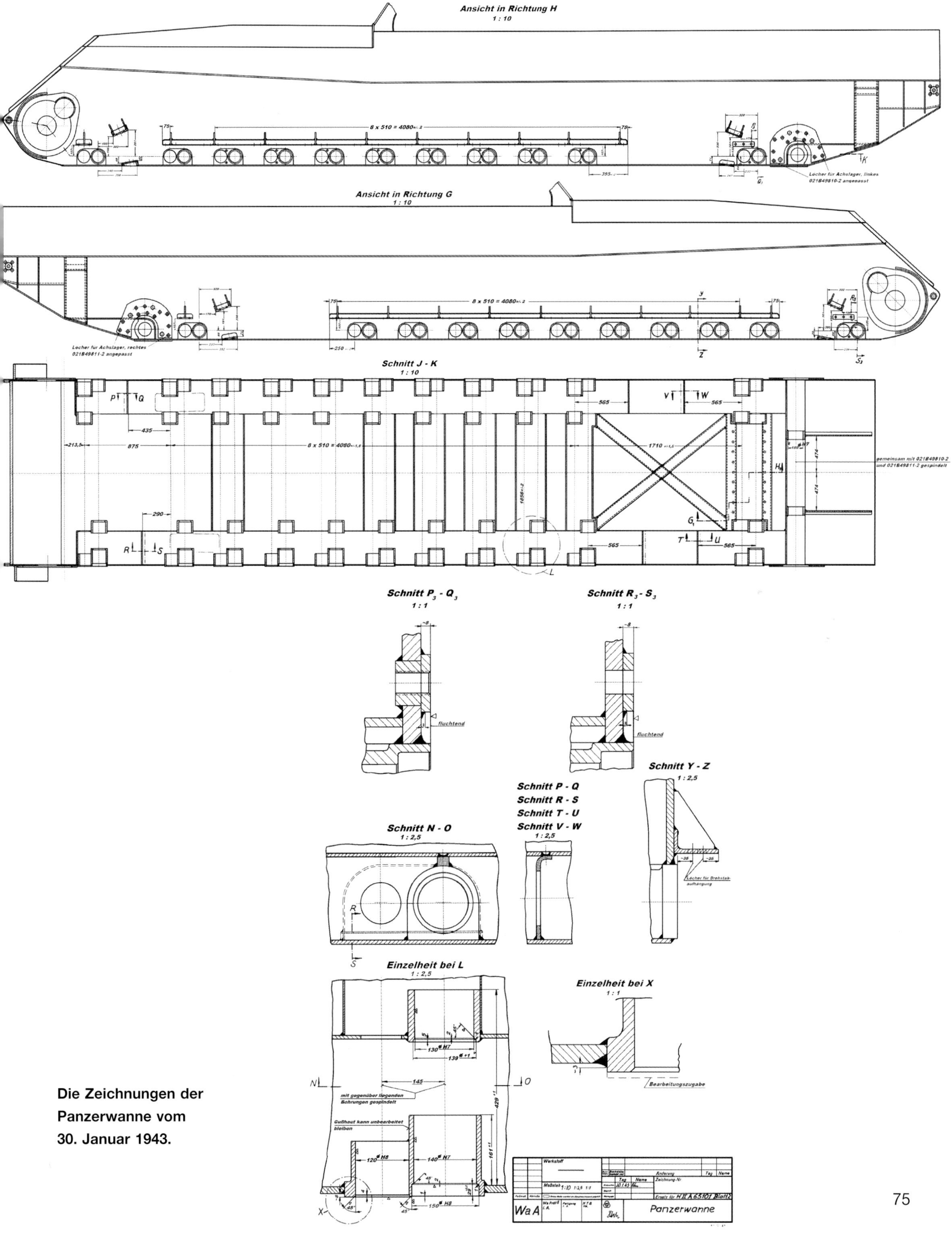

Die Zeichnungen der Panzerwanne vom 30. Januar 1943.

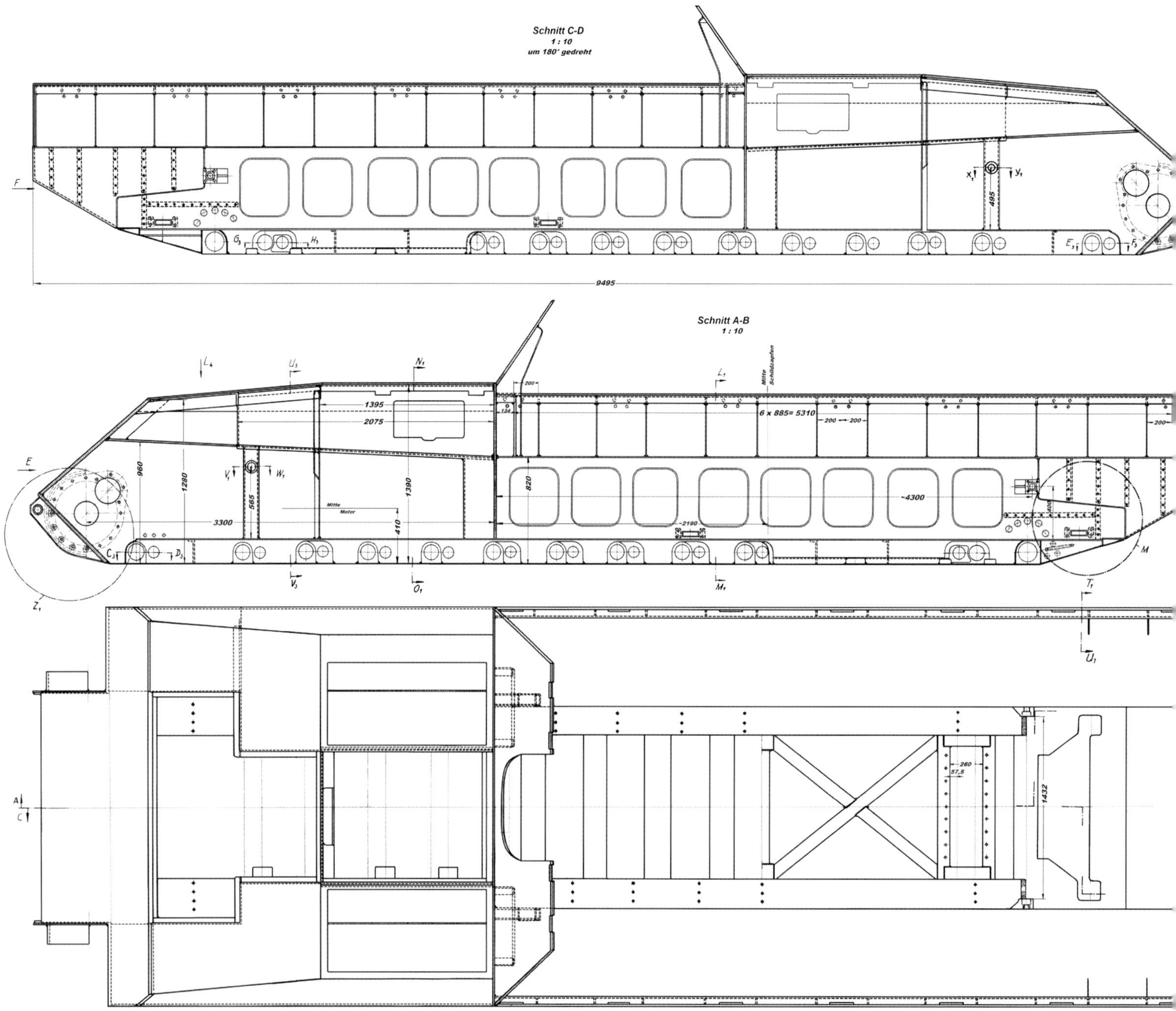

Selbstfahrlafette für die 17-cm-Kanone unter ausschließlicher Verwendung von „Tiger"-Elementen.« [19]

Im Juli stellte sich ein neues Problem, da die DE-Einstufung der »Grille« nach zwei Jahren abgelaufen war. Da eine neue Einstufung auf normalem Weg zu lange dauerte, stellte sich die Frage, ob mit der normalen SS-Dringlichkeitseinstufung das Versuchsstück zu Ende gebaut werden konnte. Nach einer Besprechung am 26. Juli 1944 erfolgte eine Besichtigung der Wanne im Meisterbereich 10 durch Wa Prüf 4 und 6. Dabei äußerten die Wehrmachtsvertreter, dass statt der Kugelblende des Funkers und dem Fahrerwinkelspiegel zukünftig zwei Fahrersehklappen des Panzerkampfwagens »Panther« verwendet werden sollten. Zudem sollte die zuvor geplante 2-cm-Maschinenkanone fortfallen. Auf eine Doppelpanzerung

[19] Deutschlands Rüstung im Zweiten Weltkrieg, S. 396.

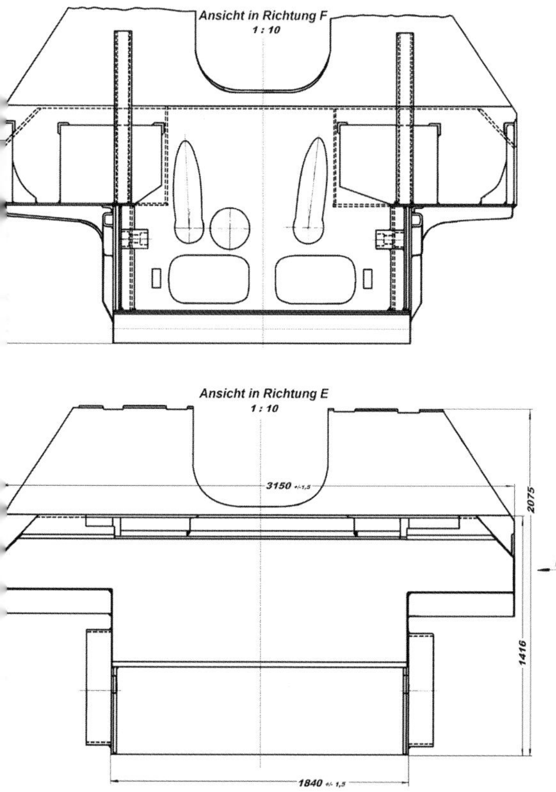

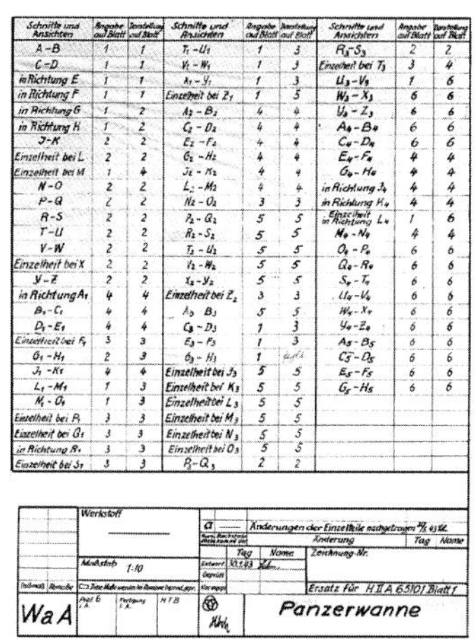

der Kraftstoffräume und gute Abdichtung gegenüber dem Fahrerraum wurde besonders hingewiesen. Der Gesamtinhalt der sechs Kraftstoffbehälter mit 1.000 Liter sah Wa Prüf 6 nach ihren Erfahrungen bei einem geschätzten Verbrauch von 9 bis 10 Liter pro Kilometer als ausreichend an.

Für den Ausbau des Motors, möglichst auch mit Getriebe, sollte jede Geschütz-Batterie einen Sturmgeschützkran mitführen. Deshalb sollten die dafür benötigten Kranpilze aufgeschweißt werden. Weiter war zusätzlich zur Bordsprechanlage eine Sprechschlauchanlage zwischen dem Fahrer- und Mannschaftsraum (Kommandant und Richtschützen) einzubauen, da die Bordsprechanlage sich bei den an der Front befindlichen Panzer-Haubitzen als nicht unbedingt zuverlässig erwiesen hatte.

Das Heereswaffenamt wies nachdrücklich darauf hin, dass an der schnellsten Vorstellung des Versuchsgerätes bei allen Dienststellen, besonders auch bei der höheren Führung, allergrößtes Interesse bestand. Besonders wurde die Notwendigkeit der unbedingten Vorverlegung betont. Die Abteilung versprach, alle notwendigen Schritte zur Bereitstellung der erforderlichen Fahrzeugbauteile, von deren planmäßiger Zusendung die Abkürzung der Montage abhing, sicherzustellen. Im Beisein von Dr. Müller betonten die Vertreter des Heereswaffenamtes, dass die Führung diese Panzerkanonen dringend benötigte.

Die Herstellung einer größeren Anzahl dieser Geräte ließe sich aber erst nach der Erprobung des Versuchsstückes verantworten, sodass dessen umgehende Fertigstellung eine zwingende Notwendigkeit war. Die Führung von Wa Prüf 4 erwartete eine 14-tägige Meldung über den Baufortschritt des Versuchsstückes, da diese den Befehl hatte, ab dem 27. Juli dem Reichsminister für Rüstung und Kriegsproduktion vierzehntägig über den Fertigungsstand zu unterrichten. Die Materialbereitstellung stellte eine enorme Herausforderung für Krupp dar. Die Probleme waren ein Spiegel der damaligen Zeit. So war der benötigte Maybach-Motor HL 230 P30 nach mehrfachen Mahnungen vom Heereswaffenamt zwar nach Essen geliefert worden, lagerte wegen eines Missverständnisses statt im Meisterbereich 10 in einer Instandhaltungswerkstatt.

Es fehlten im Juli 1944 außer dem Maybach-Motor die Getriebe-Lenkeinheit, der Kettenantrieb, Start- und Warmhaltemotor, Funkanlage und die Laufradkurbeln. Unvollständig geliefert waren die Kühl- und Lüfteranlagen und die Seitenwellen. Wa Prüf 4 schickte am 16. August einen Brief an Krupp, indem sich das Amt über den schleppenden Baufortschritt beschwert, da trotz der Betonung der Dringlichkeit anlässlich der Besprechung am 26. Juli wiederum der November 1944 von Krupp als Vorstellungstermin genannt wurde. Wa Prüf 4 zeigte sich enttäuscht und zog daraus den Schluss, dass nicht so sehr die Anlieferung der Fahrzeugteile terminbestimmend war, sondern andere Einflüsse, deren Ursachen dem Amt zurzeit nicht bekannt waren. Deshalb bat Wa Prüf 4 noch-

mals eindringlich, dass umgehend Schritte unternommen werden sollten, damit der Termin der Vorstellung um vier Wochen abgekürzt werden konnte.
Hauptamtsleiter Saur wendete sich am 13. September 1944 an Dr. Müller mit der Bitte, für eine Führerbesprechung Fotografien der 17-cm-Kanone auf Selbstfahrlafette zu bekommen. Da aber noch keine Bilder von dem halbfertigen Fahrzeug existierten, fragte Saur, ob ihm per Kurier wenigstens Fotos des Holzmodells geschickt werden könnten. Falls dies auch nicht möglich war, könnte doch ein geschickter Zeichner ein Bild des Gerätes malen und die Fotos davon ihm nach Berlin schicken. Des Weiteren wollte er den exakten Liefertermin wissen, ebenso den Auftragsumfang. Den Termin für das Versuchsgerät von Ende November 1944 hielt Saur für zu spät. Am 14. September erhielt er Pausen der einzigen, noch erhaltenen fünf Bilder des Holzmodells »Grille« 17/21 mit und ohne Geschützblende sowie dem Geschütz in Fahrstellung. Am 18. September 1944 beantragte Krupp erneut die weitere Einstufung in die Dringlichkeitsstufe DE für die Projekte »Grille« und R 2. Dazu machte Krupp folgende Angaben:

- Fertigung des Versuchsgestells: 11.000 Stunden.
- Erprobung und Versuch: 1.000 Stunden.
- Änderungen nach dem ersten Truppenversuch: 500 Stunden.
- Auftragswert: Richtpreis 85.000,- Reichsmark.

Am 21. September 1944 berichtete Karl-Otto Saur vor Hitler anhand von Zeichnungen und Modellfotos über den Stand der Vorarbeiten für die 17-cm-K 72-Selbstfahrlafetten auf Basis von »Tiger« B-Bauteilen. Hitler forderte sofort nach Fertigstellung des zurzeit in Fertigung befindlichen ersten Versuchsfahrzeuges eine Vorführung desselben. Den Termin dafür legte Hitler auf den 1. November 1944. [20]

[20] Deutschlands Rüstung im Zweiten Weltkrieg, S. 411.

Eines der wenigen Modell-Fotos der »Grille« 17, hier als 1:1-Holzmodell in Feuerstellung.

Der Stand der Arbeiten zu dieser Zeit war wie folgt:

- Das Motorenproblem konnte, wie schon genannt, nach langem Suchen zum 20. September 1944 geklärt werden.
- Das Olvar-Getriebe, das Henschel zwecks Zusammenbau mit dem Lenkgetriebe und der Argus-Lenkbremse am 9. August gesendet bekam, musste auf Betreiben von Wa Prüf 4 schnellstens angeliefert werden, um spätestens am 31. August zur Montage bei der Firma Krupp einzutreffen. Daraus ergab sich der Fertigstellungstermin November 1944.
- Die Lieferung der benötigten Kettenantriebe lehnte die Firma Henschel ab und verwies Krupp an das Nibelungenwerk von Steyr-Daimler-Puch in St. Valentin. Dieses sah die Kettenantriebe ebenfalls als Engpass an und verwies wieder an die Firma Henschel. Erst am 4. Oktober 1944 konnten nach Klärung der Unstimmigkeiten endlich die benötigten zwei Kettenan-

Die rohen und die fertigen Laufradkurbeln des »Tigers«.

triebe vom Nibelungenwerk geliefert werden.

Die Kugellagerindustrie besaß während der Kriegsjahre eine Schlüsselstellung und so war es nicht verwunderlich, dass eine Bombardierung des Zentrums dieser Industrie, wie die Firma Kugelfischer in Schweinfurt eines war, der Rüstung eine Krise bescherte. Eine Folge davon führte u. a. zur Einstellung der »Maus«-Produktion. So fehlten für die Laufradkurbel die dazugehörigen 22 Schrägrollenlager. Da Henschel eine Lieferung ablehnte, erwog das Heereswaffenamt einen Erwerb aus Schweden. Jedoch konnten die 22 Schrägrollenlager mit Hilfe eines Führerbefehls aus der Nähe von Prag beschafft werden, von denen allerdings ein Teil der Lieferung auf dem Transport verloren ging.

Die Beschaffung der benötigten 22 Laufradkurbeln war der Höhepunkt der Materialproblematik und spiegelte das Dilemma der deutschen Industrie Ende 1944 sehr gut wider. Die Firma Henschel sollte die fertig bearbeiteten 22 Laufradkurbeln für die »Grille« noch vor der Anfang Juni 1944 geplanten Lieferung von Laufradkurbeln für die geplante Fahrbarmachung der K 5 (mot.) nach Essen liefern. Ende Juni teilte Henschel dem Heereswaffenamt und Krupp mit, die fertig bearbeiteten Laufradkurbeln nicht vor September 1944 liefern zu können. Als Ersatz dafür sendete Henschel Ende Juni 1944 22 roh bearbeitete Kurbeln an Krupp. Da das Werk Krupp-Essen diese Kurbeln nicht weiter bearbeiten konnte, erfolgte nach Klärung am 21. Juli der Versand an das Krupp-Grusonwerk Magdeburg. Diese bearbeiteten Kurbeln gingen anschließend am 30. August 1944 von Magdeburg, zur Firma Henschel in Kassel, die die Kerbverzahnung einbringen sollte, da sich Krupp dazu nicht in der Lage sah. Am 13. September teilte Henschel der Firma Krupp mit, dass die Kurbeln aus dem Grusonwerk wegen zu geringer Festigkeit ausfielen. Wegen der Zerstörung von zwei der drei Fließstraßen war es Henschel unmöglich, fertig bearbeitete Kurbeln abzuzweigen. Auch das Nibelungenwerk lehnte eine Lieferung dieses außergewöhnlichen Engpasses ab. Da Henschel die für September zugesagte Lieferung der weiteren 22 fertig bearbeiteten Kurbeln zu diesem Zeitpunkt kategorisch ablehnte, erwog Krupp im Interesse der Einhaltung des Liefertermins, zwecks Durchführung der Montage und der Vorversuche vorübergehend die vom Grusonwerk bearbeiteten Kurbeln einzubauen. Deshalb wandte sich Krupp an Henschel mit der Bitte, dennoch bei den ungenügend gehärteten Kurbeln die benötigte Kerbverzahnung einzuarbeiten. Henschel äußerte dazu, dass die Kurbeln eine zu geringe Festigkeit von 64 kg/mm² besäßen und eventuell nur noch für die Aktion »Raupenschlepper« zu verwendet seien.

Die im »Tiger« B verbauten Kurbeln (Kurbelwerkstoff 34 CV 7 vergütet) besaßen eine Festigkeit von 95–110 kg/mm². Bei einem Wert unter 95 kg/mm² zählten die Kurbeln bei Henschel als Ausschuss, über 110 kg/mm² entstanden Probleme bei der Bearbeitung, dem sogenannten Räumen. Da der »Tiger« ein Gewicht von 70 t besaß, die »Grille« dagegen nur 60 t wog, konnte sich Direktor Pertus von Henschel ein Fahren der »Grille« im Gelände mit den 64-kg/mm²-Kurbeln vorstellen. Auf gepflasterten Straßen musste allerdings mit größerer Vorsicht gefahren werden. Die fehlerhaften Kurbeln sowie die anderen noch fehlenden Teile wurden vom Versandleiter des Meisterbreiches 10 am 12. Oktober 1944 persönlich in Kassel in Empfang genommen. Krupp schrieb an Wa Prüf 4 und den Leiter der Panzer-Entwicklungskommission Dr. Stieler von Heydekamp, dass das Versuchsgerät nur termingerecht fertiggestellt werden könne, wenn durch WuG 6 bis zum 15. Oktober 1944 die benötigten funktionstüchtigen 22 Laufwerkskurbeln aus dem laufenden »Tiger«-Programm entnommen würden.

Mit dem Hinweis auf den Führerbefehl erging am 4. Oktober an Henschel die Anweisung auf Entnahme der 22 Laufwerkkurbeln aus der laufenden »Tiger«-Fertigung. Dabei war auf Rücksicht des genannten Führerbefehls der monatliche Ausfall von zwei »Tiger« in Kauf zu nehmen. Anlässlich eines Besuches eines Vertreters aus dem Rüstungsministeriums fasste Krupp am 4. Oktober 1944 den Stand zu den Arbeiten zusammen:

1. Die Wannenbearbeitung hatte der Meisterbereich 10 bis zum 6. Oktober beendet, Die Abdeckungen waren zu 90 % fertiggestellt.
2. Der Motor konnte eingepasst werden, musste aber nochmals zum Bohren der Befestigungslöcher herausgenommen werden.
3. Das Schalt- und Lenkgetriebe war vorhanden und konnte unter Verwendung der Bohrungen für die Kettenantriebe eingepasst werden.
4. Die Schmieranlage für das Laufwerk konnte nach der erstmaligen Herausnahme von Motor und Getriebe angeschlossen werden.
5. Die Kraftstoffanlage war zu 60 % fertiggestellt und eingepasst. Die Rohrleitungen mussten noch angeschlossen werden.

6. Das Hand- und Fußhebelwerk, Gas- und Startergestänge einschließlich Fahrersitz waren zu 90 % außerhalb fertiggestellt und eingepasst.
7. Die Kühl- und Lüfteranlagen waren komplett vorhanden und wurden eingepasst. Die dazugehörigen Leitungsrohre mussten noch von Henschel fertiggestellt und angebracht werden.
8. Für das Laufwerk fehlten noch die 22 fertig beizustellenden Laufwerkskurbeln. Die 22, vom Grusonwerk bearbeiteten, Laufwerkskurbeln hatte Krupp von Henschel für den vorläufigen Einbau angefordert. Von den 22 Schrägrollenlagern waren in Essen nur sieben Stück bisher eingegangen. Ein Kurier sollte die Sendung und den Verbleib von 15 weiteren, in zwei Kisten verpackten Lagern nachverfolgen. Ferner fehlten noch vier normale Drehstabfedern, die als Ersatz von Henschel angefordert worden waren. Die Leitradaufhängung war in Verarbeitung, die Treibräder wurden zweimal zerstört, der Ersatz war in Bearbeitung, die Gleisketten vorhanden.
9. Die Teile für die elektrische Anlage waren im Meisterbereich 10 vorhanden und konnten nach dem Ausbau von Motor und Getriebe verlegt werden.
10. Der Panzerschutzaufbau konnte zu 95 % fertiggestellt werden, es mussten nur noch die Gelenke und Stützen einschließlich der Gestänge für die Stützplatte zum Abschluss montiert werden.
11. Die Kugelblende für das Maschinengewehr am Funkersitz stand fertig zum Einbau bereit.
12. Das Seelenrohr für die 17-cm-Kanone lagerte fertiggestellt im Meisterbereich 8, alle anderen Teile, wie das Bodenstück und das Mantelrohr, befanden sich noch in Arbeit.

Als Liefertermin nannte Krupp den 20. Oktober 1944. Die Lafette in der Lafetten-Werkstatt I war zum großen Teil fertig, die Fertigstellung der Verzahnung der Höhenrichtmaschine war für den 20. Oktober geplant. Die Stützplatte mit dem Drehstück hatten die Mitarbeiter des Meisterbereichs geschweißt und es musste bis zum 10. Oktober nur noch gebohrt und gespindelt werden. [21]

Als Ziel hatte Wa Prüf 4 den 20. November 1944 als Termin eines Anschusses des Geschützes in Meppen geplant. Anschließend sollte das Einpassen in das inzwischen fertiggestellte Fahrgestell erfolgen. Für den 20. November sollte das Gerät nach Hillersleben zur Erprobung gesendet werden. Da das Geschütz erstmals mit einer Mündungsbremse versehen war, rechnete Wa Prüf 4 mit einer 14-tägigen Erprobungszeit. Unter der Voraussetzung, dass keine größeren Probleme auftraten, könnte das Gerät ab Mitte Januar 1945 Hitler vorgestellt werden. Eingehende Fahr- und Beschussversuche müssten bis dahin entfallen. Den Einsatz der ausgehärteten Laufradkurbeln, wenn auch nur für Montagezwecke, hielt Wa Prüf 6 für nicht akzeptabel. Die fehlenden Teile sollten nach Auffassung von Wa J Rü (WuG 6) aus einem fertigen Gerät oder aus Nachschubmengen entnommen werden.

Wegen der Fertigung weiterer Geräte erfolgte anlässlich einer Besprechung am 9. Oktober 1944 bei Oberst Wöhlermann von Wa Prüf 4 eine Aufstellung der zu benötigten Teile. Er verlas auch ein Schreiben von Reichsminister Speer vom 25. September 1944, wonach das Versuchsgerät sofort nach Fertigstellung dem Führer vorgestellt werden musste und die Fertigung von monatlich zwei Geräten schnellstens eingeleitet werden sollte. Da in der abzugebenden 14-tägigen Meldung an Speer über den Termin für die Fertigstellung des Versuchsgerätes bisher immer Ende November genannt wurde, wollte Wöhlermann von Krupp wissen, wann das Versuchsgerät tatsächlich fertig würde, unter der Voraussetzung, dass sämtliche Teile zur Verfügung stünden. Der Oberst lehnte es aber ab, das Gerät ohne vorherige Erprobung dem Führer zu zeigen.

Es wurde angezweifelt, dass selbst wenn das Geschütz wenige Tage nach dem 20. November beschossen werden konnte, das komplette Fahrzeug noch im November fertig sein könnte. Krupp stimmte dem zu, da für die endgültige Aufstellung des Geschützes auf dem Fahrzeug und die ersten Beschuss- und Fahrerprobungen in Meppen mindestens acht Tage in Anspruch genommen werden mussten. Danach sollte in Essen eine Inspektion erfolgen, sodass einschließlich des Transportes weitere 14 Tage erforderlich waren, damit das Gerät Ende des Jahres für eine Amtserprobung bereitstände. Sofern sich keine besonderen Umstände oder Transportschwierigkeiten ergaben, könnte das Gerät ab Mitte Januar 1945 für die Vorführung zur Verfügung stehen.

Der Vertreter von Krupp machte klar, dass es immer noch nicht zur Lieferung der benötigten Laufwerksteile von Henschel gekommen war. WuG 6 forderte eine Aufstellung der fehlenden Teile, um sofort die Entnahme aus der laufenden Fertigung veranlassen zu können. Diplom-Ingenieur Jaeger von Wa Prüf 6 hielt auf Befragen ein langsames Fahren mit den unvergüteten Laufradkurbeln für

[21] RH 8/2971.

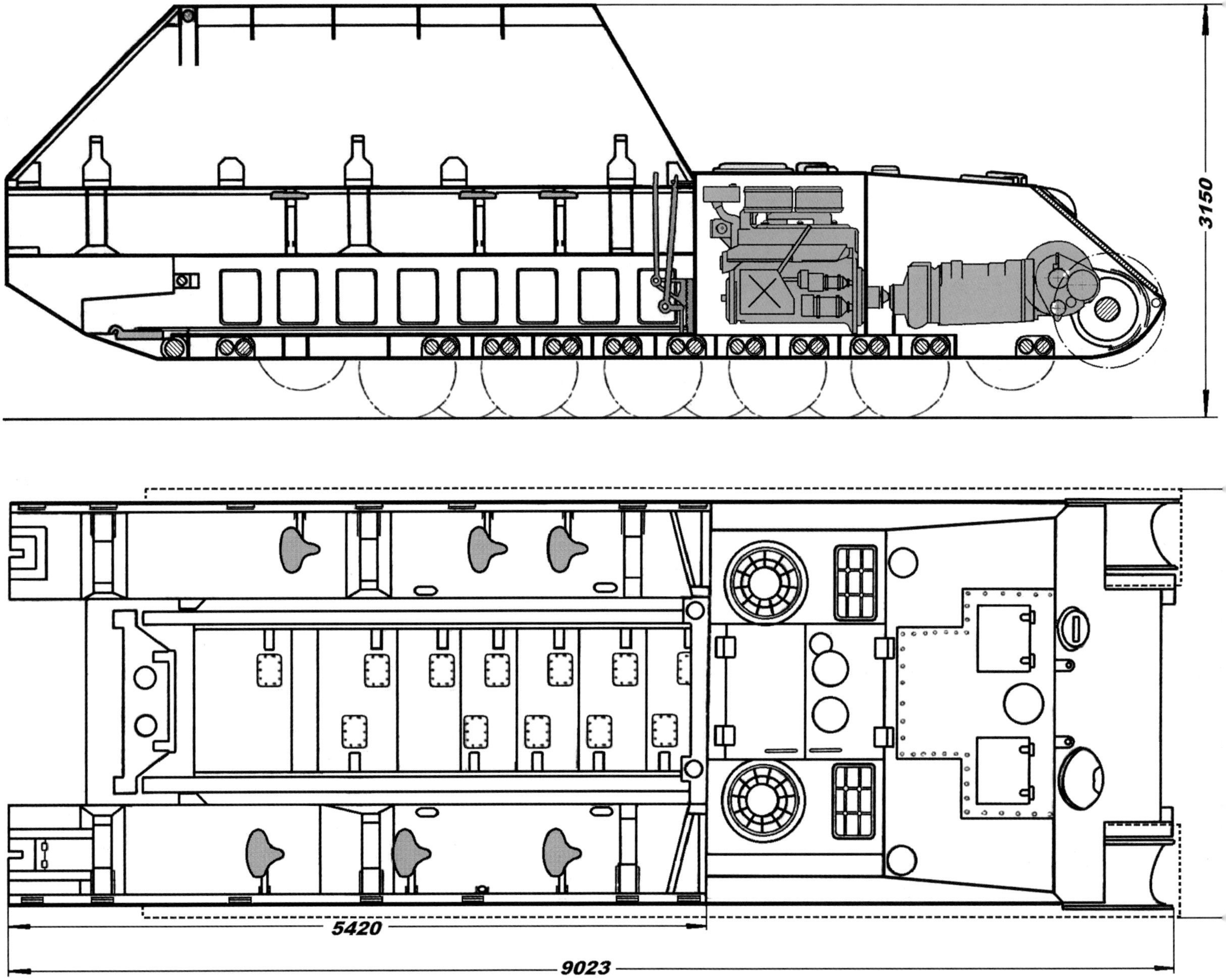

Die Querschnittzeichnungen des Fahrgestells vom Geschützwagen VI, hier noch mit dem ZF-Getriebe, der wahlweise die 17-cm-Kanone oder den 21-cm-Mörser aufnehmen sollte.

möglich. Es war WuG 6 klar, dass eine Serienfertigung einer derartigen Spezialwanne auf einer schon eingerichteten »Tiger«-Fertigungsstraße wie bei Henschel oder dem Nibelungenwerk nicht möglich war, da dadurch die Produktion von mindesten 10 »Tiger«-Wannen ausfallen musste. Das Abzweigen der für die monatlich zwei Geräte benötigten »Tiger«-Bauteile aus der laufenden Serie sah Oberst von Wilke von WuG 6 aber als möglich an.

So blieb laut Oberst von Wilke nur die Firma Krupp für die Fertigung von zwei Wannen monatlich übrig, zumal Krupp als Einzige für die Fertigung des 17-cm-Geschützes in Frage käme. Der zweite Hersteller dieser Geschütze, die Firma Hanomag hatte durch »Feindeinwirkung« starke Produktionseinbrüche bei der 17-cm-Geschütz-Produktion zu verzeichnen, sodass auch die monatlich zu fertigenden zwei Geschütze nur von Krupp kommen konnten.

Selbstverständlich ging das nur auf Kosten der produzierten 17-cm-Feldgeschütze. Krupp willigte unter der Voraussetzung ein, dass sämtliche Teile termingerecht geliefert würden. Die benötigten Fertigungsunterlagen standen zur Verfügung. Am 11. Oktober äußerte Major Koch von WuG 6 nach einem Besuch bei Henschel, dass die Firma Henschel in der nächsten Zeit nicht in der Lage sei, vergütete Laufradkurbeln zu liefern, sodass auf jeden Fall die unvergüteten Laufradkurbeln eingebaut werden müssten. Dr. Müller lehnte dies in seinem Schreiben vom 17. Oktober ab und gab den Hinweis, wenn die vergüteten Kurbeln nicht innerhalb von acht Tagen zur Verfügung stünden, er eine Meldung an das Rüstungsministerium sowie an den Hauptausschuss Panzer machen müsste, da er dadurch den angegebenen Fertigstellungstermin des Versuchsgerätes nicht einhalten könnte, denn nach der Anlieferung der Kurbeln benötigte der Meisterbereich 10 noch etwa fünf Wochen zur endgültigen Fertigstellung des Fahrzeuges. Außerdem sollte WuG 6 prüfen, ob die benötigten vergüteten Laufradkurbeln nicht aus der Fertigung des Nibelungenwerkes entnommen werden könnten, denn die Bearbeitung der Kurbel-Rohlinge war zu diesem Zeitpunkt weder bei Henschel noch im Grusonwerk mehr möglich. Das Rüstungsministerium hatte inzwischen der Firma Krupp die Dringlichkeitsstufe für die »Grille« 17 bis zum 31. April 1945 verlängert.

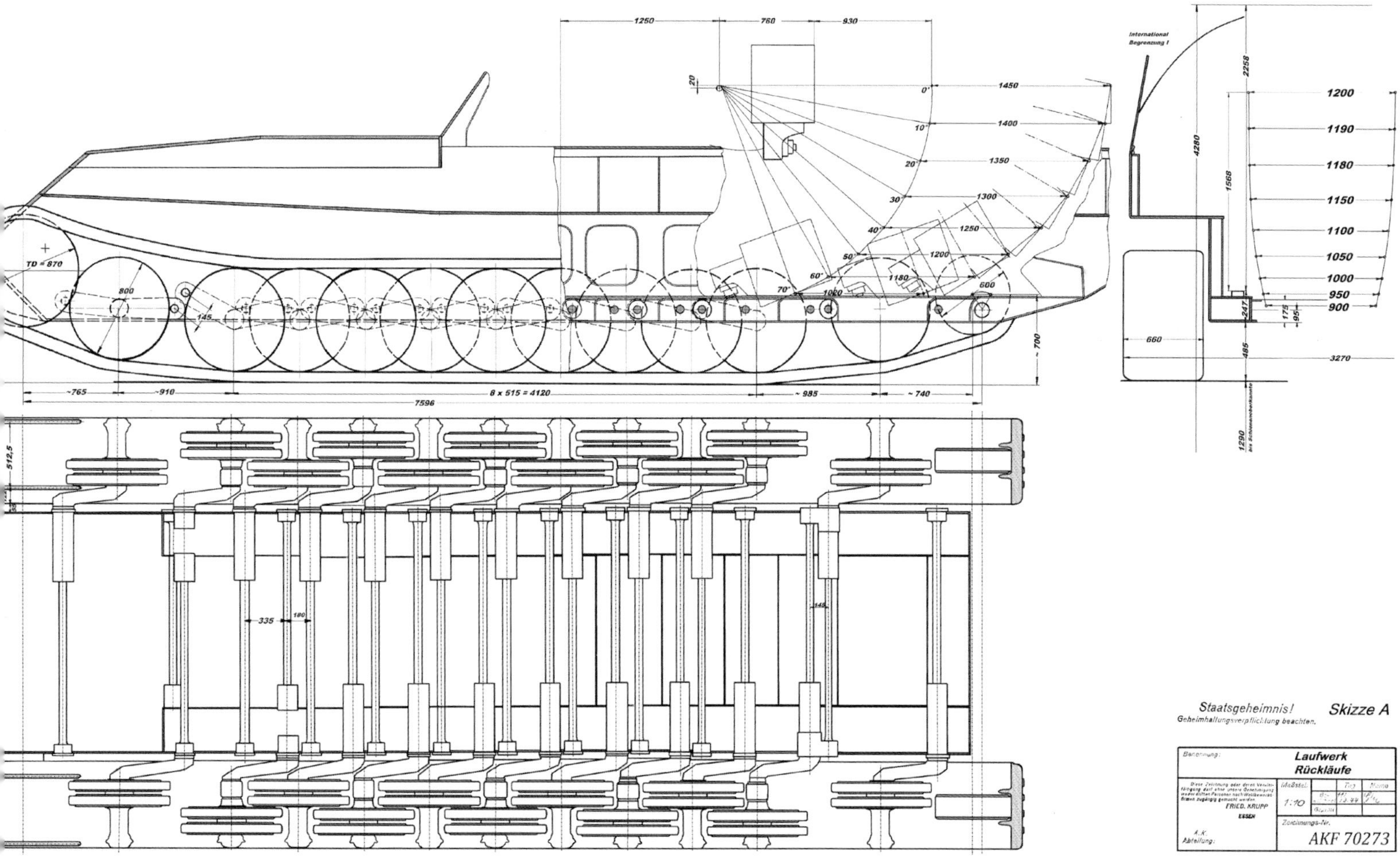

Die möglichen Rohrerhöhungen und Rückläufe der 17-cm-Kanone in dem Geschützwagen VI. Oben rechts der erforderliche Bereich des zurücklaufenden 17-cm-Rohres bei 5° Seitenrichtung.

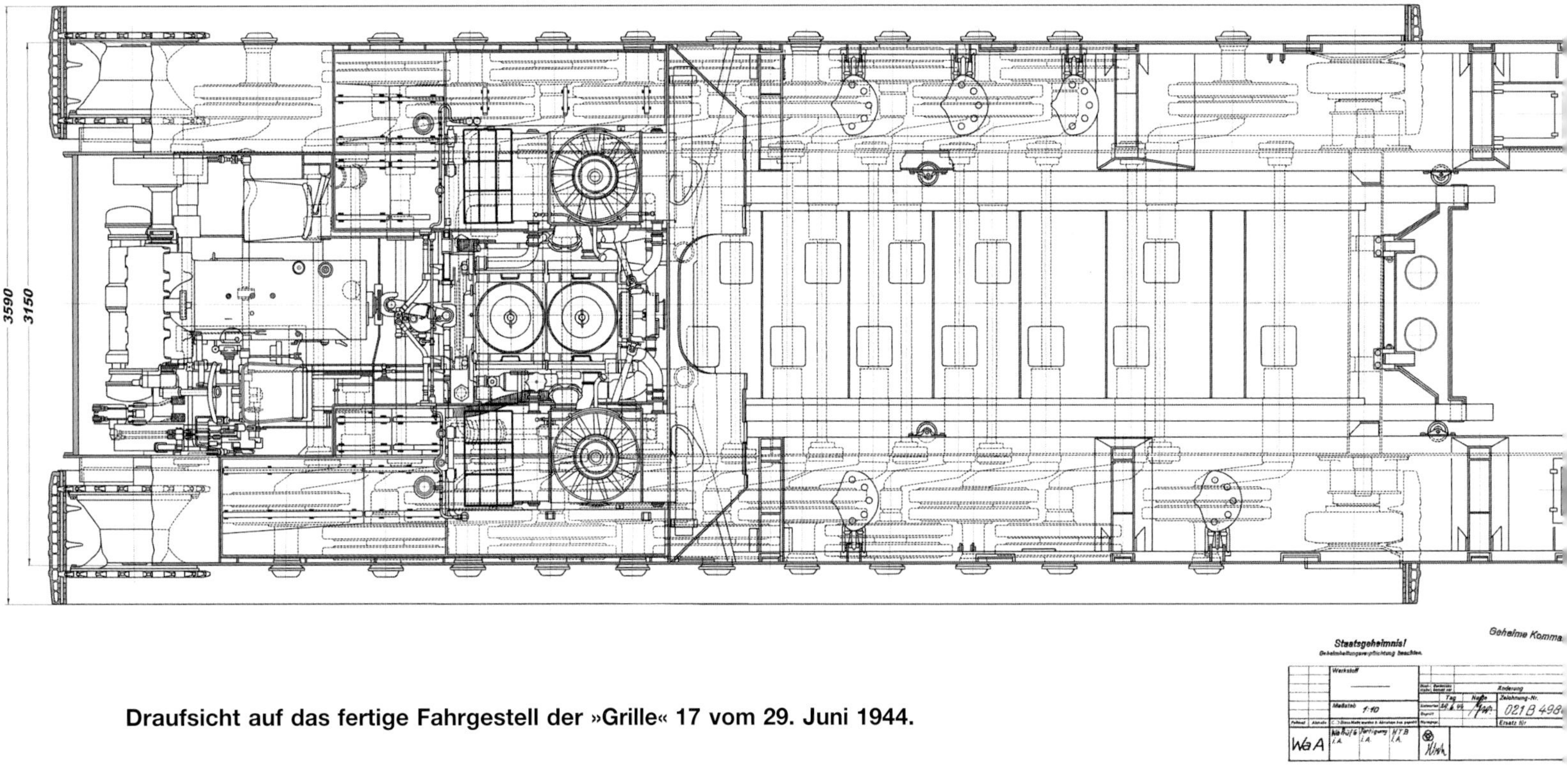

Draufsicht auf das fertige Fahrgestell der »Grille« 17 vom 29. Juni 1944.

Am 31. Oktober ergab sich mit der Bombardierung vom Krupp-Werk Essen ein neues Problem. Aus Sorge um die Sicherheit des Versuchsgerätes sollte es in einer anderen Werkstatt außerhalb, wie z. B. im Raum Hillersleben, fertiggestellt werden. Dies betraf auch das zweite Versuchsfahrzeug, die Panzerhaubitze auf Selbstfahrlafette Geschützwagen »Panther« (s.F.H. 18/4), von Krupp auch als »Heuschrecke« 15 bezeichnet. Dieses besaß ein verlängertes »Panther«-Fahrgestell. Bedingt durch den Auslauf des Panzers IV, hatte das Heereswaffenamt das Gerät als Ersatz für die wegfallende Selbstfahrlafette »Hummel« vorgesehen.

Krupp schlug vor, die Montage sollte statt auf dem Schießplatz Hillersleben mit Hilfe einer in der »Tiger«-Montage erfahrenen Werkstatt beendet werden. So könnten auf dem Versuchsplatz der Firma Henschel bei Paderborn mit Hilfe von Krupp-Monteuren weitere Arbeiten am »Grille«-17-Versuchsgerät durchgeführt werden. Dafür sprach auch, dass alle benötigten Werkstatteinrichtungen einschließlich eines Kranes vorhanden waren. Nach einer Anfrage von Major Koch von WuG 6 antwortete Henschel, dass zu Beginn des Jahres 1945 bei der Panzerstation 96 Haustenbeck unter Leitung von Oberingenieur Arnoldt ein neuer Schuppen mit einem 14-t-Kran fertiggestellt sein würde.

Damit konnte der Wunsch Krupps nach einem Montageort für ihr Versuchsgerät erfüllt werden. Die zurzeit in Haustenbeck vorhandene Werkstatt konnte zwar mit ihren Hebemitteln zwei Mal 10 Tonnen heben, war aber zu umständlich und würde auch die eigenen Arbeiten empfindlich stören. WuG 6 und Henschel vereinbarten ein Treffen vor Ort. Krupp war über diese Lösung froh, da dadurch für die Montage neben den Krupp-Monteuren erfahrenes »Tiger«-Personal von Henschel zur Verfügung stand. Dies sah Krupp auch als einen Vorteil für die spätere Fahrerprobung des Fahrgestells. Wa Prüf 4 erwog eventuell die nötigen ersten Schießversuche im Sennelager durchzuführen, um den zu erwartenden Transportproblemen aus dem Weg gehen zu können.

Mit Hilfe zweier Zugmaschinen des Transportkommandos Speer erfolgte am 1. Januar 1945 die Verladung des 40 Tonnen schweren Gleiskettenfahrzeuges über eine Kopframpe auf einen Schwerlastwagen der Reichsbahn. Am 4. Januar 1945 fuhren der Krupp-Meister Terwiesche und seine Monteure von Essen nach Paderborn hinterher. Ein leitender Ingenieur von Krupp für die Überwachung der

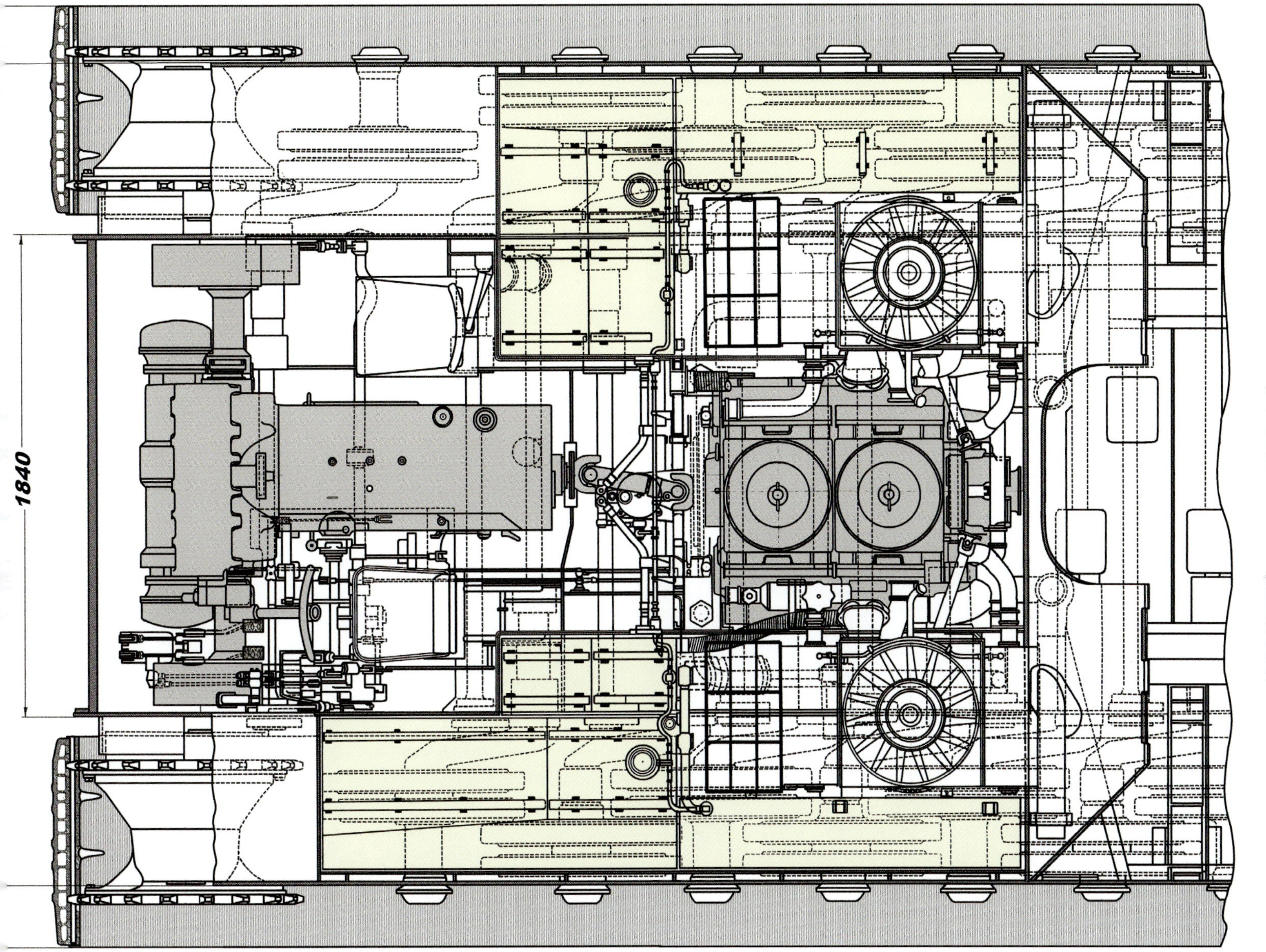

Der Fahrer- und Antriebsraum der »Grille« 17/21 im Detail. Gut ist die Einbaulage der einzelnen Kraftstofftanks (Gelb) zu erkennen.

weiteren Arbeiten sollte noch bestimmt werden.
Am 2. April 1945 besetzten, wie schon unter dem Abschnitt E-100 beschrieben, amerikanische Truppen das Gebiet um Haustenbeck und begutachteten interessiert alle dort befindlichen Fahrzeuge, darunter die in der sogenannte Kranhalle (10) das Versuchsfahrgestell der »Grille« 17. Das Laufwerk besaß endlich die fehlenden Laufwerkskurbeln. Ob gehärtet oder ungehärtet, konnte nicht ermittelt werden. Geschütz, Lafette und die Ketten fehlten noch.

Das von den Amerikanern im April 1945 vorgefundene »Grille«-17-Fahrgestell.

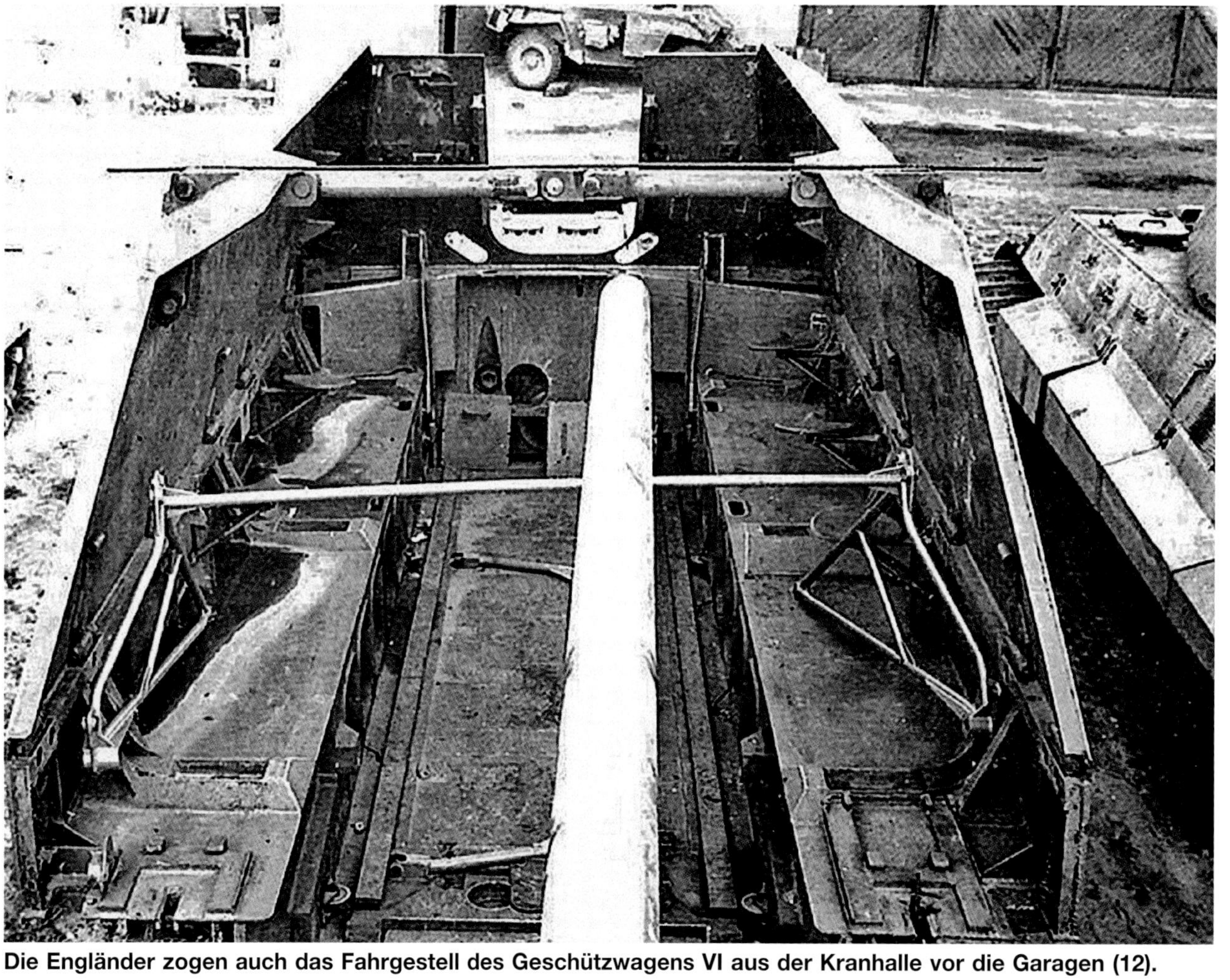

Die Engländer zogen auch das Fahrgestell des Geschützwagens VI aus der Kranhalle vor die Garagen (12). Vorher hatten die neuen Besitzer jedoch diverse Teile der Inneneinrichtung entfernt. Gut zu erkennen die Bodenschiene zum Zurücksetzen des Geschützes. Links und rechts je drei Sitze für die Geschützmannschaft. Im oberen Heck das Scharnier zum Einklappen der Seitenwände für den Bahntransport.

Das 17-cm-Kanonenrohr mit der ca. 234 kg schweren und 986 mm langen sogenannten »Teesieb«-Mündungsbremse vor einem »Tiger«.

Die hinter dem im oberen Bild zu sehenden »Tiger« stehende Mörserlafette 18 sowie das Bodenstück der dazugehörigen 17-cm-Kanone.

Ob man das Fahrgestell der »Grille« 17 ebenfalls nach England transportierte oder an Ort und Stelle verschrottete, ist nicht bekannt.

Der selbstfahrende 110-t-»Räumer S«

Zu den überschweren Projekten gehörte ein weiteres Schwergewicht der Firma Krupp, die unter der Bezeichnung »Räumer S« ein selbstfahrendes Minenräumgerät entwickelte. Seit Beginn des Zweiten Weltkriegs suchte das Heereswaffenamt nach effektiven Räumgeräten, um das gefährliche und mühselige manuelle Minensuchen und -räumen zu ersetzen. So bekam die Firma Wegmann schon im Oktober 1939 den Auftrag, ein sogenanntes »Hammerschlaggerät« als Vorsatzgerät für den Panzer II zu entwickeln, das auf der Straße vergrabene Minen bereits vor dem Panzerfahrzeug zur Explosion bringen sollte. Der Oberbefehlshaber des Heeres hielt aber für die Panzerbesatzungen das Risiko für zu hoch. Deshalb sollte auch versucht werden, mittels ferngesteuerter Minenräumwagen (aus Betonteilen bestehend) und gezogenen Räumwalzen eine praktikable und sichere Lösung zu finden. Doch da der Minenräumwagen als vorrausfahrendes Fahrzeug zuerst mit den Minen in Kontakt kommen und zerstört werden konnte, waren die nachgezogenen Walzen praktisch nutzlos.

Geeigneter erschien der noch im selben Jahr entwickelte Minenräumpanzer III, der auf einem höher gelegten Panzer-III-Fahrgestell aufbaute. Dieser schützte Besatzung und Panzerwanne deutlich besser, da der entstehende Explosionsdruck der Mine sich abschwächte. Auch hier sollten geschobene und gezogene Räumwalzen zum Einsatz kommen. Als Schwachstelle erwies sich das empfindliche Kettenfahrwerk. An der Front des Fahrzeuges befand sich ein Drehpunkt für das zu schiebende Räumgerät.

Das Konzept der auf der Kettenspur vorgeschobenen zwei Rollen mit nachgeschleppter dritter Rolle konnte sich auch am schwereren Panzer IV nicht bewähren. Die Räumgeräte mit ihren relativ kleinen Stahlscheiben waren einfach zu anfällig gegen die entstehenden Sprengschäden. Nach den wenig erfolgversprechenden Versuchen des Heereswaffenamtes, Minenräumgeräte als Vorbaugeräte für Panzerkampfwagen zu schaffen, erteilte am 16. September 1940 das Allgemeine Heeresamt, Inspektion 5 (Pionierabteilung), schließlich den Firmen Alkett, Berlin-

Das Hammerschlaggerät und die gezogenen Räumwalzen 1940 während der Erprobung.

Minenräumpanzer III mit hochgelegtem Kettenlaufwerk.

Minenräumpanzer IV auf Basis des Panzers IV mit montierten Räumwalzen.

Borsigwalde und Krupp AG, Essen, den Auftrag, ein Minenräumgerät zu entwickeln. Gebaut werden sollte je ein Versuchsstück, das das maschinelle Räumen von Minen auf der Straße und im Gelände auch während des Kampfes ermöglichen sollte. Das Fahrzeug sollte selbstfahrend sein und mit einer anhängbaren Walze eine drei Meter breite Spur räumen können. Dabei sollte das Gerät nicht über 2,7 Meter hoch, drei Meter breit und zehn Meter lang sein und nicht über 40 Tonnen wiegen. Motor und Mannschaft sollten gegen Beschuss mit SmK-Munition (Gewehrpatrone mit Spitzgeschoss und Hartmetallkern) geschützt sein. Damit stand im Vorhinein fest, dass nur jeweils ein Versuchsfahrzeug zu Erprobungszwecken gefertigt werden sollte. [22]

[22] »Überblick über den Stand der Entwicklungen beim Heer« Nr. 661/42 g.Kdos Wa Prüf Stab vom 1.7.1942.

Der Alkett-Entwurf

Die beiden Firmen gingen bei der Konstruktion unterschiedliche Wege. Alkett entwickelte ein dreirädriges, genauer gesagt ein dreiwalziges Räumgerät mit einem Gewicht von ca. 55 Tonnen, das aufgrund seiner Masse die Minen zur Auslösung bringen sollte. Dabei wurden nur die beiden vorderen Walzen angetrieben, die hintere Walze nachgeschleppt. Sie diente gleichzeitig zur Steuerung des Fahrzeuges, die mechanisch erfolgte. Angetrieben von einem 300-PS-Maybach Motor HL-120 aus dem Panzer IV, besaß das Gerät die Abmessungen von 6,28 Meter Länge, 3,22 Meter Breite und 2,90 Meter Höhe. Ihr Gerät statteten die Alkett-Konstrukteure mit dem MG-Turm des Panzers I aus. Die große Bodenfreiheit von 800 mm und die 20 bis 45 mm starke Panzerung sollten die zweiköpfige Besatzung vor den ausgelösten Minen schützen. Des Weiteren befand sich im Inneren zum Schutz des Antriebs ein doppelter Boden. Die Antriebsrollen sowie die Heckrolle waren 635 mm breit. Allerdings überdeckten die Fahrspuren nicht die gesamte Fahrzeugbreite, sodass ein Einsatz nur mit einem nachgeschleppten Minenräumer sinnvoll sein konnte. Es ergab sich eine effektive Räumbreite von 1900 mm bei einer Spurbreite von 3170 mm. Daher konnten etwa 40 % der maximalen Fläche nicht erfasst werden.

Jede einzelne Walze besaß eine Kette mit einer Art von Schuhen, die Dr. Koppisch aus Nürnberg entwickelt hatte. Diese erinnerten stark an die Bandagen der schweren Geschütze aus dem Ersten Weltkrieg, die ein Einsinken der schmalen Eisenräder im Gelände verhindern sollten. Der effektive Bodendruck betrug auf ebenen Böden 1,9 kg/cm², bei einer Einsinktiefe von 100 mm noch 1,3 kg/cm². Dabei bildete ein von sowjetischen Test-Ingenieuren ermitteltes Gewicht von etwas über 38 t die Grundlage der Berechnungen. Das vom Heereswaffenamt angegebene Gewicht von 55 t ergab rechnerisch einen Bodendruck ohne Einsinktiefe von etwa 2,8 kg/cm².

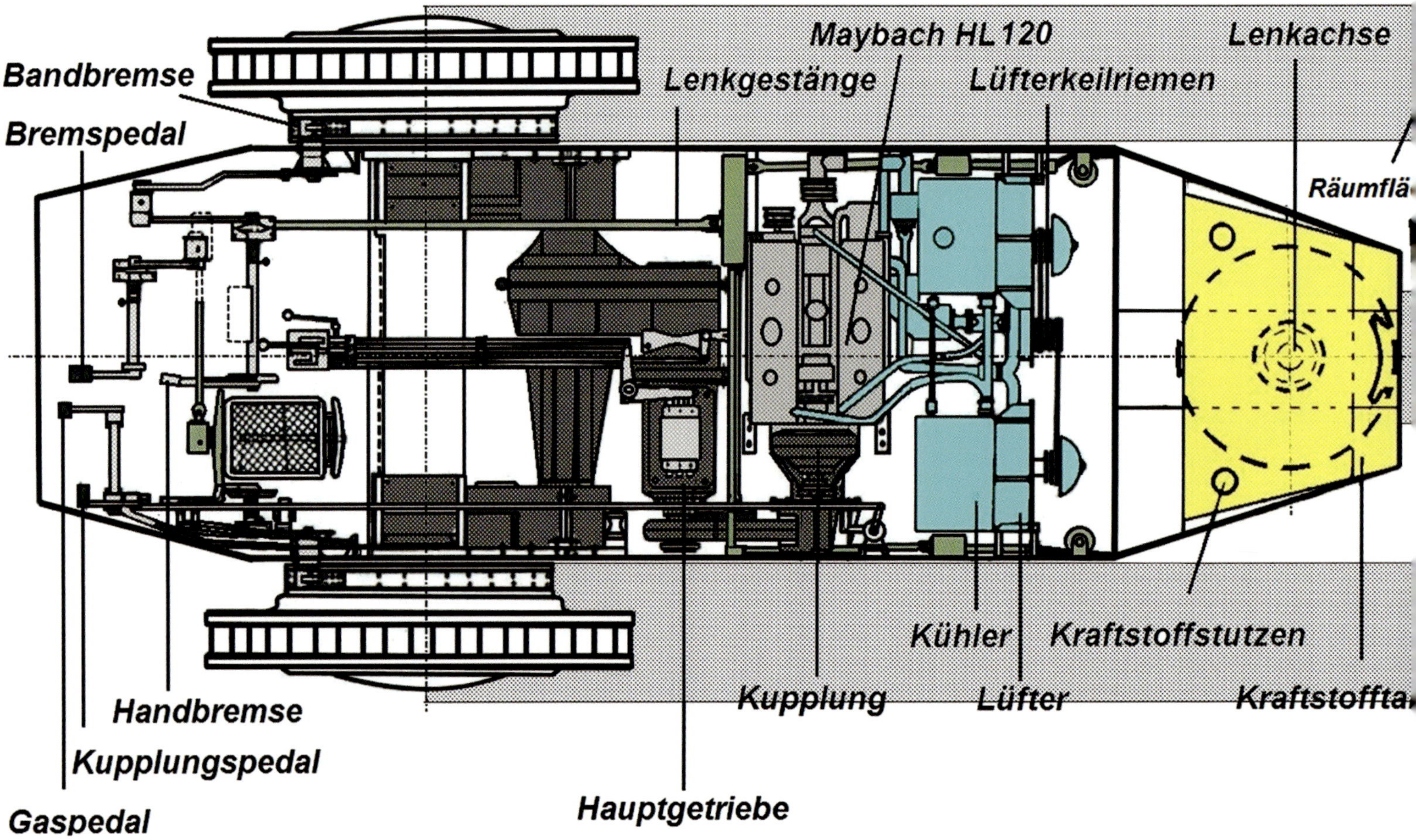

Querschnitt des Alkett-Räumers und seiner Aggregate. Weiterhin zu erkennen ist die effektive Räumbreite.

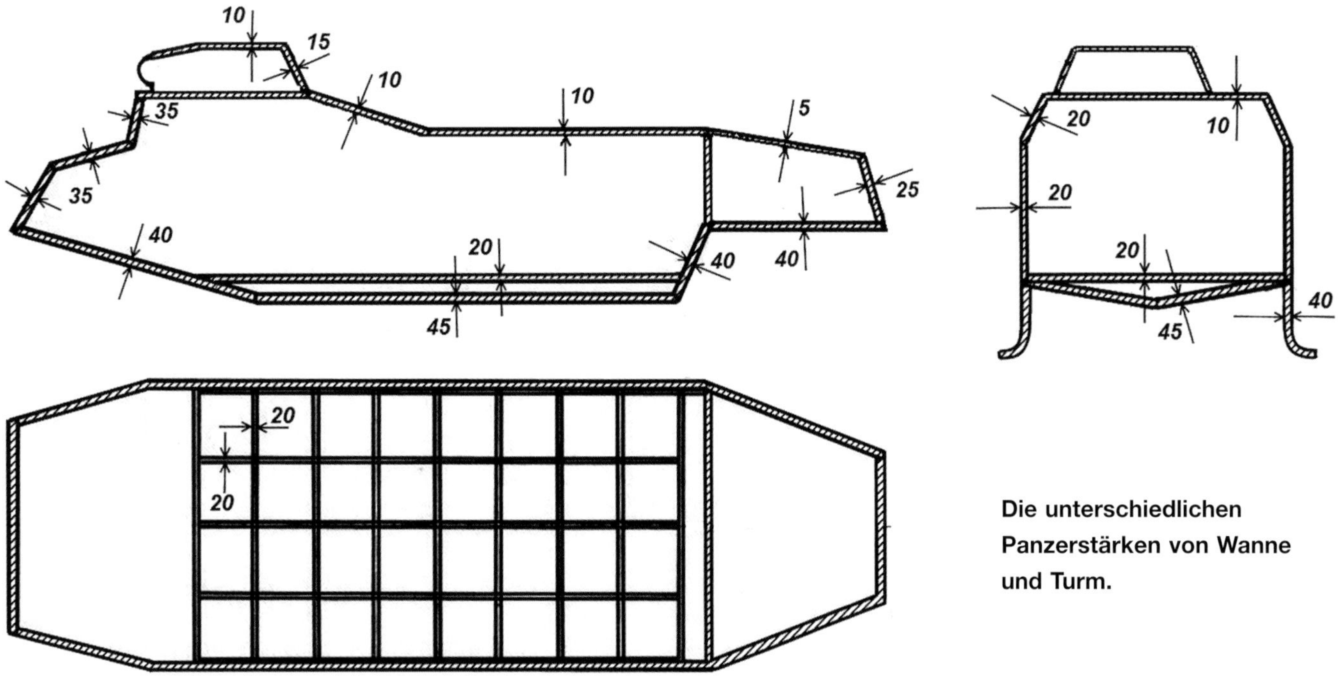

Die unterschiedlichen Panzerstärken von Wanne und Turm.

Das Minenräumgerät von Alkett vor dem Hauptgebäude des Schießplatzes Kummersdorf.

Die gelenkigen Schuhe waren so ausgelegt, dass jeweils zwei bis drei Platten auf der Straße aufsaßen und so die Auflagenfläche vergrößerten. Die Größe einer Platte betrug etwa 635 x 510 mm. Beschädigte Glieder konnten leicht ausgetauscht werden. Fahrversuche auf einer sandigen Waldschneise in Kummersdorf-Schießplatz hatten 1943 eine Höchstgeschwindigkeit von 15 bis 20 km/h ergeben. Eine Steigerung der Geschwindigkeit war nicht möglich, da unter der Wirkung der Fliehkraft die Schuhe abhoben. Dabei verursachten sie ein äußerst starkes Nebengeräusch. Während dieser ersten Probefahrten brach zudem die Lenkvorrichtung. [23]

[23] RH8-2984.

Fahrtechnisch war der Alkett-Räumer längst noch nicht optimal, es kam aber auch nicht mehr zu einer Ausreifung, denn die Prioritäten hatten sich verschoben: Deutsche Truppen standen nach 1943 immer weniger in der Notwendigkeit, Minenfelder zu räumen, denn Minen sind eine defensive Waffe und sollen in erster Linie offensive Kräfte hindern. Und zu der Zeit waren die Deutschen kaum mehr zu großen Offensivaktionen in der Lage.

Der fertiggestellte Prototyp wurde im April 1945 von der Roten Armee in Kummersdorf-Schießplatz erbeutet und 1946 nach Kubinka bei Moskau gebracht. Bis Juli 1947 erprobte die Rote Armee das Gerät auf ihre Eignung. Seit September 1978 steht der Alkett-Räumer im heutigen Panzermuseum Kubinka.

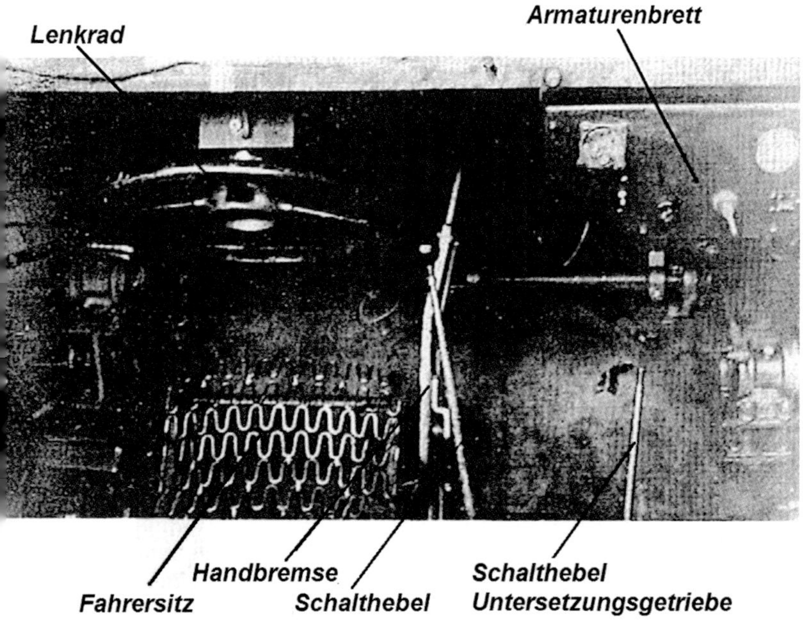

Der Fahrerraum des Alkett-Räumers und seine Bedienelemente.

Der Krupp-Entwurf

Die Firma Krupp ging bei ihrem Projekt einen anderen Weg. Dabei ähnelte der Entwurf dem späteren Prototyp eines schweren Bergefahrzeuges (»Lauster Wargel LW 5«). Die Gemeinsamkeiten zeigten sich in den beiden durch eine kardanische Knicklenkung verbundenen nahezu identischen Fahrzeugteilen. Die übergroßen Räder verhalfen zu einer enormen Zugkraft im Gelände, und eine solche war nach Ansicht von Krupp auch für den »Räumer S« notwendig, um schwere Minenräumrollen fahren und steuern zu können. Die hohen, allerdings schmaleren Stahlräder gewährleisteten zusammen mit der großen Bodenfreiheit eine bessere Minensicherheit im Vergleich zu einem Kettenfahrzeug wie dem Minenräumer III, da Kettenlaufwerke deutlich anfälliger waren für Minentreffer.

So entstand bei Krupp ein zweigliedriges Fahrzeug auf 2,7 Meter hohen walzenartigen Stahlrädern, wobei die Abmessungen die Vorgaben des Heereswaffenamtes deutlich überschritten. Das Fahrzeug besaß eine Länge von 15,63 Metern, eine Breite von 3,27 Metern und eine Höhe von 3,93 Metern. Da die großen Räder nicht lenkbar waren, besaß das Räumgerät eine hydraulische Knicklenkung. Dabei konnten die beiden Fahrzeughälften zu jeder Seite um jeweils 22° geschwenkt werden. Außerdem sollte je ein Fahrerstand für Vorwärts- und Rückwärtsfahrt die Beweglichkeit erhöhen; die Besatzung bestand aus zwei Mann. Jede Fahrzeughälfte besaß zum Antrieb einen Zwölfzylinder-Maybachmotor HL 90 P-20 K (neun Liter-Hubraum, Panzermotor für 20-t-Panzer, mit Kupplungsgehäuse). Der Benzinmotor war ein Prototyp, den die Firma Maybach als Kleinserie gefertigt hatte.

Der 36 t schwere Zugkraftwagen der Firma Lauster von 1943.

Insgesamt erhielt Krupp davon sechs Motoren, die auch in den Krupp-Projekten »le. Flak (VFWL)« und in der Pz.Sfl. IVc zum Einbau kamen. Er leistete 350 PS bei damals unüblich hohen 4000 Umdrehungen pro Minute. Die Betriebsdrehzahl lag bei 3600 U/min, was für eine Leistung von 330 PS ausreichte. Da der Motor seine Leistung über die Drehzahl erreichte, benötigte er weniger Hubraum, was gleichbedeutend war mit einer beachtlichen Gewichtseinsparung: Das Aggregat wog mit 700 kg relativ wenig, der Alkett-Räumer hatte den mit 920 kg wesentlich schwereren HL 120 mit zwölf Litern Hubraum. Die Kehrseite dieser Auslegung bestand in der mutmaßlich geringeren Lebensdauer der hochdrehenden Motoren.

Der HL 90 leitete seine Leistung zum einen auf die Imo-Hydraulikpumpen und zum anderen auf die Krupp-Strö-

Der Zwölfzylinder-V-Motor Maybach Typ HL 90.

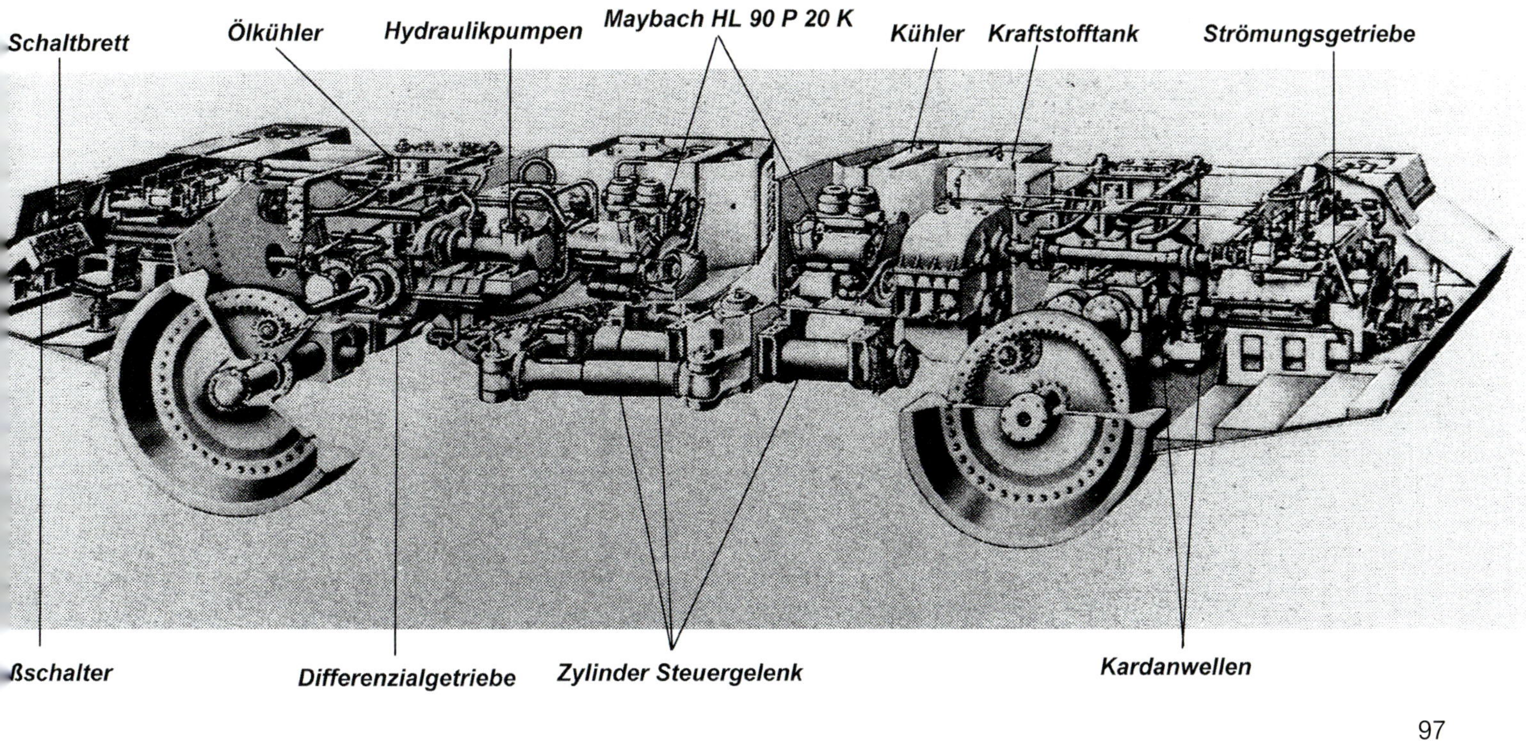

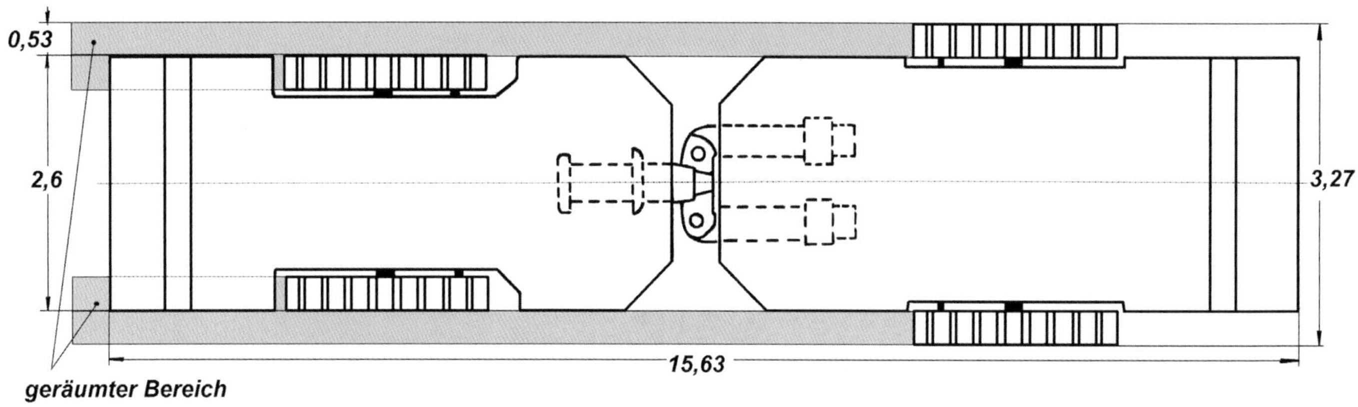

mungsgetriebe weiter, was eine Synchronisierung zwischen den beiden Motoren überflüssig machte. Eine Schaufelverstellung in den Strömungsgetrieben ermöglichte das Anfahren und die Regulierung der Geschwindigkeit. Das erlaubte es, den Motor mit konstanter Drehzahl zu betreiben. Diese Getriebe befanden sich zusammen mit einem Schaltgetriebe im jeweiligen Führerstand. Zum Achsantrieb stand je ein Differenzialgetriebe zur Verfügung. Verzögern sollte das Fahrzeug mittels Flüssigkeitsbremsen. Mechanische Bandbremsen fungierten als Feststellbremse. Um die Explosionswirkung ausgelöster Minen zu minimieren, sahen die Konstrukteure von Krupp neben der hohen Bodenfreiheit von 1,0 bis 1,4 Metern eine große Verschränkfähigkeit der Stahlräder vor, die nicht nur Explosionsenergie aufnehmen sollten, sondern auch die entstandenen Minentrichter durchschreiten konnten. Auch gefederte Einzelsitze für Fahrer und Maschinisten hatten die Konstrukteure als Schutzmaßnahme für die Besatzung vorgesehen. Für jeden Fahrerstand waren eine Fahrersehklappe 50 und die Fahreroptik KFF 2 vorgesehen.

Genau wie beim Alkett-Räumer konnten die Antriebsräder nicht die gesamte Fahrzeugbreite abdecken, obwohl die Räder des Krupp-Räumers unterschiedliche Spurweiten aufwiesen. Folglich konnte zur vollständigen Abdeckung ein Einsatz nur in Verbindung mit einem geschobenen oder angehängten Minenräumgerät sinnvoll sein.

Die Montage des Prototyps ging bei Krupp gut voran. Doch wie bei anderen Panzerprojekten auch ließen »Feindeinwirkungen« alle Pläne zur Makulatur werden. Indiz dafür ist der Berichtsentwurf vom 11. Juni 1943 anlässlich einer Besprechung zwischen Krupp-AK und Wa Prüf 5/III, in dem es auch um die Möglichkeiten der Ersatzbeschaffung zerstörter Teile ging. Dabei schlug Krupp vor, zwei Antriebsmotoren vom Typ HL 90 P-20 K bei der Abteilung Wa Prüf 6/III zu leihen. Nach Abschluss der Versuche mit dem Räumer würde die Firma Maybach die Motoren generalüberholen, damit diese dann an Wa Prüf 6/III zurückgegeben werden könnten. Ein Ersatz für die beiden beschädigten Krupp-Strömungsgetriebe ließ sich aber, nachdem auch die Vorrichtungen und Lehren für eine Neuanfertigung zerstört worden waren, nicht mehr auftreiben und in der derzeitigen Lage auch nicht nachfertigen.

Deshalb schlug Krupp vor, zwei Voith-Strömungsgetriebe einzubauen. Diese Getriebe sollten laut Anfrage in Friedrichshafen kurzfristig lieferbar sein. Allerdings erforderten diese Getriebe eine Umkonstruktion der Blechgehäuse sowie neue Vor- und Nachschaltstufen. Und weil die Voith-Getriebe keine Schaufelverstellung aufwiesen, konnte die Motordrehzahl und damit die Fahrgeschwindigkeit nur vermittels neu angebrachter elektrischer Stellmotoren reguliert werden. Bei der anschließenden Besichtigung des in Arbeit befindlichen Minenräumers konn-

Die Montage des selbstfahrenden Räumers in der 2. mechanischen Werkstatt von Krupp in Essen. Das Foto gibt gut die Größenverhältnisse des über 15 m langen Gerätes wieder.

te Wa Prüf 5/III trotz der Rückschläge von der Sinnhaftigkeit des Krupp-Projektes überzeugt werden. Damit verhinderte Krupp einen Projektstopp, obwohl das Alkett-Fahrzeug bekanntermaßen bereits erste Tests in Kummersdorf-Schießplatz absolviert hatte.

Krupp äußerte noch den Wunsch, die weitere Montage »in Anbetracht der wiederholten Störungen« außerhalb Essens zu vollenden. Man schlug daher den firmeneigenen Schießplatz in Meppen vor. [24]

Wa Prüf 5/III war prinzipiell einverstanden und bestimmte letztendlich den Pionierversuchsplatz (Platz F) der Erprobungsstelle Hillersleben zum neuen Montagestandort des Krupp-Räumers. Dazu konnte in der Artilleriewerkstatt (Platz B) des Schießplatzes eine Werkstatthalle gefunden werden. Ab Ende August 1943 erfolgte dort der weitere Zusammenbau, nachdem das Heerswaffenamt einen Werkstattkran, die Gestellung von Hilfskräften sowie die Bereitstellung verschiedenster Materialen und Leistungen genehmigt hatte. Am 16. und 17. Mai 1944 plante Wa Prüf 5/III erste Fahrversuche mit dem Minenräumgerät. Da das selbstfahrende Räumgerät zu dem Zeitpunkt noch nicht einsatzbereit war, sollte ein Panzerkampfwagen zum Antrieb verwendet werden.

Der bereits zitierte Bericht erwähnt in diesem Zusammenhang einen Panzerkampfwagen, der zwei Jahre (!) auf dem B-Platz im Freien gestanden habe. Das legt die Vermutung nahe, dass es sich dabei um den Minenräumer III handelte, der zu dieser Zeit in Hillersleben stand. Nach Montage der beiden Batterien, dem Aufwärmen des Kühlwassers und dem Entfernen des eingedrungenen Regenwassers konnte der angekuppelte Räumer problemlos rückwärts auf die Straße bugsiert werden. Allerdings hatte es sich dabei nur um das Anbaugerät zum Räumer S gehandelt, denn den selbstfahrenden Räumer besichtigten die Teilnehmer erst einen Tag später in der Artilleriewerkstatt. Anschließend erfolgte die Vorführung des Räumgerätes.

[24] RH8-2983.

Zunächst fuhr der Panzerkampfwagen mit den Walzen vorweg, nachdem die Monteure die Feststellvorrichtung eingeklinkt hatten. Auf der glatten Straße ließen sich leichte Kurven problemlos bewältigen, da die Walzen gummigelagert in ihren Gabeln nachgaben. Die maximale Geschwindigkeit betrug etwa 20 km/h. Bei gewölbter Fahrbahn musste dagegen die Fahrtrichtung ständig korrigiert werden, was die Bremsen des Panzerkampfwagens stark belastete. Der Fahrversuch musste mehrmals unterbrochen werden, da die Bremsen so stark qualmten, dass der Fahrer vorübergehend aussteigen musste. Da sich die zu lenkenden Massen sich gegenüber dem Panzerkampfwagen etwa verdoppelt hatten, dürfte der Minenräumer etwa 60 t schwer gewesen sein. Der Versuch musste schließlich nach einem Auflaufen der Kette des Panzerkampfwagens abgebrochen werden. Am nächsten Tag gelang es erst mit Hilfe von sechs Winden die Kette wieder aufzuziehen. Bei der Rückfahrt gestaltete sich das Steuern des vorgebauten Räumers so schwierig, dass ein etwa 20 cm starker Ahornbaum umgefahren wurde. Dabei stellte sich heraus, dass ein Lenken auf weichem Boden in dieser Konstellation unmöglich war.

Fahrtrichtungsänderungen ließen sich nur durch Zurücksetzen und neuerliches Anfahren bewerkstelligen. Auch die sehr geringe Sicht des Fahrers, bedingt durch die großen Räumwalzen, erlaubte nur ein Fahren nach Kommando eines Einweisers. Angesichts dieser großen Massen stellte sich die Frage nach dem Nutzen dieser Entwicklung, doch hatte Krupp im Bericht vom Juni 1943 im hohen Gewicht einen Vorteil erkannt: *»... dass bei dem Krupp-Fahrzeug mit vier angetriebenen Walzen das Fahrzeuggewicht 110 t betragen dürfte (das Doppelte des Alkett-Fahrzeuges) ohne dass das Gerät fahrtechnisch schlechter abschneiden dürfte. Dabei ist zu berücksichtigen, dass die Gesamtlast auf die Antriebswalzen wirkt und somit der Reibungskoeffizient zwischen Boden und Walze hundertprozentig ausgenutzt werden kann. Das Gewicht des Alkett-Fahrzeuges, auf drei Walzen verteilt, kann demnach nur 2/3 des Fahrzeuggewichtes verwerten. Darüber hinaus stellt das Nachschleppen der dritten Walze an sich ein ungünstiges Moment dar, das bei dem Unsrigen ganz in Fortfall kommt. Im Übrigen besitzt das Krupp-Räumgerät nur ein Gesamtgewicht von etwa 75 t, wodurch die Fahreigenschaften erheblich günstiger sein müssen.«* [25]

Demzufolge dürfte der anzukoppelnde Minenräumer etwa 75 t schwer gewesen sein. Andererseits war ein hohes Gewicht zwingend notwendig, um die Minen zuverlässig auszulösen. Gleichzeitig musste für das Räumgerät ein entsprechend schwereres Zugfahrzeug vorhanden sein. Um die Halterung für das Anbaugerät anbringen zu können, hatten die Konstrukteure die obere Bugpanzerung verstärkt. Dabei ging es also nicht, wie vielleicht zu vermuten wäre, um eine Zusatzpanzerung der Aggregate.

Die 2,7 Meter großen Stahlrollen besaßen Laufketten mit gummierten Platten von etwa 530 x 430 mm Größe. Auf festem Untergrund lag eine nur Platte pro Rad direkt auf dem Boden auf. Der mittlere Bodendruck betrug ausgehend von 110 t Gesamtgewicht etwa 12 kg/cm² (!). Im Gelände konnte das Gerät eigentlich unmöglich einsetzbar gewesen sein, da ein Bodendruck von 1,45 kg/cm² auf fester Fahrbahn schon beim Panzerkampfwagen »Maus« als kaum noch vertretbar galt und große Schäden auf Straßen verursachte.

Das Ende für das Krupp-Projekt

Am 18. Mai 1944 erfolgten eine Besprechung und die Besichtigung des Räumers mit Selbstantrieb in Hillersleben. Dabei genehmigte das Heeresamt eine Fortsetzung der Montage, zumal der neue Leiter der Amtsgruppe Prüfwesen, Generalleutnant Schneider, sich sehr interessiert an diesem Projekt zeigte. Inzwischen waren die Voith-Getriebe und die Imo-Pumpen (Schraubspindelpumpen) eingetroffen. Nach dem Öffnen der Aggregate stellten die Ingenieure fest, dass jeweils ein Getriebe und eine Hydraulikpumpe innen stark verunreinigt waren und erst gründlich gereinigt werden mussten. Anfang Juni schlossen sie die Anpassung von Getrieben und Pumpen an die Räderkästen ab, ebenso wie den Einbau der elektrischen Stellglieder. Am 9. August 1944 folgte eine neuerliche Besichtigung durch Wa Prüf 5/III in Hillersleben.

Der verantwortliche Vertreter der Behörde forderte mit Nachdruck die Fertigstellung des Gerätes bis Ende September und verwies auf abgeworfene britische Flugblätter, die einen Minenräumer zeigten, *»der aus einem Panzerwagen mit einer schnell rotierenden Trommel am Bug, quer zur Fahrtrichtung, und angehängten Ketten besteht, die den Boden dreschen. Die Trommel wird mittels Kreuzgelenkwelle und Kegelradantrieb von der Maschinenanlage des Panzerwagens angetrieben. Dem Flugblatt zufolge wäre dieser Minenräumer in Afrika bereits mit Erfolg angewandt worden. Neuerdings würde er auch im Invasionsraum ebenfalls erfolgreich angewandt.«* [26]

[25] RH8-2984.

Deshalb sollten laut Führerbefehl Vorversuche für ein ähnliches Gerät vorbereitet werden. Allerdings wurde auch darauf hingewiesen, dass es schon vor Jahren einen ähnlichen Versuch gegeben habe, der nicht erfolgreich verlaufen sei. Auch die Franzosen hatten damals mit einem solchen Räumer-Typ keinen Erfolg gehabt.
Noch vor Beendigung der Montage erhielt das Heereswaffenamt die Schlussrechnung für den selbstangetriebenen Räumer. Krupp hatte 6.150 Konstrukteurs-Tage aufgeführt, deren Zahl sich wegen der durch die Bombenschäden nötigen Umbauarbeiten erhöht hatte. Am 15. September 1944 wies Wa Prüf 5 Krupp telegrafisch an, sofort alle Arbeiten am Räumer einzustellen und die Monteure abzuziehen. Sechs Tage später wiederum erhielten die Monteure in Hillersleben von ihrer Firma die telegrafische Nachricht, den Räumer unbedingt fertigzustellen. Am 23. September kreuzte dann ein Oberst von Wa Prüf 5 in Hillersleben auf und erkundigte sich nach dem Endtermin für die Fertigstellung, die spätestens bis Anfang Oktober zu erfolgen habe. Für die geplante Erprobung und Besichtigung stellte das Heereswaffenamt 1.200 Liter Benzin und 100 Liter Einheitsmotorenöl der Wehrmacht bereit.

[26] RH8-2983-Blatt 24.

So fanden die Amerikaner das Fahrzeug 1945 in der Artilleriewerkstatt Hillersleben vor.

In der letzten erhaltenen Nachricht, datiert vom 20. Oktober 1944, informierte der leitende Krupp-Monteur in Hillersleben seine Firma darüber, dass der als letzter Termin zur Fertigstellung genannte 15. Oktober 1944 nicht hatte gehalten werden können und die Arbeiten, die zwar problemlos vonstatten gingen, noch bis Anfang November andauern würden. Anschließend könnten die geplanten Versuche mit diesem Gerät in Kummersdorf-Schießplatz erfolgen. Anfang November seien die Arbeiten am Standort Hillersleben komplett abgeschlossen und die Monteure wieder unterwegs nach Essen. Erhalten blieben außerdem noch Schreiben von Ende Oktober 1944, in denen WA Prüf 6/III b von Krupp die insgesamt sechs ausgeliehenen Maybach-Motoren HL 90 P-20 K und HL 90 P Le schnellstens für neue Versuchsfahrzeuge zurückforderte. Da sämtliche Briefeingänge bei Krupp-AK-Grusonwerk Magdeburg am 5. August 1944 verbrannten, konnte nur der Verbleib von vier der sechs gesuchten Motoren zum 27. Dezember 1944 geklärt werden:

- Motor-Nr. 115001: am 2. April 1943 im Auftrag Rüstungsvertretung an Krupp AK-Grusonwerk Magdeburg für das Projekt le./Flak 4 (VFWL) geliefert und dort eingebaut.
- Motor-Nr. 115003: am 30. Juli 1943 im Auftrag vom Wa Prüf 6 an die Firma Alkett gesendet.
- Motor-Nr. 115005: am 21. September 1944 defekt im Auftrag von Wa Prüf 6/III ins Lager der Firma Maybach-Motorenbau in Wangen/Allgäu gesendet.
- Motor-Nr. 115006: am 5. August 1941 im Auftrag von Wa Prüf 6/I an Krupp AK-Grusonwerk Magdeburg für Projekt Pz.Sfl.IVc geliefert und eingebaut.

Von den anderen beiden HL-90-Motoren, die im Räumer verbaut waren, besaß der betreffende Mitarbeiter des Krupp-Grusonwerkes anscheinend keine Informationen. Damit verlieren sich die Informationen über den selbstfahrenden Räumer von deutscher Seite, die vorrückenden amerikanischen Truppen erbeuteten das Fahrzeug in Hillersleben und schickten es zur Erprobung auf einer Sammelstelle für Beutewaffen in Richtung Frankreich. Was danach damit geschah, ist unbekannt.

Der Bahntransport eines Segmentes auf dem Weg zur Erprobung in der Nähe von Paris. Für den Transport einer Fahrzeughälfte verwendete man spezielle Stützwagen. Damit verliert sich die Spur.

Die Panzerprojekte von Ing. Edward Grote

Die Größenvorstellungen von Panzerfahrzeugen hatten aber noch nicht ihren Höhepunkt erreicht. In der Phantasie der Entwickler entstanden auf Ketten fahrende Land-Panzerschiffe, die mehr an Objekte Außerirdischer erinnern als an reale Kampffahrzeuge. Die Militärs stellten sich Parallelen zum Seekrieg auf dem Land vor, wo ein Panzerkreuzer mit unzähligen Kanonen um sich schießend einen Sperrverband auf hoher See durchbricht. Wo ein Schlachtschiff noch die offene See zum Taktieren zur Verfügung hatte, stellte sich die Frage, wo so ein Landschiff auf dem Festland fahren sollte? Solche großen freien Flächen finden sich neben Wüsten und Steppen eventuell noch im Fernen Osten von Russland. Daher lag es auf der Hand, dass in der damaligen Sowjetunion solche Projekte ernsthaft entworfen und berechnet worden waren, zumal die sowjetische Industrie enorme Anstrengungen unternahm, das Land zu industrialisieren.

Der französische 70-t-schwere Durchbruch-Panzer Char 2C.

Zunächst müssen wir uns der vorhergegangenen Panzer-Konstruktionen des Projektanten des später als »Ratte« bezeichneten 1.000-t-Panzers zuwenden. Die Sowjetunion stand damals an einer großen Wende zur Technik, der Umwandlung von einem Agrarland in ein Industrieland. Dies betraf natürlich auch die Technisierung der Roten Armee. So beschloss am 11. April 1929 der damalige Rat der Volkskommissare der UdSSR die Entwicklung von einem schweren Panzer, der ähnlich dem französischen Durchbruchs-Panzer Char 2C sein sollte.

Da zu dieser Zeit wenige erfahrene sowjetische Panzerkonstrukteure zur Verfügung standen, entschloss man sich, auch wegen der knappen Zeit, ausländische Konstrukteure heranzuziehen. Selbst Professor Porsche wurde 1932 nach einem Besuch einer russischen Delegation für mehrere Wochen in die Sowjetunion eingeladen, wo er sich nach seiner Rückkehr tief beeindruckt von den technischen Leistungen zeigte. *»Er habe nie gewusst, dass es in Russland so moderne Werke gäbe.«* [27]

[27] Porsche – Der Weg eines Zeitalters, S.148.

Das Leningrader Konstruktionsbüro AWO-5 in einer Aufnahme von 1931: In der ersten Reihe von links nach rechts (in Klammern Funktion und Nationalität): Nina Chermak(Ingenieurdesignerin, R), Karl Ottersbach (Leiter der Grote-Panzerkonstruktionsgruppe, D), Edward Grote (Chefdesigner, D), Nikolai Barykow (Leiter von AWO-5, wirkte später am T 28, T 35 und T 100 mit, R), Sewrugin (Ingenieur, R).
In der zweiten Reihe von links nach rechts: Friedrich Hufschmidt (Ingenieur, D), Wladimir Sniewski (Designer, R), Maxim Somos (Ingenieur, R), Pawel Filintsew (Ingenieur, R), Boris Shukow (Ingenieur, R), Tamara Fedorowa (Ingenieur, R), Nikolai Korzunow (Ingenieur, R), Bessonow (Ingenieur, R), Herman Feldhusen (Ingenieurdesigner, D)

Auch Karl-Otto Saur, späterer Hauptabteilungsleiter im Rüstungsministerium, war 1931 auf einer Studienreise in der Sowjetunion, von der er sich beeindruckt über die sowjetische zentrale Lenkung und deren Förderung des technischen Fortschritts zeigte. [28]

Verteidigungsminister K.J. Woroschilow und Volkskommissar Chalepski wählten aus drei Kandidaten persönlich das deutsche Ingenieurbüro Edward Grote. Als Grund gaben die Kommissare an, dass ein Ingenieur von Grotes Büro Mitglied der Kommunistischen Partei Deutschlands war und Grote selbst mit der Sowjetunion sympathisierte. Daher bekamen die deutschen Ingenieure im März 1930 eine Einladung in die Sowjetunion. Am 5. April 1930 erhielt Edward Grote den strenggeheimen Auftrag der Projektierung eines schweren Durchbruchpanzers mit der gleichen Zusammenstellung des Panzers T 12 oder des französischen 2-Turm-Panzers Char 2c. Die Eckdaten beinhalteten ein Gewicht von 40 t, eine 76-mm-Kanone oder eine 122-mm-Haubitze, eine 37-mm-Panzerabwehrkanone, fünf Maschinengewehre und eine mehr als 20 mm starke Panzerung. Dafür wurde im Leningrader Betrieb »Bolschewiki« das Konstruktionsbüro AWO 5 unter der Leitung von Nikolai Barykow gebildet. [29]

Am 22. April 1930 wählten die Ingenieure aus mehreren Entwurfsskizzen ein Modell mit einer langläufigen 76,2-mm-Kanone mit halbautomatischem Verschluss aus. Es entstand ein Holz-Modell im Maßstab 1 : 10. Die Bezeichnung lautete TG nach dem leitenden Designer Grote und unterlag größter Geheimhaltung. Die technische Überprüfung erfolgte vom Chef-Konstrukteur des Werkes Ingenieur Ginsburg und Professor Zaslawskow. Ein erster Bericht über den Panzer von Ratsmitglied Chalepski an Kommisar Woroschilow beinhaltete die ersten technischen Daten:

- einen 360° drehbaren Turm mit einer 37-mm-Panzerabwehrkanone und Vo von 707 m/s,
- am Boden des Turmes eine 76-mm-Flugabwehr-Kanone A 19,
- an den beiden Seiten je zwei Maschinengewehre,
- am Heck ein weiteres Maschinengewehr,
- die Wanne war erstmals geschweißt mit einer Panzerung an der Front von 44 mm,
- an den Seiten 20 bis 24 mm,
- am Wannenboden und -decke 10 bis16 mm,
- die Fahrzeuglänge betrug ca. 7.000 mm.

Die Laufrollen hatten die Konstrukteure mit einem ausgehöhlten Gummi-Mantel versehen, was zu einem sehr ruhigen Laufverhalten führen sollte. An dem Antriebsrad sollten sich zusätzliche Haken befinden, die dem Panzer beim Durchfahren von Gräben zusätzliche Traktion geben sollten. Damit wollte Edward Grote eine Grabenüberschreitfähigkeit von beachtlichen fünf bis sechs Metern erreichen. Das Vierganggetriebe (vorwärts wie rückwärts) befand sich getrennt vom luftgekühlten Motor, der eine Leistung von 250 PS erbringen sollte. Dieser geplante Motor besaß eine spezielle Schmierung für jeden Zylinder, die einen besonders ruhigen Motorlauf ermöglichen sollte. Als Bedienelement hatte Edward Grote einen Steuerknüppel, ähnlich dem eines Flugzeuges, vorgesehen. Mit Hilfe einer pneumatischen Unterstützung arbeitete die Fahrzeugsteuerung sehr weich. Durch seitliches Schwenken des Steuerhebels konnte der Panzer wenden. Fahren und Bremsen erfolgten durch ein Vor- und Zurückziehen des Hebels.

Die Federung des Fahrzeuges besteht aus drei Elementen:

- Schraubenfedern für alle zehn großen Laufräder,
- zusätzlich für jedes Rad eine Luftfederung sowie
- die hohlen Gummibandagen.

Damit konnte der Panzer nach Abnahme der Ketten auf den fünf großen Laufrollenpaaren direkt auf der Straße fahren. Dieses kombinierte Laufwerk hatte Edward Grote von dem amerikanischen Christielaufwerk, wie es schon die sowjetischen Panzer der BT-Baureihe besaßen, übernommen. Neu im sowjetischen Panzerbau zeigte sich die stroposkopartige Beobachtungskuppel für Kommandant und Fahrer. Dieses Prinzip der sich gegenläufig drehenden Stroposkop-Kuppel (400 bis 500 U/min) hatte sich im französischen Panzer Char 2 bewährt. Die Reichweite des Panzers sollte je nach Kraftstoffsorte 300 bis 350 km betragen.

Das erste Fahrzeug hatte das Werk zu 85 % fertiggestellt und sollte bis zum 1. Dezember 1930 zur Erprobung bereit stehen. Als Kommisar Woroschilow am 17. November das Werk in Leningrad besuchte, sah er den Prototyp immer noch unvollendet stehen. Durch eine schwere Krankheit Edward Grotes wurde das Projekt weiter verzögert. Große Probleme verursachte vor allem der komplizierte, luftgekühlte Grote-Motor, so dass im April 1931 als Notlösung, um die ersten Tests durchführen zu können, der wassergekühle Achtzylinder-Motor vom Typ M 6 eingebaut werden musste, der aus dem vorhergehenden Panzerprojekt

[28] Er stand in Hitlers Testament, S.204.

[29] Landschiffe Stalins, S. 174.

T-24 stammte. Dieser 300-PS-Motor besaß größere Abmessungen als der eigentlich geplante luftgekühlte Motor, sodass die Wanne nochmals umgearbeit werden musste. Statt eines Vierganggetriebes kam ein servounterstütztes Sechsganggetriebe zum Einbau, das ein Vorwärts- wie Rückwärtsfahren mit gleicher Geschwindigkeit ermöglichte. Das Gewicht stieg dadurch letztlich auf 28,5 t an. Auch die Reichweite im Gelände lag nur noch bei 150 km.

Im Juli 1931 stand der Wagen endlich zu Testfahrten bereit, die bis zum 1. Oktober 1931 dauern sollten. Das Fahrzeug zeigte eine zufriedenstellende Beweglichkeit und ließ sich gut manövrieren. In der Erprobung konnte eine Höchstgeschwindigkeit von 34 km/h erreicht werden. Die Kraftübertragung bewährte sich sehr gut und der Panzer war durch die Druckluftunterstützung leicht zu bedienen, da, wie geplant, mit Hilfe eines Steuerhebels beschleunigt, gebremst und gelenkt werden konnte. Diese Technik machte die Konstruktion sowie die Abstimmung sehr kompliziert. Probleme bereitete zudem die Abdichtung der Druckluftzylinder, bedingt durch minderwertige Gummi-Manschetten. Konstruktiv traten weitere gravierende Mängel zu Tage. So zeigte sich der Kampfraum für die Fünf-Mann-Besatzung als ungewöhnlich eng, ebenso war die Zugänglichkeit von Antrieb und Fahrwerk stark eingeschränkt. Weiterhin bemängelten die Prüfer die Konstruktion der Ketten aufgrund ihrer geringen Griffigkeit.

Zum Abschluss der Erprobung stellte die Kommision, bestehend aus Vertretern der Roten Armee, der Industrie und den Konstrukteuren von AWO 5 am 4. Oktober 1931 fest, dass die Konstrukteure mit den Tests zwar viele neue und positive Erkenntnisse gewonnen hatten, aber das Fahrzeug einen rein experimentellen Panzer darstellte, bei dem die Ingenieure alle Mechanismen erproben konnten. Auch nach Beseitigung der aufgetretenen Mängel konnte wegen der extrem hohen Kosten von mehr als 1,5 Millionen Rubel pro Stück nicht an eine Serienfertigung gedacht werden. Als Vergleich nahm die Kommision die Herstellungskosten eines Panzers BT-2 von nur 60.000 Rubel. Dennoch entwarf Edward Grote auf Grundlage dieses »Tank Grote« (TG-1) noch den »Tank Grote 3« (TG-3). Dieser Entwurf eines schwereren und größeren Panzers besaß zwei parallele Motoren und Getriebe, die jeweils eine Kette antreiben sollten.

Die Besatzung bestand aus sieben Mann. Diesen Entwurf legte Grote am 3. Dezember 1931 der Panzerkommision vor, die dem Konstrukteur zwar Phantasie und Ideenreichtum bescheinigte, aber feststellte, dass er über keine Erfahrung im Panzerbau verfügte. Die Konstruktion zeigte sich gegenüber dem TG-1 als zu sperrig und noch komplizierter. Ungeachtet dessen legte Edward Grote im Mai 1932 den Entwurf eines noch schwereren Panzers vor, den »Tank Grote 6« (TG-6c), den Grote ein Jahr später zum Durchbruchstank T 42 weiterentwickelte. Dabei saß bei diesem Entwurf vorn ein 76-mm-Kanonenturm und hinter dem großen 107-mm-Geschützturm ein 45-mm-Kanonenturm. Das Laufwerk konnte vereinfacht werden. Der 1600-PS-starke 16-Zylinder-Motor sollte eine Eigenentwicklung sein und 36 km/h Höchstgeschwindigkeit ermöglichen.

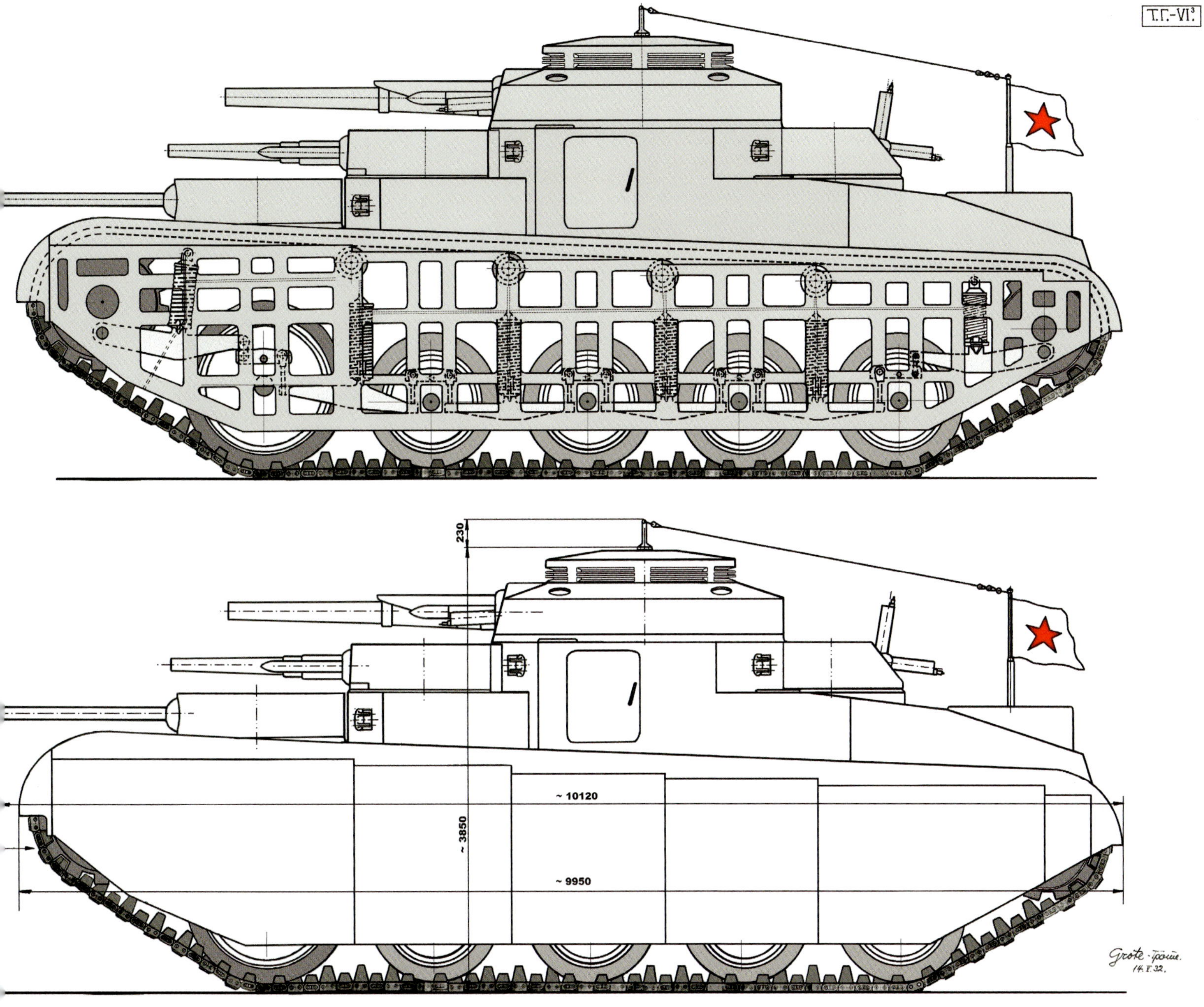

Entwurf eines »Tank Grote« 6c (T.G.-VI) mit einer 107-mm-Kanone in einem 360°-Drehturm, einer 45-mm- und einer 37-mm-Kanone in teilweise schwenkbaren Türmen. Im Heck befanden sich zwei weitere Türme mit Zwillings-Maschinengewehren zur Luftabwehr.

Die sowjetische Führung verlor jedoch das Interesse an Edward Grotes phantasievollen Entwürfen. Durch seine komplizierten und teuren Panzer sowie durch den Trendwechsel zum schweren Mehrturmpanzer bestand kein Bedarf mehr an den deutschen Ingenieuren. Die sowjetischen Konstrukteure orientierten sich in dieser Zeit, Anfang der dreißiger Jahre, an dem britischen Mehrturmpanzers A1E1 »Independent« und dessen Weiterentwicklung, dem Mark III, einem »Land-Kriegsschiff«-ähnlichen Fahrzeug von einem bekannten Panzerproduzenten, um ihrerseits einen schweren Durchbruchs-Panzer zu konstruieren.

Der britische Mehrturmpanzer A1E1 »Independent«, Vorbild für den sowjetischen T 35.

Den Schwerpunkt sahen die sowjetischen Ingenieure in einem unkomplizierten Aufbau, einer einfachen Bedienbarkeit und einer problemlosen Fertigung von hohen Stückzahlen, da die Rote Armee wenig qualifizierte Mannschaften und Mechaniker zur Bedienung und Wartung dieser Fahrzeuge zur Verfügung hatte. Diese Entwicklung führte bei Edward Grotes ehemaligem Arbeitgeber, dem Leningrader Werk »Bolschewik«, 1933 zur Entwicklung des schweren, mehrtürmigen Panzers T 35, der neben dem T 28 letztendlich die damalige Panzerentwicklung in eine Sackgasse führen sollte. Aber auch Deutschland hatte sich zu dieser Zeit dem Trend mit dem Projekt »Großtraktor« und dem »Neubaufahrzeug« verschrieben. In den USA entstand noch 1940 das 56 t schwere Mehrturm-Panzerprojekt M-6.

Im März 1933 legte Edward Grote, ungeachtet des Desinteresses der Roten Armee für seine Entwürfe, dem Kriegskommissar Tuchaschewski Zeichnungen in Form von Radierungen eines 1.000 t schweren, sogenannten »Festungstanks« vor. Einen offiziellen schriftlichen Auftrag hatte es mit hoher Wahrscheinlichkeit nicht gegeben. Das abgebildete Schreiben schneidet auch die Probleme an, die Edward Grote zu dieser Zeit in der Sowjetunion hatte. Edward Grote musste sich diese Entwicklungsrichtung zu eigen gemacht haben, welche sich in dem Eifer bei seinen späteren 1.000-t-Projekten widerspiegelte.

Der britische Mehrturmpanzer Mark III, Vorlage zum sowjetischen T 28.

Der den britischen Vorbildern nachempfundene sowjetische Mehrturmpanzer T 35 im Panzermuseum Kubinka.

Der in den dreißiger Jahren entstandene deutsche Mehrturmpanzer »Neubaufahrzeug«.

Der amerikanische Mehrturm-Panzer M-6 mit einer 76,2-mm- und einer 37-mm-Kanone sowie fünf bis sechs MGs.

Moskau, den 4.März 1933.
1.Koptelski Per.9 - 123.

An
Marschall Duchatschewski,
Kriegsministerium,
<u>Moskau.</u>

Sehr verehrter Genosse Duchatschewski,

in der Annahme, dass Sie sich meiner Arbeiten in Leningrad, sowie der konstruktiven Vorschläge zum schweren Durchbruchtank erinnern, bitte ich mir zu gestatten, Ihnen zwei Radierungen des Projekts des grossen <u>Festungstanks</u> (1000 Tonnen) zu zusenden in der Erwartung, Ihre wohlwollende Aufmerksamkeit auf dieses modernste Verteidigungsmittel zum Schutz der UdSSR zu lenken. Die Konstruktion ist vollkommen durchgereift und sehr gut möglich und wohl wertvoll in Anbetracht der politischen Weltspannungen und des Krieges im Osten.

Leider haben sich für mich die persönlichen Verhältnisse seit meinem einjährigen Aufenthalt in Moskau nicht günstig entwickelt. Die sich meinen Plänen entgegenstellenden Schwierigkeiten lassen mich keine Möglichkeit erkennen in der Zukunft meine Energien auch nur zu einem Teil entfalten zu können.

Ich wäre Ihnen dankbar für eine persönliche Aussprache, so wie Sie solche mir früher in Leningrad gewährten.

Mit Hochachtung,
ergebenst
Edward Grote.

E.Grote, O.K.G. Spezmaschtrest.

Der als fahrbarer Bunker ausgelegte Panzer sollte die Landesgrenzen gegen Angreifer von See her verteidigen. Die Grenzen der Sowjetunion waren zu ausgedehnt, um sie allseitig mit einer Linie von massiven Bunkerbauten, ähnlich der Maginot-Linie, zu schützen.

Die technischen Eckdaten von Grotes »Festungstank«-Entwurf:

- 1.000-t-Gewicht.
- 34.000 mm Länge, 11.000 mm Höhe, 10.000 mm Breite.
- 40-Mann-Besatzung.
- Der Antrieb bestand aus zwölf aufgeladenen 16-Zylinder-Dieselmotoren deutscher Bauart mit einer Maximalleistung von jeweils 2.000 PS, was eine Höchstleistung von 17.630 kWh (24.000 PS) ergab.
- hydraulische Kraftübertragung.
- 60 km/h Höchstgeschwindigkeit.
- 4.800 mm Kletterfähigkeit.
- 8.000 mm Watfähigkeit.
- 20.000 mm Kettenauflage ergab rechnerisch einen Bodendruck von 0,72 kg/cm².
- jede Seite besitzt drei Ketten von je 1.000 mm Breite.

Die Panzerung bestand aus:

- Panzerung von Front und Turm: 300 mm.
- Panzerung Seite: 250 mm.
- Panzerung Decke: 100 mm.
- Panzerung Boden: 60 mm.

Die Bewaffnung bestand aus:

- einem Turm mit zwei 305-mm-Kanonen-Schwenkbereich 360°,
- zwei Türmen mit je zwei 152-mm-Kanonen-Schwenkbereich 200°,
- zwei Türmen mit je zwei 76-mm-Kanonen-Schwenkbereich 200°,
- zwei Türmen mit je einer 45-mm-Kanone-Schwenkbereich 120°.

Maschinengewehre waren aufgrund des Einsatzkonzeptes nicht vorgesehen.

Tuchaschwewski übergab die Unterlagen Grotes an den Vorsitzenden der Militärakademie für Mechanisierung und Motorisierung (BAMM). Die Fachleute dort waren sich einig, dass sich diese Konstruktion viel zu sperrig und zu kompliziert darstellte. Auch sahen sie erhebliche Probleme in der technischen Ausführung voraus. Die Umsetzung der geplanten Motorleistung von 24.000 PS und eine Geschwindigkeit von 60 km/h mit einem 1.000-t-Fahrzeug sah die Kommision als kaum realisierbar an. Doch mit seinen Gedankengängen war Edward Grote nicht allein. Auch andere sowjetische Konstrukteure nahmen sich dieses Themas zu dieser Zeit an und entwarfen diverse »Landschlachtschiffe« in mehr oder weniger utopischen Größenordnungen.

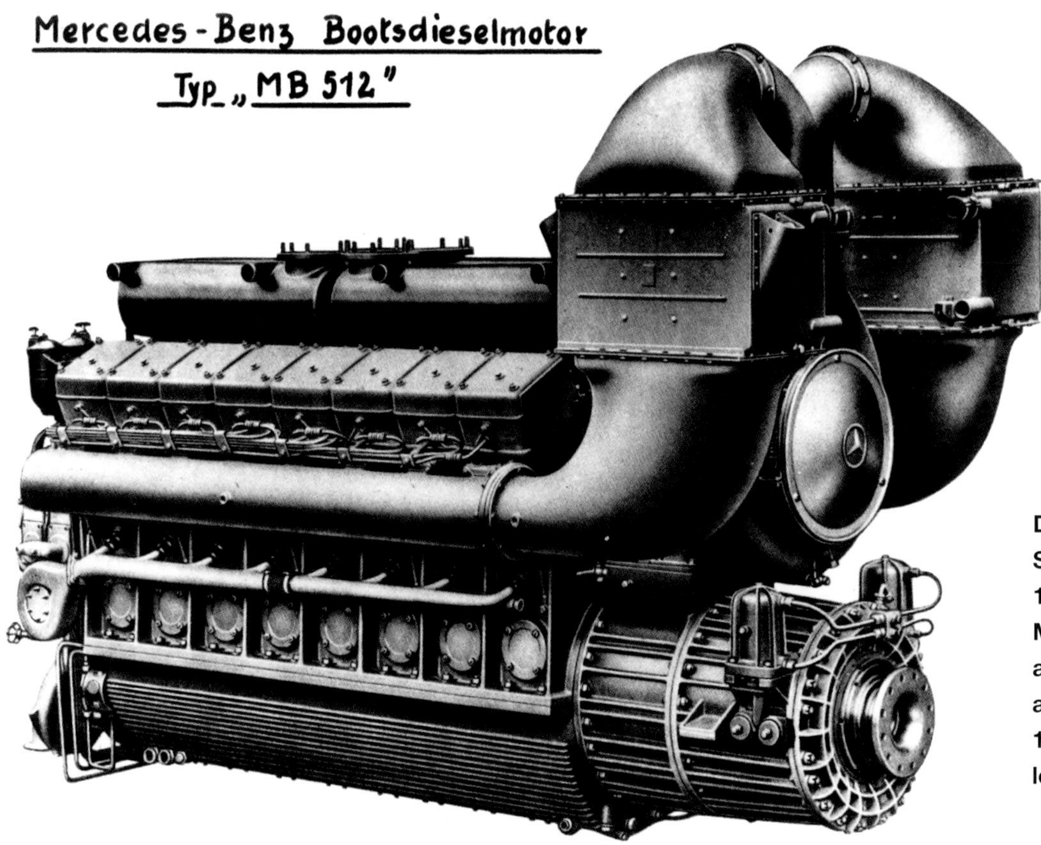

Der einzige deutsche Schnellbootmotor mit 16-Zylindern war 1933 der MB 502 bzw. später der aufgeladene MB 512, der allerdings nur 1.320 bzw. 1.650 PS als Höchstleistung leisten konnte.

Ein sowjetischer Entwurf eines Landkreuzers vom 16. April 1940. Die mittleren Ketten dürften ein Lenken des Fahrzeugs sehr erschwert haben.

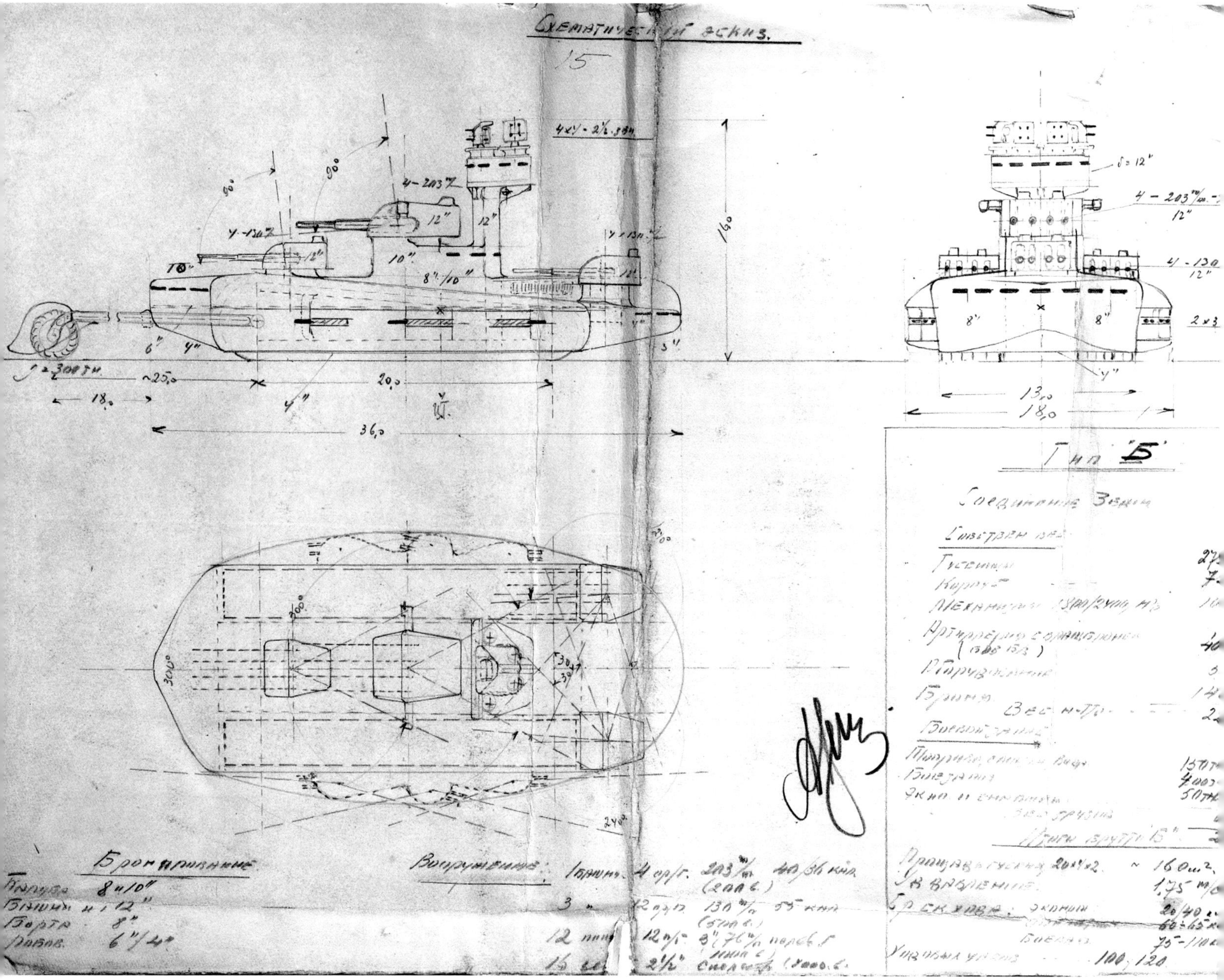

Weiterhin entstand der Entwurf eines als »Typ B« bezeichneten Panzerfahrzeuges mit einem Gewicht von etwa 2.800 t. Das Fahrzeug trägt eine Bewaffnung, die jedem Schlachtschiff zur Ehre gereicht hätte:

- einen Turm mit vier 203-mm-Geschützen,
- drei Türme mit je vier 130-mm-Geschützen
- in den seitlichen Erkern je sechs 76-mm-Geschütze.

Der schiffsähnliche Kommandoturm besaß zur Luftabwehr vier Vierlings-Flugabwehrkanonen. Die Höhe dieses »Landkriegsschiffes« erreichte 16.000 mm, es war 18.000 mm breit und 36.000 mm lang (ohne die vorgesehenen Minenroller). Die 20.000-mm-Kettenauflage ergaben bei den 4.000 mm breiten Ketten einen enormen Bodendruck von 1,75 kg/cm². Die Panzerstärken betrugen bei den Türmen 300 mm und bei der Front sowie bei der Seite der Wanne 200 bis 250 mm.

Im Februar 1942, nach der für die Rote Armee erfolgreichen Moskauer Schlacht, war das Interesse an diesen gigantischen Projekten noch nicht erloschen. Man suchte nach einem »Durchbruchspanzer« gegen stark befestigte deutsche Stellungen. Es entstand ein detaillierter Entwurf eines 270 t schweren »Panzerkreuzers«, der sich aus einzelnen Modulen vorhandener Panzertypen, wie des schweren KW und des T 34, zusammensetzte. So konnte das Fahrzeug, zerlegt in einzelne Module, leichter auf der Eisenbahn transportiert und am Ankunftsort mit Hilfe von Schnellkupplungen montiert werden.

Als Bewaffnung hatten die Konstrukteure einen zentralen Turm mit zwei 152,4-mm-Kanonenhaubitzen Typ 1938/40, vier 76,2-mm-Kanonen vom Typ L-11 oder F-34 in Einzeltürmen, eine versenkbare 76,2-mm-Flugabwehrkanone Typ M 1938, zwei 23-mm-Maschinenkanonen (sicherlich die 25-mm-Maschinenkanone M 1940), drei 12,7-mm-Maschinengewehre vom Typ Beresin UBT sowie 14 Maschinengewehre vom Typ DT vorgesehen. Vier gekoppelte Dieselmotoren vom Typ M-30 oder M-40 sollten eine Leistung von 4.000 bis 6.000 PS erreichen. Diese Leistung sollte für eine Geschwindigkeit von bis zu 40 km/h ermöglichen. Die 34-köpfige Besatzung musste in der Lage sein, in 30 Stunden die sieben mobilen Panzer-Segmente mittels Schnellverbinder zu montieren und die Kampfbereitschaft herzustellen.

Am 6. Oktober 1942 teilte die Panzerverwaltung (BTU) dem Entwicklungskollektiv mit, dass diese Konstruktion zwar gelungen war, jedoch für die Aufgabe der Konstruktion eines Durchbruchspanzers der falsche Weg gewählt worden sei, da die normalen Abmessungen und Gewichte schwerer Panzer nicht zu überschreiten seien. Auch würde eine Fertigung dieses Typs die Panzerfertigung generell behindern.

Doch zurück zu Grote. Im August 1933 beendete die sowjetische Regierung die Zusammenarbeit mit Edward Grote und seinen Ingenieuren und schickte sie nach Deutschland zurück.

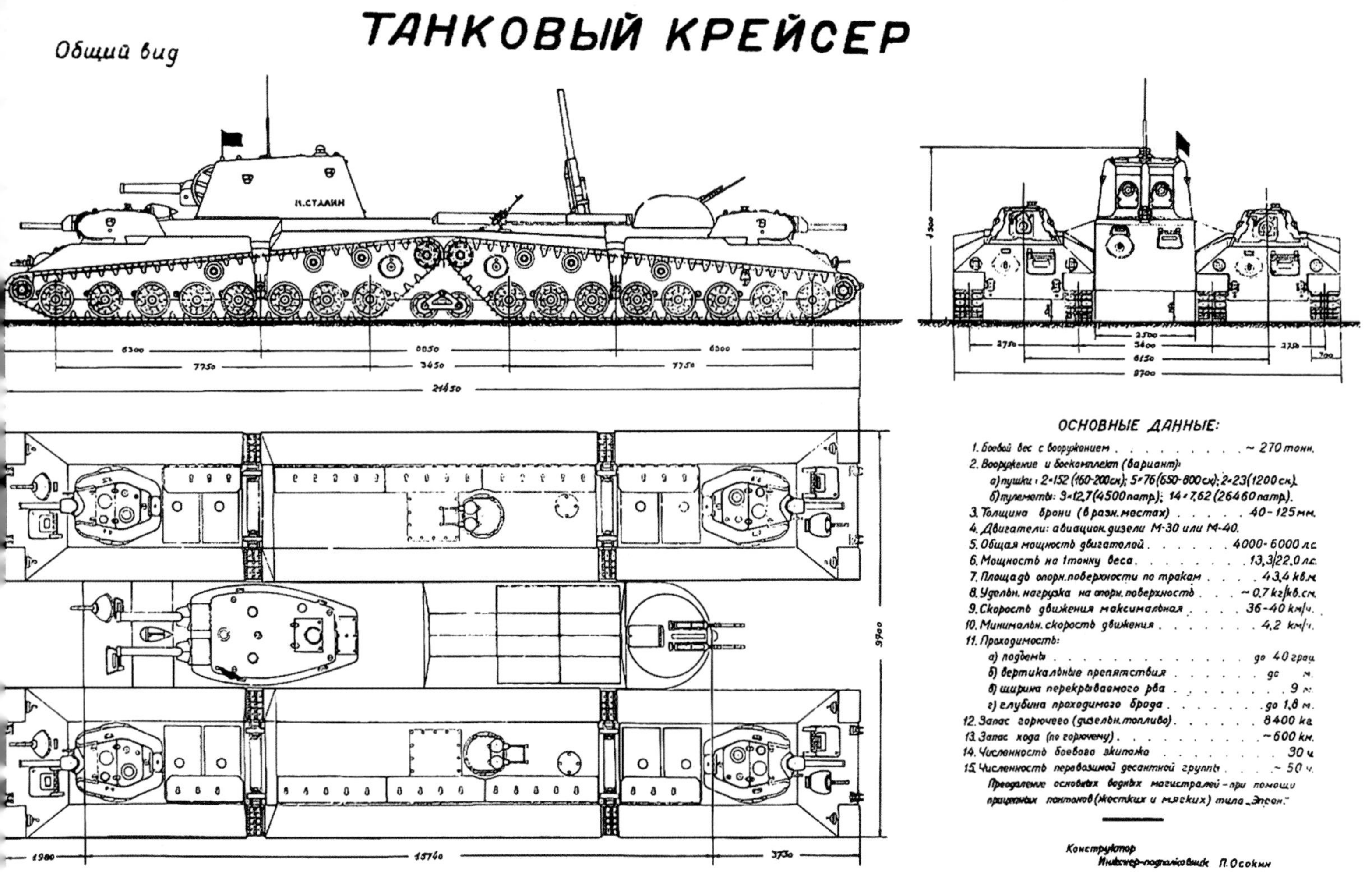

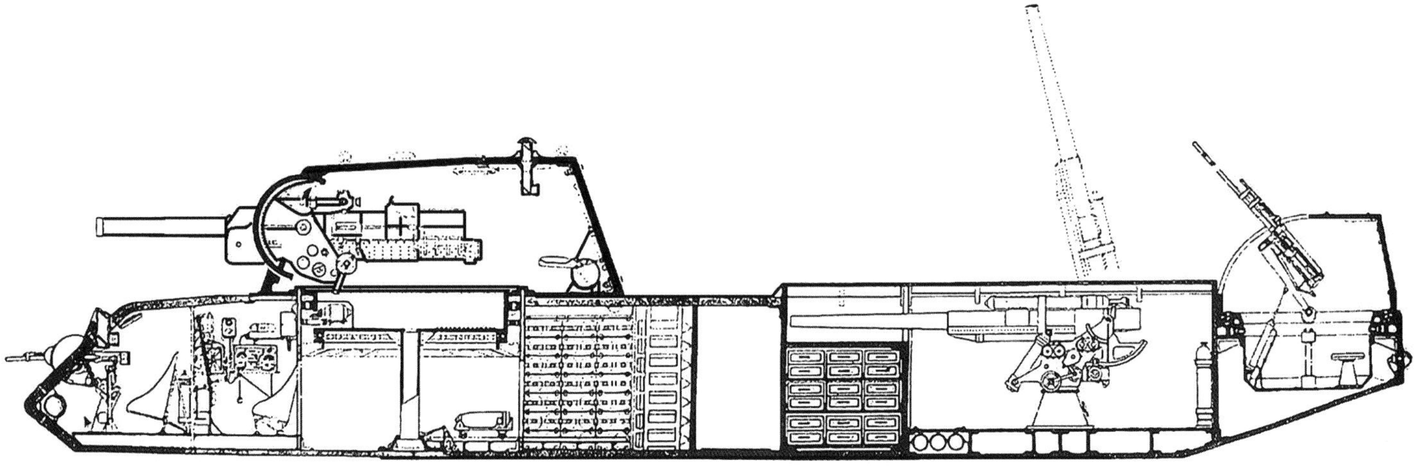

Der zentrale Kampfkörper des »Tank-Kreuzers« mit Fahrer-/Funkerraum, 152-mm-Haubitzen-Turm, Kampf- und Munitionsräumen mit Aufzug sowie der Flak-Stände.

Im Dezember 1936 erschien in einer, dem Autor unbekannten, deutschen Wochenzeitschrift ein ausführlicher Bericht über einen 1.000 t schweren Panzer, den ein deutscher Maschinenbau-Ingenieur in der Zeit von 1930 bis 1934 für die Sowjetunion ausgearbeitet hatte. Damit war das Projekt des 1.000-t-»Festungstanks« von Edward Grote gemeint.

Daraufhin erschien 1937 ein Artikel in der Militärzeitschrift »Die Kraftfahrkampftruppe«. In diesem nahm der österreichische ehemalige Generalbaurat und Panzerspezialist G. Burstyn zu dem Bericht Stellung. In der Summe kam er zum Ergebnis, dass dieser Entwurf nicht nur unausführbar sei, sondern auch taktisch unzweckmäßig war. Diplom-Ingenieur Edward Grote bekam die Gelegenheit, seine Konstruktion zu verteidigen. Man musste Grote zum Teil Recht geben. Manche Ansichten von G. Burstyn waren veraltet. Ein Beispiel dafür war die Behauptung Burstyns, dass ein Raupenfahrzeug einen Bodendruck von nicht mehr als 0,33 kg/cm² haben darf, um ein Einsinken zu verhindern. Dies war überholt, da zum Beispiel 1942 ein Panzer V »Panther« mit einem Bodendruck von 0,85 kg/cm² trotzdem eine gute Geländegängigkeit besaß. Ganz abgesehen vom wirklich hohen Bodendruck des späteren Panzerkampfwagens E-100 oder des Panzerkampfwagens »Maus« von 1,45 kg/cm² oder gar das vorgenannte sowjetische Projekt »Typ B« mit 1,75 kg/cm².

Ein zweites Beispiel für Burstyns Fehleinschätzung lag in der Meinung, dass die mögliche Höchstgeschwindigkeit von der Fahrzeugmasse abhängig war. Er unterstellte, wenn ein leichter Panzer 50 km/h und der 70 t bis 90 t schwere französische Char 2 nur 12 km/h schaffte, so musste doch ein noch schwererer Panzer noch langsamer sein. Die Geschwindigkeit war aber neben der notwendigen Motorleistung, abhängig von der Federung und der Lenkung des jeweiligen Panzers. Insgesamt war die 50-km/h-Angabe für einen 1.000-t-Panzer natürlich unrealistisch, da bei dieser Geschwindigkeit die Fahreinflüsse auf das riesige Fahrzeug nicht beherrschbar gewesen sein dürften.

Als Nächstes stellte Edward Grote seine leichteren Panzerentwürfe vor:

- den TG I , von Grote als T 22 bezeichnet,
- den TG III, von Grote als T 29 bezeichnet,
- den TG V, von Grote als T 42 bezeichnet.

Grotes Bezeichnungen passten allerdings nicht in das Bezeichnungsschema der Roten Armee, es konnte aber nicht belegt werden, ob andere Bezeichnungen gültig waren. Auch sonst widersprachen seine Darlegungen zum Teil den sowjetischen Berichten, in dem er schildert, dass alle drei Prototypen hergestellt und bei Leningrad auch erprobt worden seien. Nachweislich konnten die sowjetischen Konstrukteure aber nur den »Tank Grote I« fertigstellen und erproben. Die angeblichen Forderungen des stellvertretenden Kriegskommissars Tuchaschewski führten zu dem eigentlichen Entwurf, wobei die Zeichnungen nur die ersten Gedankengänge Grotes zeigten. Die technischen Eckpunkte des Fahrzeuges sollten folgende Daten besitzen:

- Länge: 34.000 mm.
- Breite: 10.000 mm.
- Höhe: 11.000 mm.
- Watfähigkeit: 8.000 mm.
- Kettenauflage: 20.000 mm.
- Kettenbreite: 3.000 mm (1.000 mm pro Einzelkette).
- Bodendruck: 0,8 kg/cm².
- Bodenfreiheit: 2.000 mm.
- Laufrollendurchmesser: 2.000 mm.
- Bewaffnung: zwei 30,5-cm-Kanonen, vier 15-cm-Kanonen und kleineres Kaliber.
- Panzerung: vorn 300 mm, seitlich 250 mm, unten 100 mm, oben 75 mm.
- Antrieb: zwölf 16-Zylinder-Motoren von je 2.000 PS (diese Leistung gab es zur damaligen Zeit bei 16-Zylinder-Dieselmotoren nicht) als Gruppenantrieb je sechs Motoren über Pfeilradritzel mit einer linken bzw. rechten Haupt- und Vorgelegewelle verbunden.
- Kraftübertragung wahlweise durch einen hydraulischen Drehmomentwandler oder eine elektrische Kraftübertragung.
- Radaufhängung mittels hydraulischen Zylinders mit Lastenausgleich.

Diese Artikel hatten sicherlich eine solche Aufmerksamkeit in Deutschland erzielt, dass sich die deutschen Leser ihnen nicht entziehen konnten. Edward Grote war unterdessen zum Direktor ernannt und als »Sonderbeauftragter für U-Bootsbau beim Reichsminister für Bewaffnung und Munition« bei dem genannten Ministerium eingestellt worden. Auf einer Rüstungskonferenz am 23. Juni 1942 in Berlin hielt Edward Grote vor Hitler einen Vortrag über seinen in der Sowjetunion projektierten Großkampfwagen. Hitler zeigte großes Interesse und war einverstanden, den etwa 1.000 t schweren Großpanzer in Skizzenform zu entwickeln. Dazu sollte Edward Grote mit Dr. Oskar Ha-

Die voran gezeigten Zeichnungen stellten die ersten Entwürfe eines 1000-t-Panzers dar, wie er – laut Edward Grote – von Kommissar Tuchaschewski und dem Verteidigungsrat gefordert worden war. [30]

cker, Chefkonstrukteur bei Steyr-Daimler-Puch AG und stellvertretender Vorsitzender der Panzerentwicklungskommission, eine Entwurfsskizze anfertigen. Ob Dr. Hacker zu diesem Thema überhaupt jemals aktiv geworden war, lässt sich aus den vorhandenen Dokumenten nicht belegen. [31]

Am 17. Juli 1942 erhielt Direktor Professor Dr. Müller von der Firma Friedrich Krupp AG einen Brief aus dem Rüstungsministerium von Diplom-Ingenieur Grote. Darin schildert Grote, dass er über Reichsminister Speer von Hitler den Auftrag erhalten hatte, ein Groß-Gleiskettenfahrzeug von mehreren hundert Tonnen Eigengewicht und 16.000 PS Antriebsleistung zu entwickeln. Er wünschte sich eine Beratung von Großgetriebe-Spezialisten der Firma Krupp, zumal er vom Oberkommando der Kriegsmarine gehört hatte, dass die Firma Krupp ein Projekt eines Artillerieträgers zum Einsatz an der Westküste bearbeitete und dieses Projekt schon weit fortgeschritten sein sollte.

[30] »Die Kraftfahrkampftruppe«, Heft 9.

[31] Deutschlands Rüstung im Zweiten Weltkrieg, S. 136

Damit meinte Grote das im Kapitel zuvor erwähnte Raupenfahrzeug »R-2«.

Die erste Besprechung von Edward Grote und Dr. Müller fand am 13. August 1942 in Berlin statt. Dabei stellte Grote Dr. Müller seinen ersten Entwurf eines überschweren Kampfwagens von ca. 800 t Gewicht vor. Die Abmessungen betrugen 35.000 mm Länge und 14.000 mm Breite. Grote stellte sich als Antrieb zwei große Raupensysteme mit jeweils drei Ketten vor. Jede Kette sollte 1.200 mm breit sein. Durch eine Kettenauflage von 21.000 mm sollte ein Bodendruck von 0,54 kg/m^2 erreicht werden. Als Antrieb dachte er entweder an zwei 24-Zylinder-Zweitakt-Dieselmotoren V 12 Z 32/44 doppelwirkend von MAN von je 8.500 PS bei 600 U/min (in Wirklichkeit 10.000 PS Nennleistung bei 564 U/min) oder an acht Schnellbootmotoren von Daimler-Benz mit je maximal 2.000 PS bei 1.650 U/min. Letzteren Motoren gab Edward Grote den Vorzug, da die acht Daimler-Benz-Motoren mit 34 t Gewicht erheblich leichter waren als die zwei 128 t schweren MAN-Motoren.

Der 24-Zylinder-Zweitakt-Gegenkolbendieselmotor V12Z 32/44 von MAN, der für die Zerstörer der Kriegsmarine vorgesehen war.

Der 20-Zylinder-Schnellbootdieselmotor MB 501 mit 2.000 PS Höchstleistung.

Ein Lenken sollte durch Geschwindigkeitsregulierung der beiden Raupensysteme mit Hilfe eines hydraulischen Pittler-Thomas-Getriebes erfolgen. Zwei Fahrstufen sollten Geschwindigkeiten von 3 bis 12 km/h und 10 bis 40 km/h ermöglichen. Angaben zur Bewaffnung konnte Grote noch nicht machen, die Entwicklung dazu würde er der Firma Krupp überlassen. Ihm lag als Einziges eine Krupp-Zeichnung über einer 30,5-cm-Küsten-Drehhauben-(Kst. Drh.)-Turm vor. Für die weitere Bearbeitung des Projektes bat er um 20 Konstrukteure der Firma Krupp. Für Dr. Müller war dies nicht akzeptabel, da er seine Firma als Generalauftragsnehmer sehen wollte. Man einigte sich darauf, dass Grote noch weitere Entwürfe zusenden sollte. Grote schrieb am 18. September 1942 an Dr. Müller, dass er von Daimler-Benz A.G. und MAN-Renk A.G. Unterlagen für die für das Projekt infrage kommenden Motoren erhalten habe und so einen Erst-Entwurf anfertigen konnte.

Als nächsten Schritt benötigte Grote von der Firma Krupp dringend Angaben über die Bestückung und den Einbau der Artillerie, da der Minister Speer eiligst einen ersten Entwurf sehen mochte. Das nächste Treffen fand am 24. Oktober 1942 in der Rüstungsvertretung in Berlin statt. Grote legte die ersten Entwürfe zur Besprechung vor. Beide sprachen über die mögliche Bewaffnung, für die Dr. Müller ein etwa 28 cm großes Geschütz, zwei 12,8-cm- und zwei 10,5-cm-Geschütztürme und eine ausreichende Maschinengewehrbewaffnung vorschlug. Grote versprach eine baldige Übersendung seiner Entwürfe und bat, entsprechende Vorschläge für eine Bewaffnung möglichst umgehend auszuarbeiten, was Dr. Müller zusicherte.

Am 10. Oktober 1942 sendete Edward Grote Dr. Müller einen überarbeiteten Entwurf zu, in dem Grote den geplanten Großkampfwagen als Projekt P-1000 bezeichnete. Er erhoffte sich von der Firma Krupp die Prüfung der projektierten Bewaffnung durch die Firmen-Spezialisten. Als weitere Unterlagen standen Edward Grote zu diesem Zeitraum die eines 28-cm-Turmgeschützes, der 12,8-cm-Flugabwehrkanone und der 8,8-cm-U-Bootskanone zur Verfügung, die er vom Oberkommando der Marine erhalten hatte. Als leichte Waffe plante Grote das 2-cm-Maschinengewehr 151 in Drehring-Lafette, die ihm von der Luftwaffe empfohlen wurde. Auffälliger Unterschied zu seinen früheren Projekten war, dass Ingenieur Grote besonders großen Wert auf schräge Flächen und äußersten Leichtbau legte, wobei er sich stark an den Anregungen aus dem Luftfahrtministerium orientierte. Er erbat sich von Krupp Mitteilung über deren Überlegungen hinsichtlich Bewaffnung, der Gewichtseinschränkung sowie der Panzerung der Türme, da er am 17. Oktober bei Speer erste Entwürfe vorlegen sollte. Die ungefähre Gewichtsverteilung der einzelnen Baugruppen ergab folgende Größenordnungen:

- Artillerie: 300 t.
- Panzerung: 200 t.
- Rahmen: 200 t.
- Ketten: 100 t.
- Maschinen-Getriebe: 100 t.

Das sich daraus ergebende Gesamtgewicht von 900 t ließ den Bodendruck auf 0,63 kg/cm^2 steigen.

Modellfotos der ersten Variante des P-1000 mit den Marine-typischen Zwillingstürmen. Auffällig sind die großen Laufrollen, die mindestens einen Durchmesser von 2.500 mm hatten.

Zehn Tage später, am 20. Oktober, sendete Grote einen Längsschnitt an Dr. Müller, bei dem er einen 28-cm-**Doppelturm** der Kriegsmarine verwendete. Räumlich sah er kein Problem, jedoch waren die Gewichte einschließlich der Munitionszuführung viel zu hoch. Desweiteren hatte er versucht, auf dem hinteren Teil des Fahrzeuges statt der 8,8-cm-U-Bootskanone ebenfalls eine 12,8-cm-Flugabwehrkanone einzubauen. Grote bat um eine weitere kurzfristige Besprechungen mit Krupp.

Der erste Entwurf des P-1000 von Grote orientierte sich noch stark an dem Festungstank von 1933, so die großen Laufrollen und die senkrechten Seitenwände. Die dem

Kriegsschiffsbau entnommenen, wie aufgesetzt wirkenden 28-cm- und 12,8-cm-Zwillings-Geschütztürme kennzeichnen diesen ersten Entwurf. Typisch für die großen Geschütztürme der Marine waren die seitlichen Ausbuchtungen für den 10,5-m-Entfernungsmesser. Weiterhin besaß das Fahrzeugmodell noch acht kleine Türme mit dem bevorzugten 2-cm-MG 151.

Am 31. Oktober 1942 erhielt Dr. Müller zwei weitere Seitenansichten sowie eine Rückansicht, eine Vorderansicht, eine Draufsicht und einen Längsschnitt des P-1000. Doch es erfolgte augenscheinlich keine Reaktion von Seiten der Firma Krupp, da Edward Grote am 10. November 1942 eine Rückmeldung anmahnte und mit Führer-Terminen drohte. Doch die Firma Krupp hatte zu diesem Zeitpunkt schon andere Pläne. Als am 17. Dezember 1942 endlich ein weiteres Treffen zwischen Edward Grote und Dr. Müller stattfand, legte Grote Fotos von einem neuen Modell eines P-1000 vor, musste aber erfahren, dass Minister Speer sein Projekt nicht weiter verfolgen wollte.

Dr. Müller erwähnte, dass die Firma Krupp von Speer eine ähnliche Aufgabe übertragen bekommen hatte. Allerdings erwähnte Dr. Müller gegenüber Grote, dass die taktische Aufgabenstellung bei dem Krupp-Gerät eine gänzlich andere war und seine Vorarbeiten dafür nicht verwendet werden konnten. Näheres erfuhr Edward Grote jedoch nicht. Hinter dieser Aufgabenstellung, die Dr. Müller meinte, stand der Entwurf eines überschweren Panzermörsers, mit dem sich die Firma Krupp seit Ende des Jahres beschäftigte. Inwieweit Vorarbeiten Grotes dennoch genutzt wurden, konnte anhand der Unterlagen nicht nachvollzogen werden. Der in dem letzten Krupp-Dokument erwähnte neuere Entwurf Edward Grotes zeigt den P-1000 mit harmonischer eingefügten Geschütztürmen.

Die 12,8-cm-Flak-Türme hatte Grote auf zwei Türme im vorderen Bereich reduziert und die 28-cm-Kanonen, vermutlich aus Gewichtsgründen, in der Rohrlänge einge-

kürzt. Auch vermied Grote durch die neuen, niedrigeren Türme unnötige Geschossfangstellen. Die Laufrollen hatte er verkleinert und dadurch die ungefederte Masse verringert. Doch diese Verbesserungen machten das Projekt nicht sinnvoller. Grote war endgültig mit seinen Fantasiegebilden gescheitert, zumal die Masse seiner Angaben in den Originaldokumenten sehr an Glaubwürdigkeit zu wünschen übrig ließen. Edward F. Grotes Spur verliert sich nach dem Krieg in Johannisburg, Südafrika, von wo er am 28. April 1950 ein Patent in der BRD anmeldete.
Nachfolgend die Bilder des späteren Entwurfes mit organischer angepassten Türmen. Durch den Wegfall zweier kleinerer Türme und dem Verkürzen der 28-cm-Kanonen dürfte das Gewicht wieder den 800 t der ersten Vorstellungen entsprechen. Die verwendeten kurzläufigen 28-cm-Kanonen legten den Verdacht nahe, dass Edward Grote von der Kriegsmarine nur Unterlagen von der veralteten 28-cm-Schnellfeuerkanone L/40 oder L/45 erhalten hatte. Die zuvor angebotene 30,5-cm-Kanone konnte nur die veraltete 30,5-cm-Schnellfeuerkanone auf Drehscheibenlafette C 1912 L/50 gewesen sein, wie sie auf dem alten Schlachtschiff »Schleswig-Holstein« noch zum Einsatz kam.

Der Soldat gibt gut die Größenverhältnisse wieder. Die große Bodenfreiheit von 2.000 mm hätte dem Panzerkampfwagen I mit seiner Höhe von 1.720 mm eine Durchfahrt ermöglicht.

Auf den Fotos ist die beschriebene Schrägstellung der Panzerplatten, die bei der dritten Variante an den Seitenplatten besonders betont wurde und die Fahrzeugbreite erhöhten, gut zu erkennen. Bei der unten gezeigten dritten Ausführung hatte Grote auf jeder Seite sechs 2-cm-MG 151 eingebaut sowie die Panzerung noch einmal zusätzlich abgewinkelt. Dies hätte aber den Fertigungsaufwand sowie die Gesamtmasse noch einmal gesteigert.

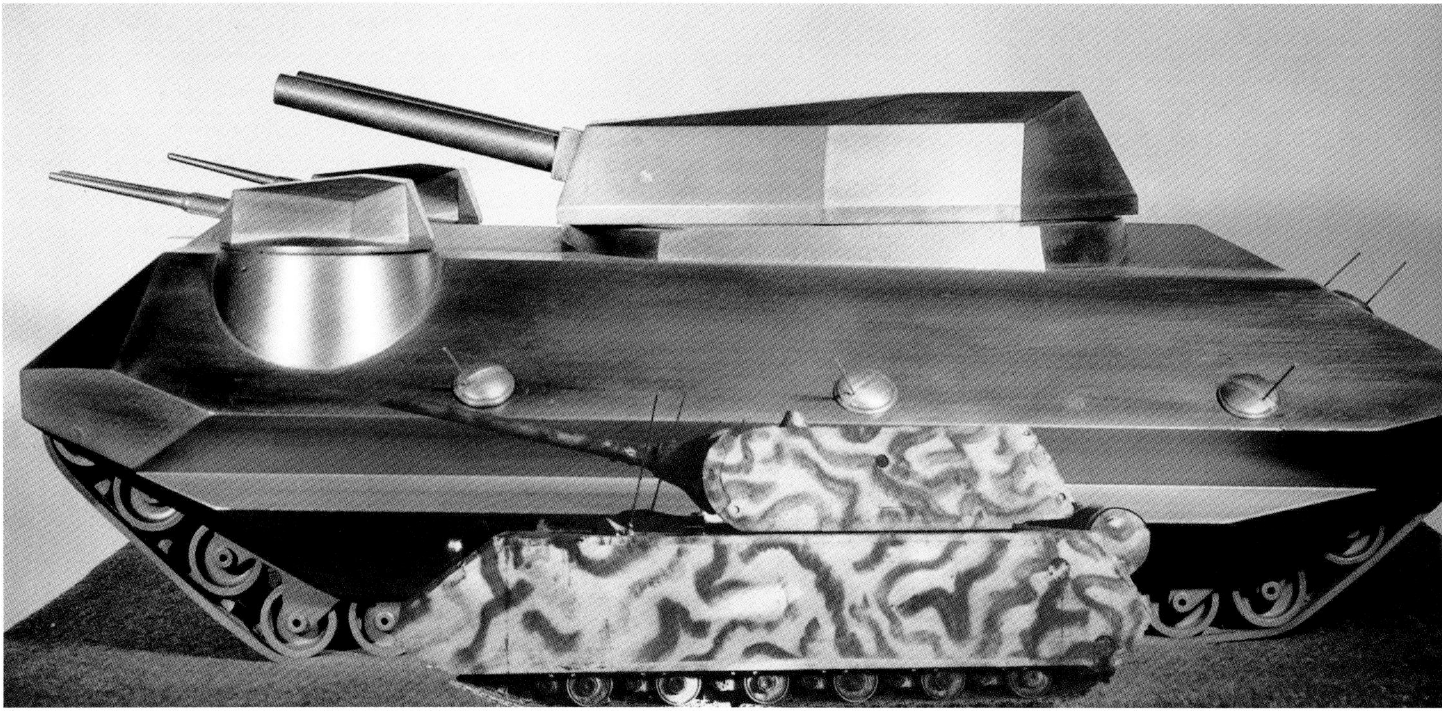

Zur besseren Vorstellung der Größenunterschiede der direkte Vergleich zwischen dem Großkampfwagen P-1000 und dem Panzerkampfwagen »Maus«.

Dass das Thema Großpanzer Hitler immer noch beschäftigte, zeigte ein Gespräch am 14. Mai 1943. Zu diesem Termin hatte man Hitler im Führerhauptquartier Rastenburg unter anderen das Holzmodell des Panzerkampfwagens »Maus« im Maßstab 1:1 mit zwei Flammenwerfern und ein ferngesteuertes Modell dieses Panzers im Maßstab von ca. 1:15 vorgeführt. Dazu schilderte Rüstungsminister Speer in seinen Tagebüchern: »*Hier wurde damals das naturgroße Holzmodell eines Panzers von einhundertachtzig Tonnen Gewicht vorgeführt, den er (Hitler) selber gefordert hatte. Niemand von der Panzertruppe zeigte Interesse an der Produktion dieses Monstrums, das die Kapazität für den Bau von jeweils sechs bis sieben »Tiger«-Panzern kostete, außerdem unlösbare Nachschub- und Ersatzteilprobleme aufwarf, viel zu schwer, viel zu langsam (zwanzig Stundenkilometer) war und überdies erst vom Herbst 1944 an gebaut werden konnte. Wir, das heißt Professor Porsche, Guderian, Zeitzler, hatten daher vor Beginn der Besichtigung verabredet, unserer Skepsis mindestens durch äußerste Zurückhaltung Ausdruck zu geben. Porsche erwiderte denn auch auf die Frage Hitlers, was er über das Fahrzeug denke, knapp und reserviert: „Natürlich, mein Führer, können wir solche Panzer bauen“. Wir übrigen standen schweigend im Kreis. Als Otto Saur (Staatssekretär im Rüstungsministerium und Vertreter Speers) daraufhin die Enttäuschung Hitlers bemerkte, begann er eine enthusiastische Suada über die Chancen und die waffentechnische Bedeutung des Ungetüms ... Unbestätigte Berichte vom Bau überschwerer russischer Panzer förderten den Überschwang noch weiter, und am Ende waren die beiden, von allen fachlichen Hemmungen frei, bei der überwältigenden Kampfkraft eines Panzers mit einem Gewicht von tausendfünfhundert Tonnen angelangt, der auf Eisenbahnzügen in Teilen transportiert und vor dem Einsatz zusammengebaut werden sollte.*

Als ein hochdekorierter Oberst der Panzerwaffe, ... , schließlich einwarf, dass eine einzige Handgranate oder ein Brandsatz die Öldämpfe dieser Fahrzeuge zum Brennen bringen könnten, sofern sie nur nahe der Eintrittsöffnung für Kühlluft zur Explosion gebracht würden, entgegnete Hitler, ärgerlich über die störende Bemerkung: Dann werden wir eben diesen Panzer mit automatisch von innen gelenkten Maschinengewehren nach allen Richtungen ausrüsten.“ In belehrendem Ton fügte er, zu dem Panzeroberst gewandt, noch dazu: „ Schließlich kann ich in aller Bescheidenheit für mich in Anspruch nehmen, auf diesem Gebiet kein Dilettant zu sein, ich habe Deutschland aufgerüstet.“« [32]

Das bedurfte keines weiteren Kommentars.

[32] Albert Speer-Spandauer Tagebücher, S. 59.

Hitler und seine Helfer bei der Entwicklung dieser überschweren Kampfwagenprojekte. Rechts im Bild Hauptamtsleiter Karl-Otto Saur vom Rüstungsministerium sowie links die Konstrukteure dieser Geräte, Direktor Professor Dr. Erich Müller von der Firma Krupp und Professor Dr. Ferdinand Porsche. Zwischen Hitler und Saur, in der schwarzen Panzeruniform, Oberst Holzhäuer, Leiter der Abteilung Wa Prüf 6.

Ausgehend von der 28-cm-Schnelllade-Kanone C.34 in Drehscheiben-Lafette C.28 der »Gneisenau« resultierten die nachgestellten Zeichnungen aus der heutigen Zeit.

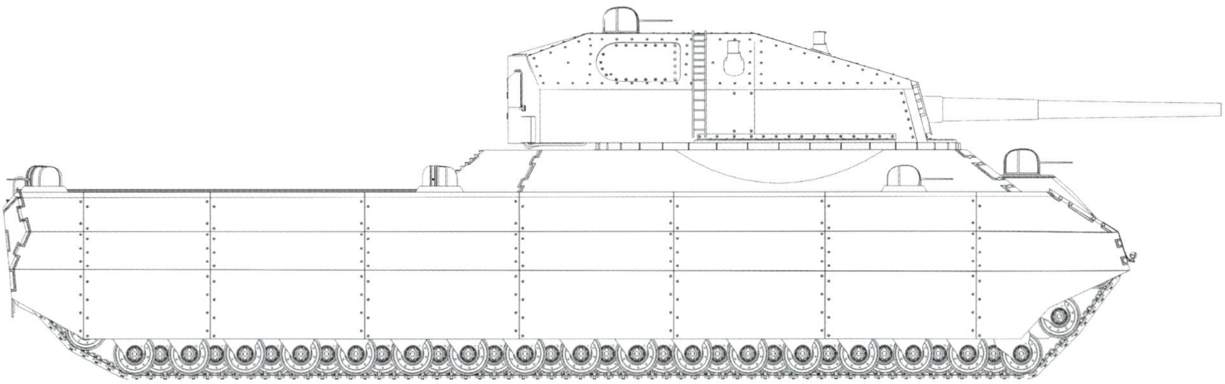

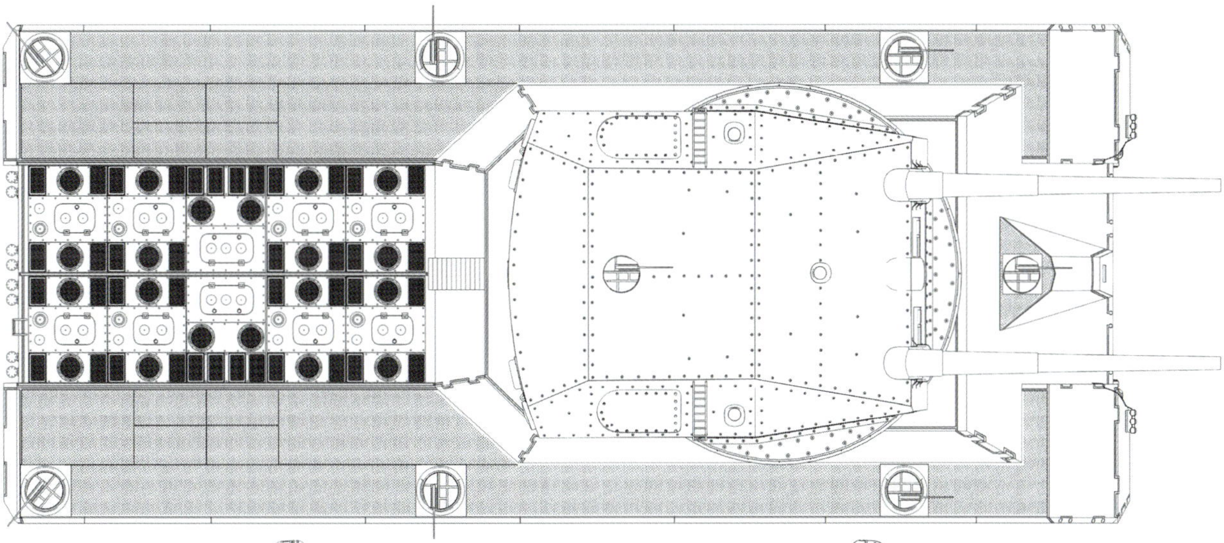

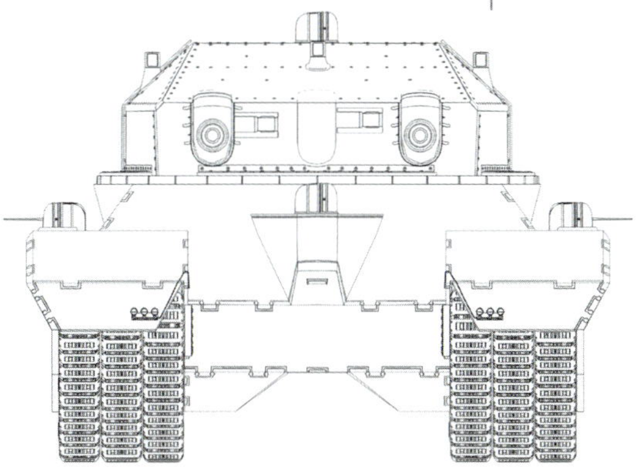

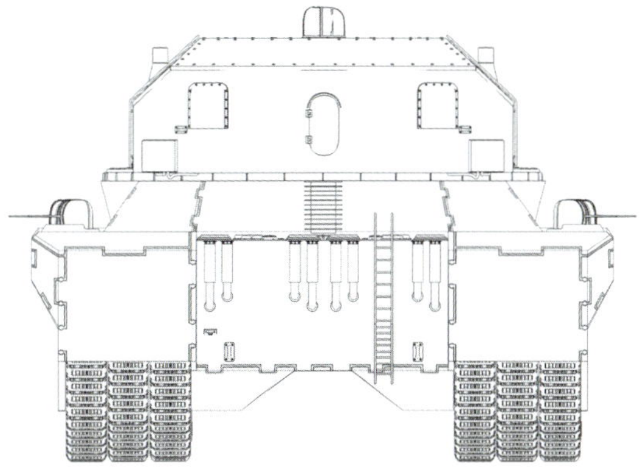

Dieser Entwurf aus heutiger Zeit stellt den 1.000-t-Panzer sehr spekulativ dar. Der hier verwendete Originalturm der »Gneisenau« bestand aus drei 28-cm-Kanonen L/54,5. Die mittlere 28-cm-Kanone, der 10,5-m-Entfernungsmesser und die 12,8-cm-Flugabwehrgeschütze fehlten in diesem Entwurf. Der Innendurchmesser der originalen Turm-Barbetten betrug 10.200 mm bei einem Geschütz-Abstand von jeweils 2.750 mm. Der drehbare Teil des Originalturmes besaß ein Gewicht von 750 t (ein einzelnes Geschütz wog 52,25 t). Laut Gewichtsverteilung plante Edward Grote für die gesamte Artillerie 300 t, so dass auf keinen Fall der komplette Turm des Schlachtschiffes »Gneisenau« verwendet werden konnte, selbst wenn ein Geschütz eingespart und der Munitionsaufzug verkleinert worden wäre. Laut den Dokumenten musste nicht unbedingt der Turm des Schlachtschiffes »Gneisenau« gemeint sein, da die Kriegsmarine Edward Grote auch ein 28-cm-SK L/52 C 28 im Drillings-Turm der Panzerschiffe vom Typ »Deutschland« angeboten haben könnte.

Mehr Informationen zum Geschützturm 28-cm-SK C 34 in Drh.L. 28 der »Gneisenau«:

Die Besatzung eines Turmes der späteren Batterie Oerlandet bestand aus 10 Offizieren und 107 Mannschaften, sodass Edward Grotes erste Vorstellung von einer 40-Mann-Besatzung pro Fahrzeug, wie er für seinen sowjetischen Entwurf des »Festungstanks« errechnete, völlig unzureichend sein musste.

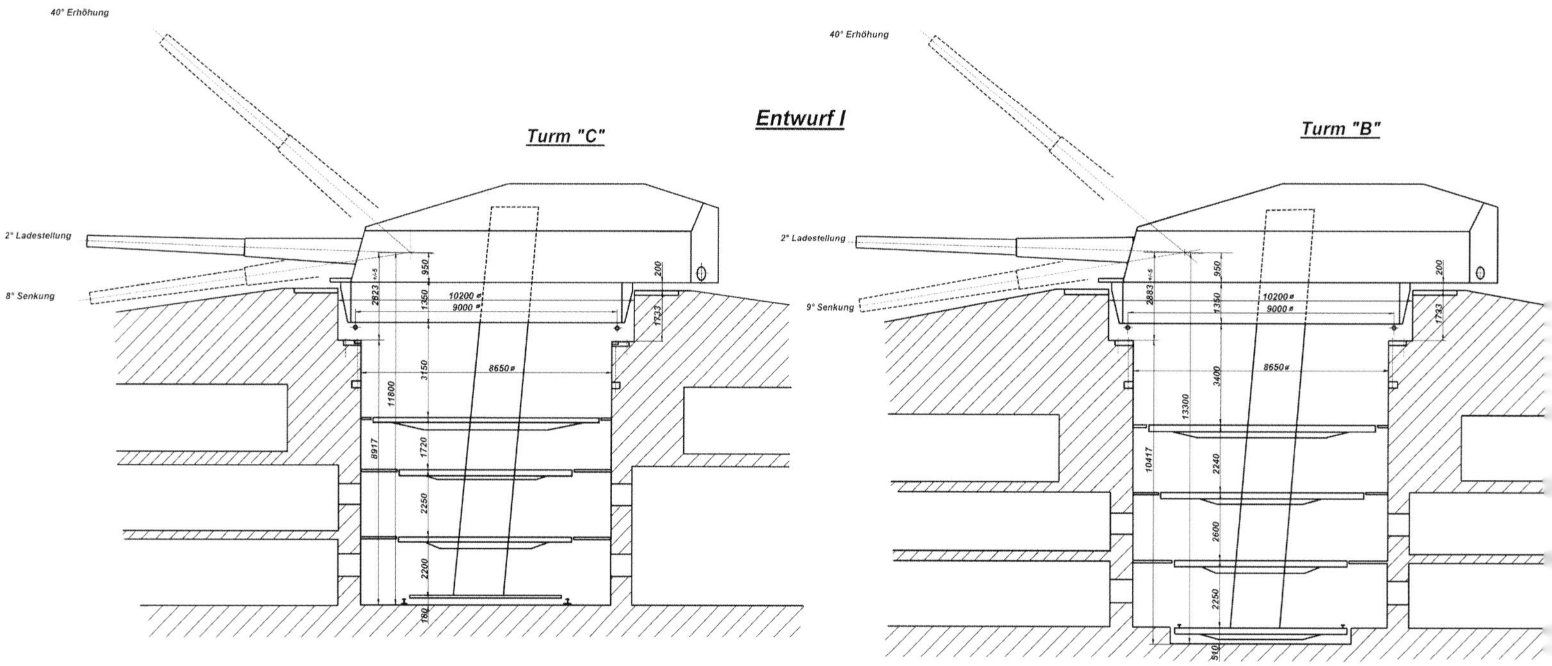

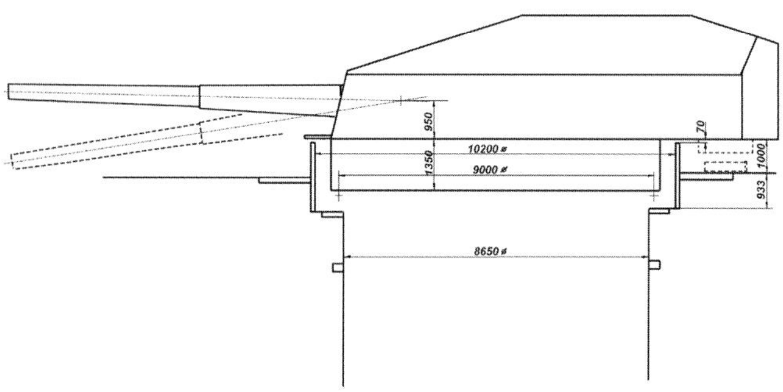

Der Landaufbau der 28-cm-Geschütztürme in Norwegen.

Der erhaltene 28-cm-Turm C der »Gneisenau«, ehemals Batterie »Oerlandet« in Norwegen.

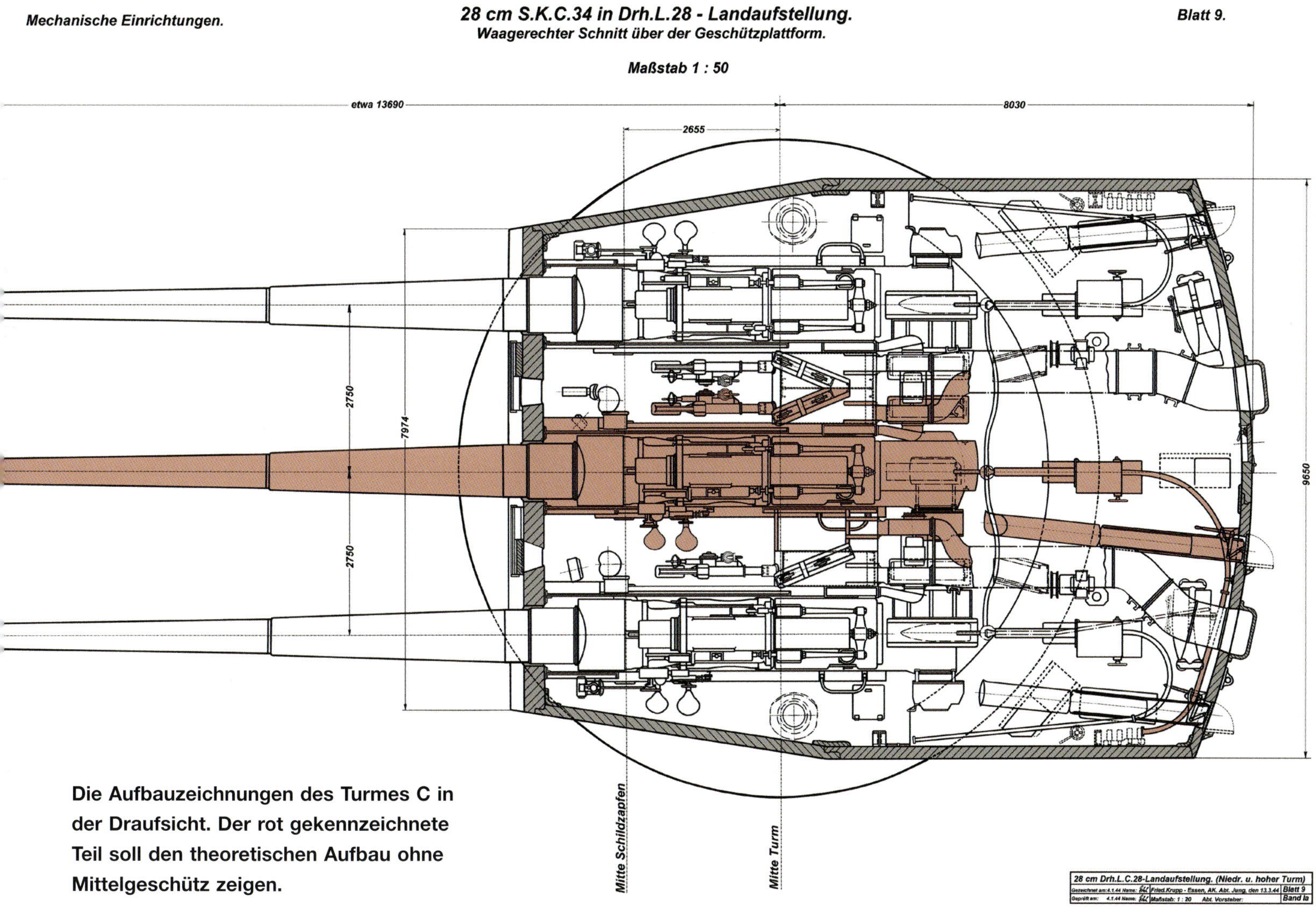

Die Aufbauzeichnungen des Turmes C in der Draufsicht. Der rot gekennzeichnete Teil soll den theoretischen Aufbau ohne Mittelgeschütz zeigen.

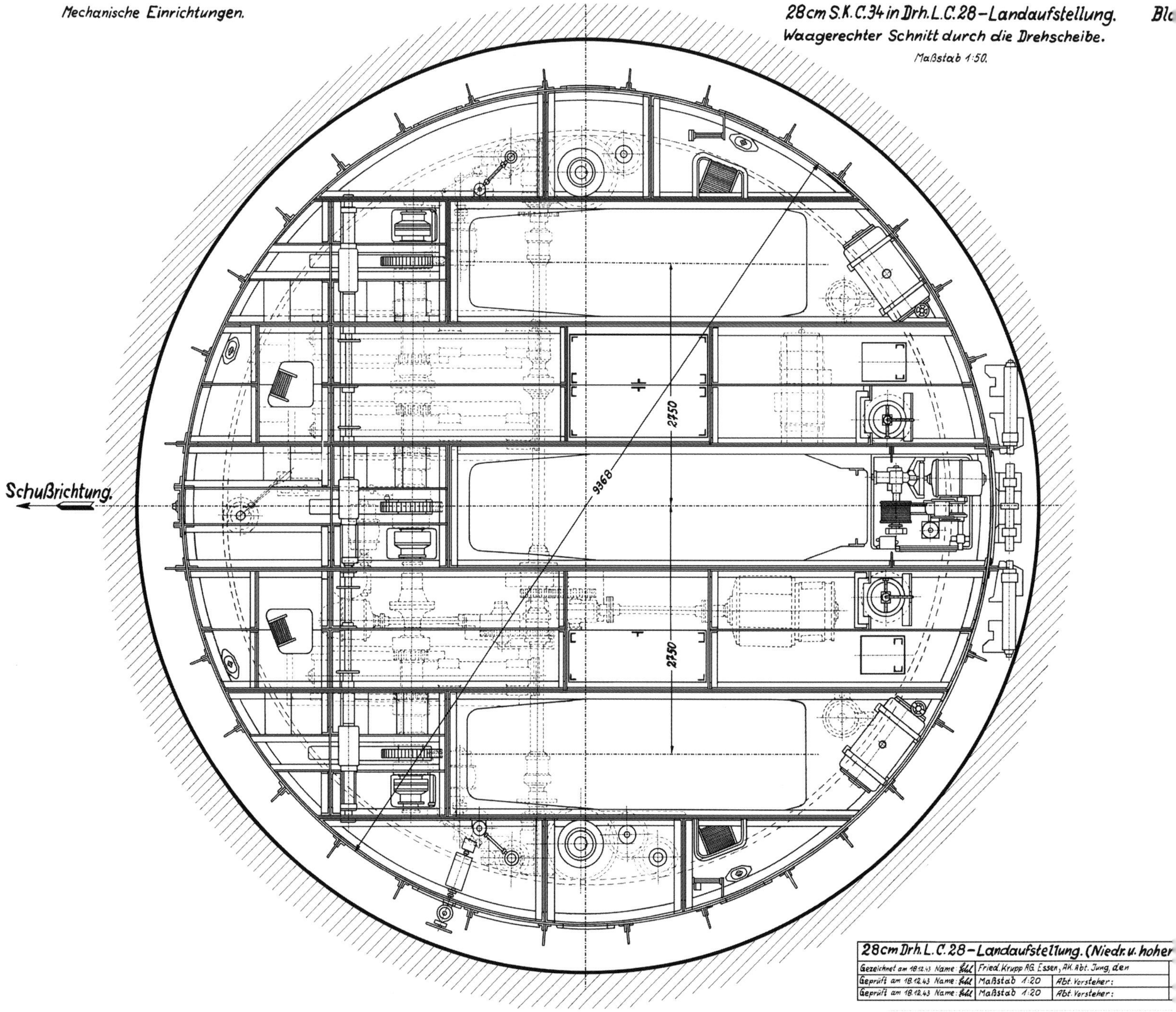

Die Drehscheibe mit den nötigen Richtmaschinen des obigen Turmes.

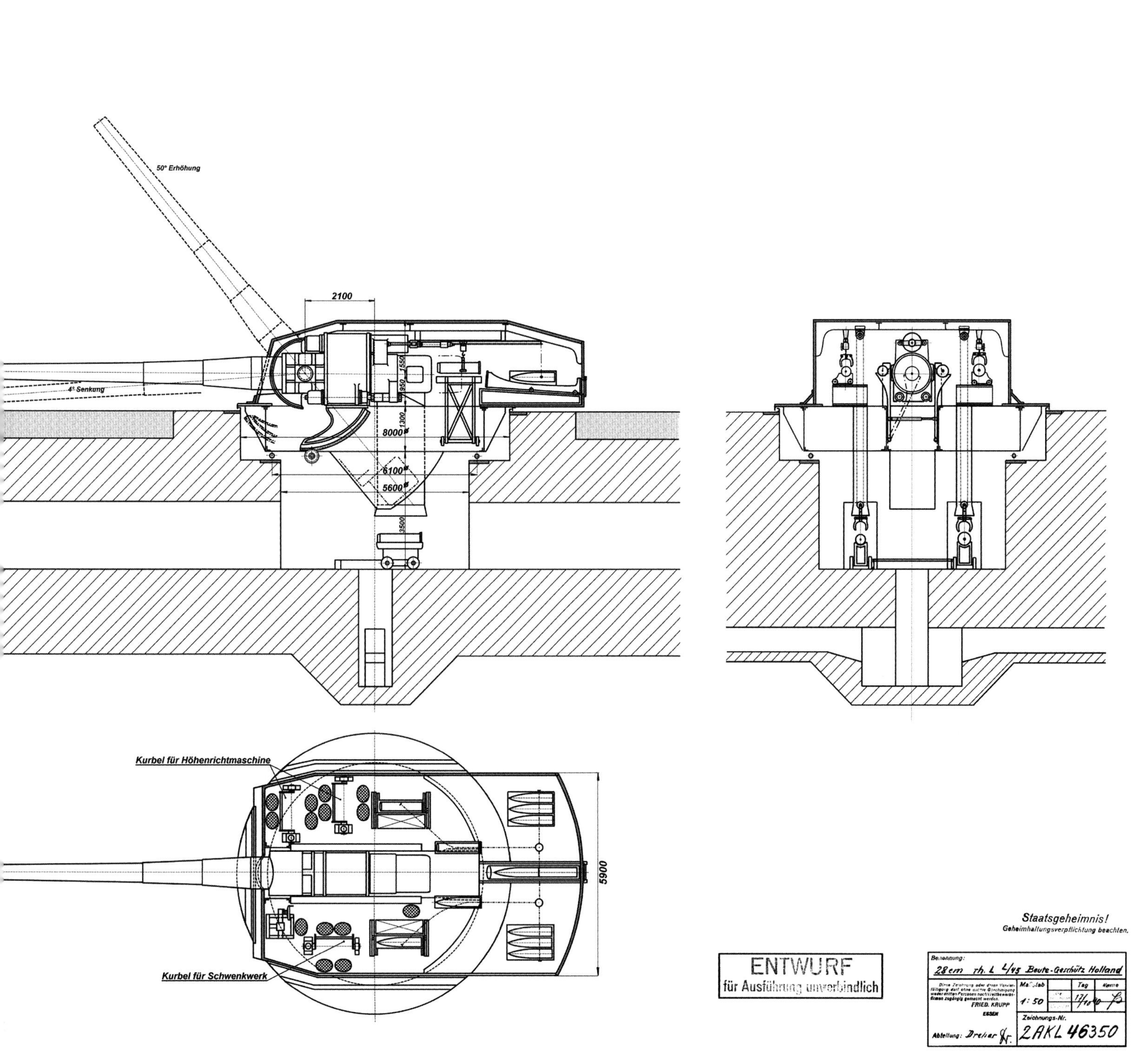

Eine weitere Turmvariante eines 28-cm-Geschützturmes L/45 in Landaufstellung.

Vom 120-t-Mörser »Bär« zum 1000-t-Panzermörser »Urling«

Bevor auf dieses gigantische Projekt eingegangen wird, muss noch ein Vorprojekt Erwähnung finden, das die Firma Krupp sozusagen in Eigeninitiative entwickelte, der Entwurf einer 30,5-cm-Selbstfahrlafette. Erste Erwähnung fand dieser Entwurf im März 1943. Am 11. März 1943 legte Professor Dr. Müller dem verantwortlichen Offizier von Wa Prüf 4/II (Artillerieabteilung für die Festungs- und Kampfwagenartillerie) einen Entwurf (Kennzeichen SKA 758) für eine schwere Selbstfahrlafette mit einem 30,5-cm-Mörser L/16 vor. Das Projekt lief unter der Tarnbezeichnung »Bär«. In der Besprechung schränkte Krupp ein, dass der Begriff »Sturmgeschütz« für dieses Fahrzeug nicht zutraf. Auch die im Entwurf angegebene Schussweite mit 12 km musste als falsch angesehen werden, da die praktische Reichweite des Mörsers 10 km betrug.
Die technischen Daten beinhalten, dass der Antrieb aus dem Maybach-Motor HL 230 und dem 2-Radien-Lenkgetriebe L 801 des Panzerkampfwagens »Tiger« und dem 7-Gang-Schaltgetriebe ZF-AK7-200 des Panzerkampfwagens »Panther« bestand. Das Fahrwerk besaß gummige-

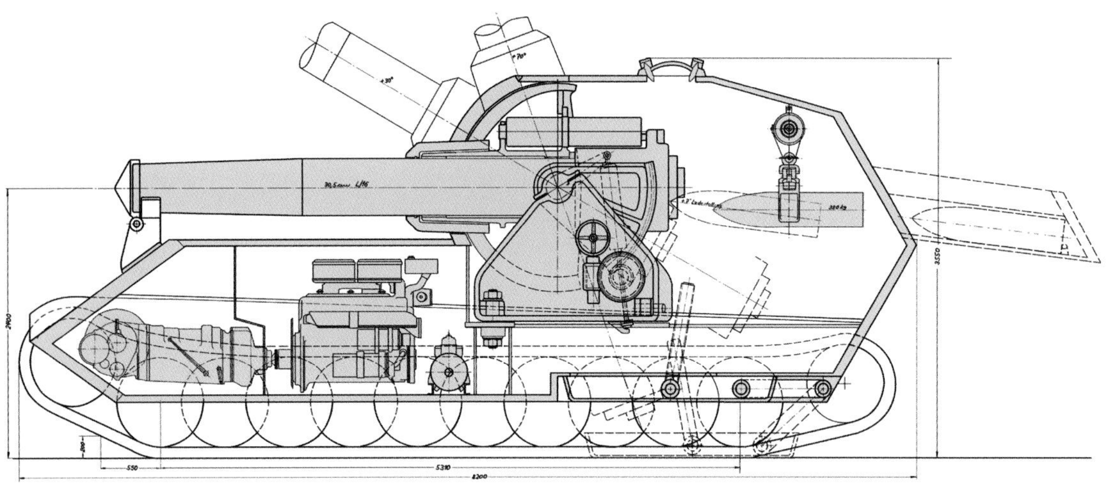

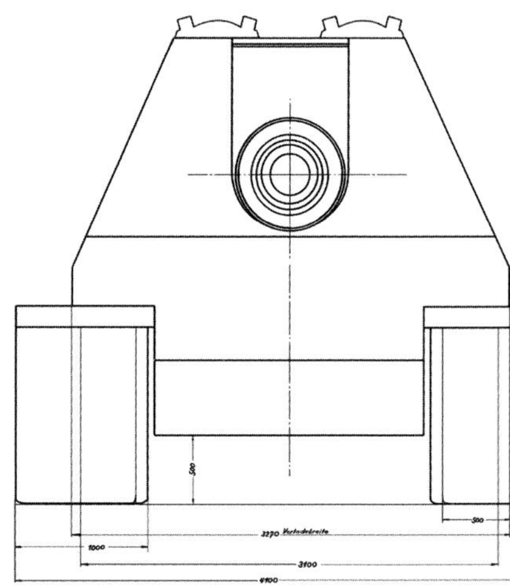

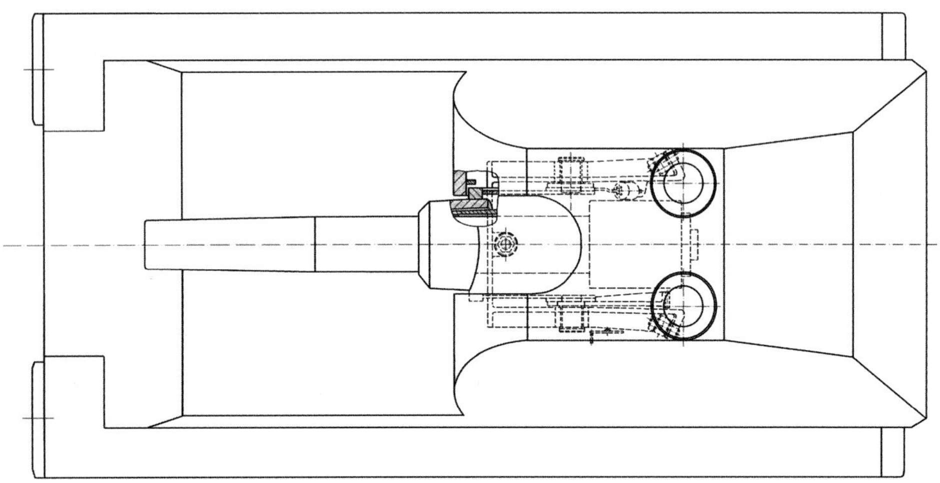

Gewicht:	**120 t**
Bewaffnung:	**30,5 cm L/16**
Motorleistung:	**700 PS**
Leistungsgewicht:	**5,8 PS/t**
Höchstgeschwindigkeit:	**20 km/h**
Lenkverhältnis:	**1 : 1,71**
Spez. Bodendruck:	
mit Einsinktiefe	**1,02 kg/cm^2**
ohne Einsinktiefe	**1,13 kg/cm^2**

federte Laufrollen in gestufter Anordnung. Die Federung bestand im Unterschied zu dem Laufwerk von »Tiger« und »Panther« aus einer Blattfederung. Der Hauptgrund für diese Entscheidung dürfte neben der niedrigeren Bauhöhe, vor allem die absetzbare Bodenplatte im Heck des Geschützes gewesen sein. Die querliegenden Drehstäbe hätten diese Abstützung, die den Rückstoß von 160 t aufnehmen sollte, behindert. Dieser Panzermörser besaß ein Gewicht von 120 t, das die 700 PS des Maybach-Benzinmotors auf etwa 20 km/h beschleunigen sollten. Die Abmessungen des Fahrzeuges betrugen 8.200 mm Länge, 4.100 mm Breite sowie 3.550 mm Höhe. Da diese Abmessungen (speziell der Breite) das Bahntransportmaß überschritten, hatte man zum Bahntransport statt der 1000 mm breiten Gefechtsketten, die nur 500 mm breiten Verladeketten vorgesehen. Die Gefechtsketten ergaben auf festem Untergrund bei einer Kettenauflage von 5,31 m einen relativ hohen Bodendruck von 1,13 kg/cm². Bei einer Einsinktiefe von 200 mm ergab sich durch die vergrößerte Kettenauflage von 5.900 mm ein halbwegs akzeptabler Bodendruck von 1,02 kg/cm². Das Lenkverhältnis bei der Spurbreite von 3.100 mm betrug 1: 1,71.

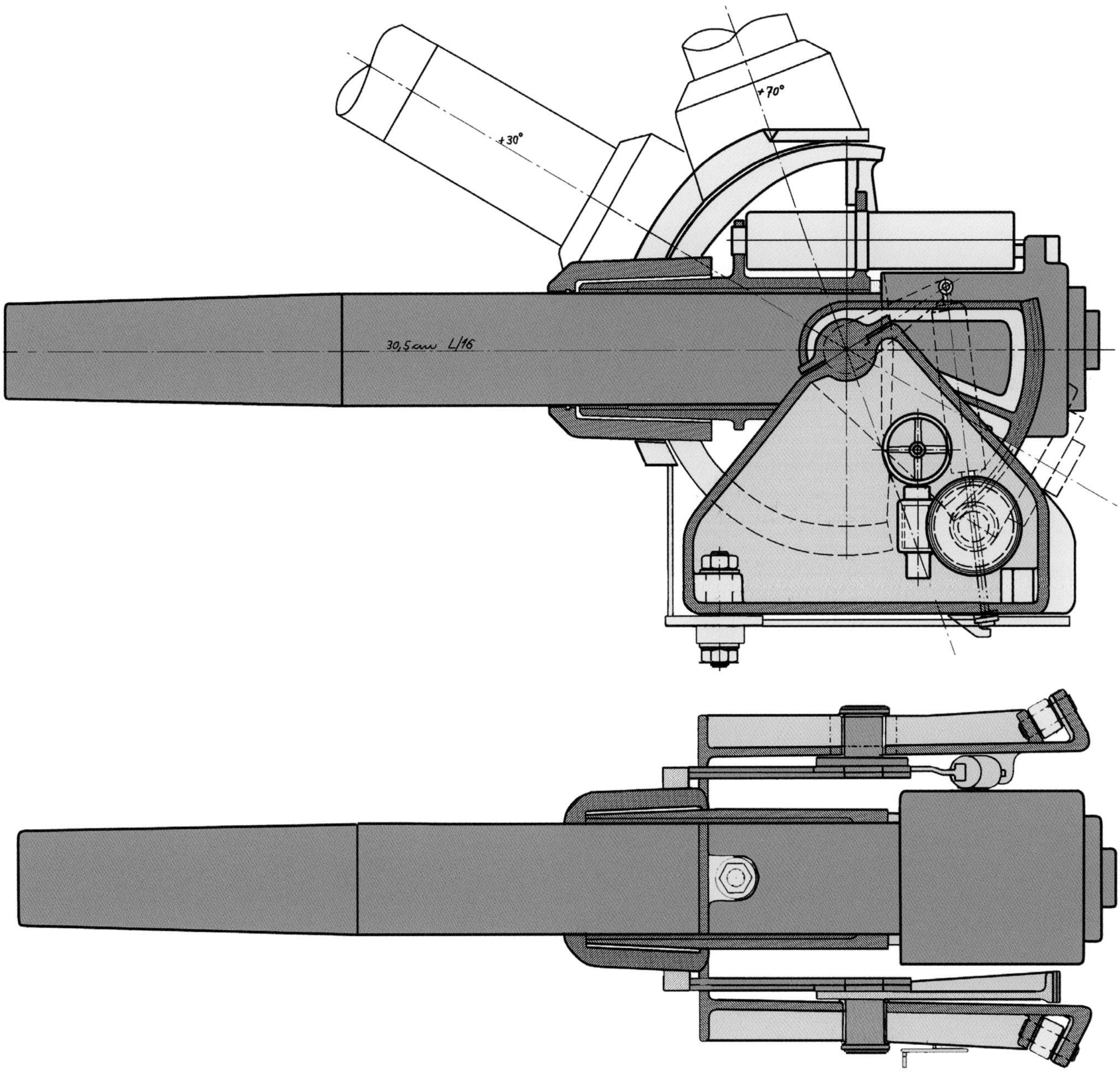

Gepanzert war der Panzermörser »Bär« frontal mit einer 130 mm starken oberen Panzerplatte und einer 100 mm starken unteren Panzerplatte. Die Panzerstärke betrug seitlich 80 mm und die Deckenpanzerung 50 mm. Für die Bodenpanzerung hatte man zwecks Minenschutzes vorn 60 mm und hinten 30 mm vorgesehen. Die sechsköpfige Besatzung besaß für das etwa 16 t schwere Geschütz, dessen Gewicht sich aus dem 8 t schweren Geschützrohr, der 6 t schweren Lafette und einer 2,5 t schweren Panzerblende zusammensetzte, zwei verschiedene Granat-Typen:

Der Weichstahl-Prototyp des als »Sturmtiger« bezeichneten 38-cm-Mörsers auf Panzerkampfwagen VI »Tiger« (Sd. Kfz. 181) der Firma Alkett Berlin. Anlässlich einer Vorführung neuer Waffen am 20. Oktober 1943 besichtigte Hitler diesen Panzermörser. (Foto: Hoffmann-Sammlung-Bayerische Staatsbibliothek München)

- Eine Betongranate mit 380 kg Gewicht und 35 kg Sprengstoff, Anfangsgeschwindigkeit 345 m/s, maximale Schussentfernung 10 km.
- Eine Sprenggranate mit 350 kg Gewicht und 50 kg Sprengstoff, Anfangsgeschwindigkeit 355 m/s, maximale Schussentfernung 10,5 km.

Der Rohrrücklauf betrug dabei maximal 1.000 mm. Der Richtbereich des Geschützrohres reichte vertikal von 0° bis 70° sowie horizontal 4°, also nach jeder Seite 2°.

Der Offizier von Wa Prüf 4/II berichtete Dr. Müller in dem Zusammenhang über die Entwicklung der Firma Alkett Berlin (Altmärkische Kettenwerke, ein Tochterunternehmen der Firma Rheinmetall-Borsig) über ein Sturmgeschütz auf Basis des »Tiger« I mit dem Kaliber 38 cm, bei dem es sich um ein Marinegerät mit einer Schussweite von 6 km handeln soll.

Dr. Müller gab zu, dass ihm diese Fahrzeugentwicklung unbekannt sei, was ihn aber nicht verwunderte, da die Firma Alkett weniger den Schwerpunkt auf Neuentwicklungen setzte, sondern in der Regel vorhandenes Gerät miteinander kombinierte. Zudem erfolgte die Steuerung der Alkett-Projekte oft über jede Amtsstelle des Heereswaffenamtes hinweg direkt vom Reichsministerium für Rüstung und Kriegsproduktion, namentlich von Amtsleiter Saur. Der zuständige Offizier des Waffenamtes von Wa Prüf 4/II war der Meinung, dass die Krupp-Entwicklung das vernünftigere, harmonischere Fahrzeug darstellte, jedoch zurzeit (am 19. Mai 1943) keine militärischen Forderungen in Bezug auf Konstruktion und Fertigung eines solchen Fahrzeugs bestand. [33]

Dennoch ergaben sich Wünsche und Vorstellungen seitens Hitlers und des Rüstungsministeriums nach schwersten Geschützen, denen die entwicklungsfreudige Firma Krupp nachkam. Hatte man bei dem Projekt des Panzermörsers »Bär« das Heereswaffenamt, namentlich Wa Prüf 4, zumindest informativ mit eingebunden, schien das Projekt eines noch schwereren Panzermörsers trotz des gewaltigen Material- und Personalaufwandes total am Heereswaffenamt vorbeigelaufen zu sein. Da die geplante Materialzuweisung über den Hauptamtsleiter Saur lief, muss die Auslösung der Entwicklung aufgrund der engen Verhältnisse zwischen Karl-Otto Saur und Adolf Hitler bei Hitler gelegen haben. Als Beispiel muss nochmals auf den Abschnitt zuvor verwiesen werden, wo am 14. Mai 1943 das Gespräch zwischen Hitler und Saur anlässlich einer Vorführung neuer Waffen, unter anderen das »Maus«-Modell, stattfand. Hatte man zuerst Edward Grote und Direktor Hacker den Entwicklungsauftrag eines Großpanzerfahrzeuges gegeben, mussten die Verantwortlichen Grotes oberflächliche und zum Teil irrige Konstruktionsleistungen erkannt haben und die weitere Arbeit an eine erfahrenere und entwicklungsfreudige Firma geben, an die Firma Krupp aus Essen.

War der 1.000-t-Panzer von Edward Grote noch das Ergebnis von Gedankenspielen und Überschlags-Rechnungen, ging die Firma Krupp mit ihren überschweren Panzermörser-Entwürfen wesentlich weiter. Erfahrungen zum Entwickeln und zum Bau solcher großen Fahrzeuge hatte die Firma unterdessen am Bau und der Konstruktion des Panzerkampfwagens »Maus« sowie an der schon erwähnten mobilen Küstenlafette »R-2« gesammelt.

Die Kriegsmarine, traditionell zuständig für die Küstenverteidigung, sah ab 1940 aufgrund der großen, zu sichernden Küstenabschnitte an der Nordsee, vor allem in Frankreich, in der Entwicklung einer motorisierten Küstenartillerie die Möglichkeit eines schnellen Reagierens auf Angriffe von See her. Neben der entstandenen, gut gelungenen 15-cm-Schnellfeuerkanone C/28 im Motorzug, wuchs das Interesse an der Mobilmachung noch größerer Geschütz-Kaliber für diese Küstenverteidigung. So entstanden Projekte einer 38-cm-Kanone auf Raupenlafette, genannt »R-1«, der genannten 28-cm-Kanone auf Raupenlafette »R-2«, einer 24-cm-Kanone auf Raupenlafette »R-3« sowie einer 20,3-cm-Kanone auf Raupenlafette »R-4«. Von diesen Entwürfen schaffte es nur das Projekt »R-2« bis zum Prototyp-Bau. Als zu verwendendes Geschütz sollte die 28-cm-Schnellfeuer-Kanone C/34 mit der Rohrlänge von L/54,5 zum Einbau gelangen.

Dieses Geschütz entsprach in Aufbau und Leistung den 28-cm-Geschützen von den Schlachtschiffen »Scharnhorst« und »Gneisenau«. Zusätzlich hatte man bei der Selbstfahrlafette »R-2« zur Minderung des Rückstoßes eine Mündungsbremse vorgesehen. Neben dem 39,5 t schweren Geschützrohr mit Leistenkeilverschluss plante Krupp noch ein 40 t schweres Rohr mit Schraubverschluss ein. Der Antrieb sollte zu Beginn der Planung 1942, wie schon im ersten Kapitel beschrieben, einen 12-Zylinder-Maybach-Benzinmotor sowie ein Sechsgang-Getriebe mit Untersetzung erhalten. Dies sollte für das etwa 130 t schwere Fahrzeug eine maximale Geschwindigkeit von 22 km/h erreichen. Für den Eisenbahntransport wählte man zwei einzelne vierachsige Drehgestelle, zwischen denen das Fahrzeug, ähnlich des 60-cm-

[33] RH 8/2976.

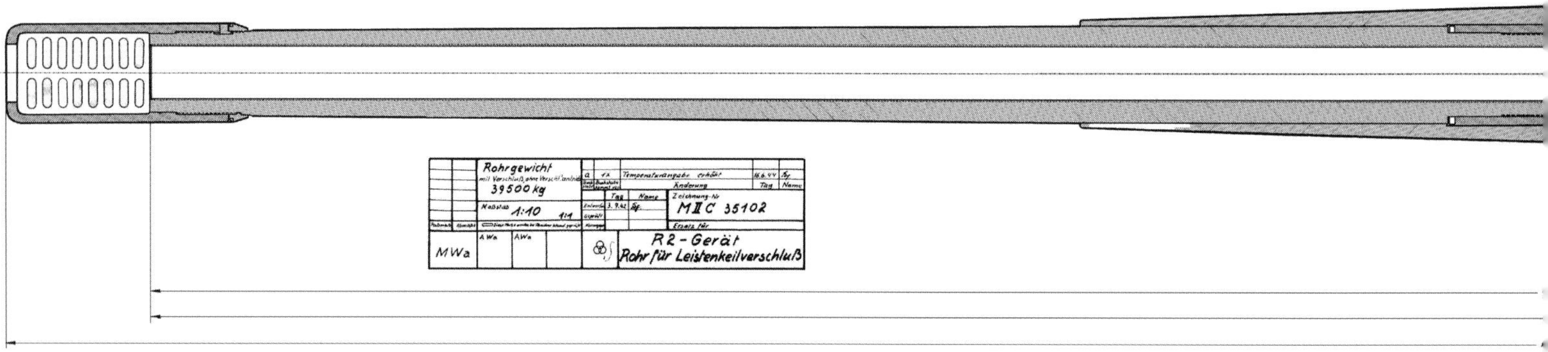

Die beiden Verschluss-Varianten der 28-cm-Kanone L/54,5, die in der Selbstfahrlafette »R-2« verwendet werden sollte.

Mörsers »Karl« und des französischen Durchbruch-Panzers Char 2c, aufgehangen werden sollte.

Um das Eisenbahnverlademaß einhalten zu können, musste die Mannschaft das 28-cm-Geschützrohr Richtung Maschinenraum etwa 1.000 mm zurückziehen, die 1.000 mm breite Marschkette gegen eine 710 mm breite Verladekette tauschen und, wieder analog des 60-cm-Mörsers, das Laufwerk einziehen. Im Unterschied zum 60-cm-Mörser »Karl« geschah dies nicht auf mechanischem Wege, sondern mittels hydraulischer Zylinder. Dazu bediente man sich der damals als »Luftfederung« bezeichneten Radaufhängung. Diese Bezeichnung kann nicht ganz korrekt sein, denn nach heutiger Bezeichnung musste es eine Art hydropneumatische Federung sein. Die beiden dadurch durchhängenden losen Ketten konnten danach gezurrt werden.

Geschossen sollte von einer etwa 22 t schweren Drehbettung, die einen 360°-Schussbereich des Geschützes ermöglichte. Für das Laden der Munition hatte Krupp einen vereinfachten Munitionsaufzug vorgesehen. Damit erfolgte aus dem Munitionsraum nacheinander der Transport des Geschosses, der Vorkartusche und der Hauptkartusche. Anhand eines hydraulisch betätigten Ansetzers schob die Geschützbedienung die Munition in den Ladungsraum des Geschützes. [34]

Die Dauer der Entwicklung dieses Fahrzeuges litt an der geringen Dringlichkeit, sodass die Firma Krupp erst für das erste Halbjahr 1944 die Herstellung eines Prototyps »R-2« planen konnte, die sich später auf September 1944 verschob. Die positiven Erfahrungen, die man zu dieser Zeit mit der Fahrwerkskonstruktion des Panzerkampfwagens »Maus« gemacht hatte, führten zur Übernahme des kompletten Schalt- und Antriebskonzeptes des Dieselmotor-Generator-Elektromotor-Prinzips. Dazu hatte man bei Krupp den Schnellboot-Dieselmotor MB 507 vom Daimler-Benz vorgesehen, der schon im 60-cm-Mörser »Karl«, auch als Gerät 040 bezeichnet, erfolgreich seinen Dienst versah.

[34] Waffenrevue Nr. 78.

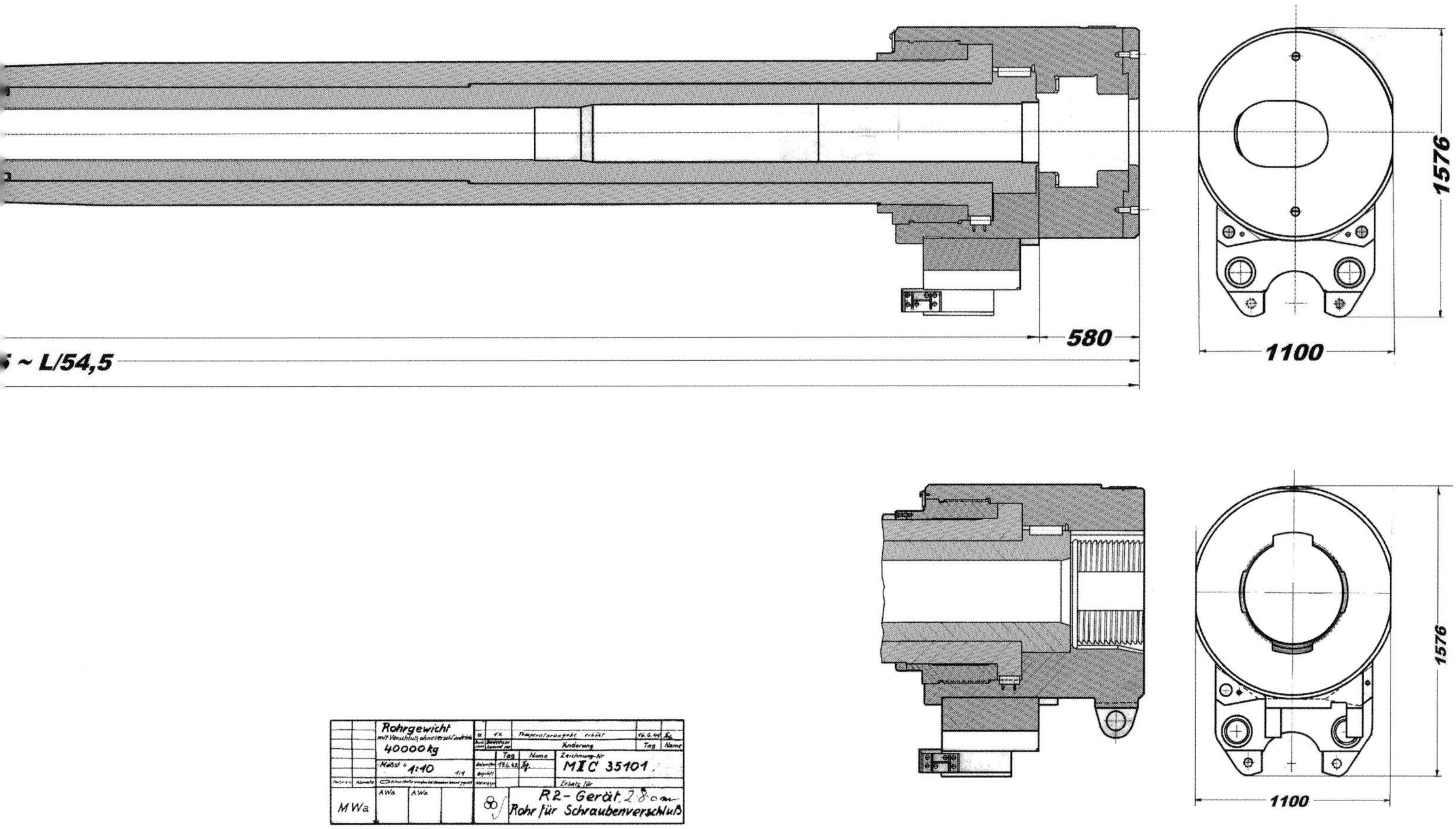

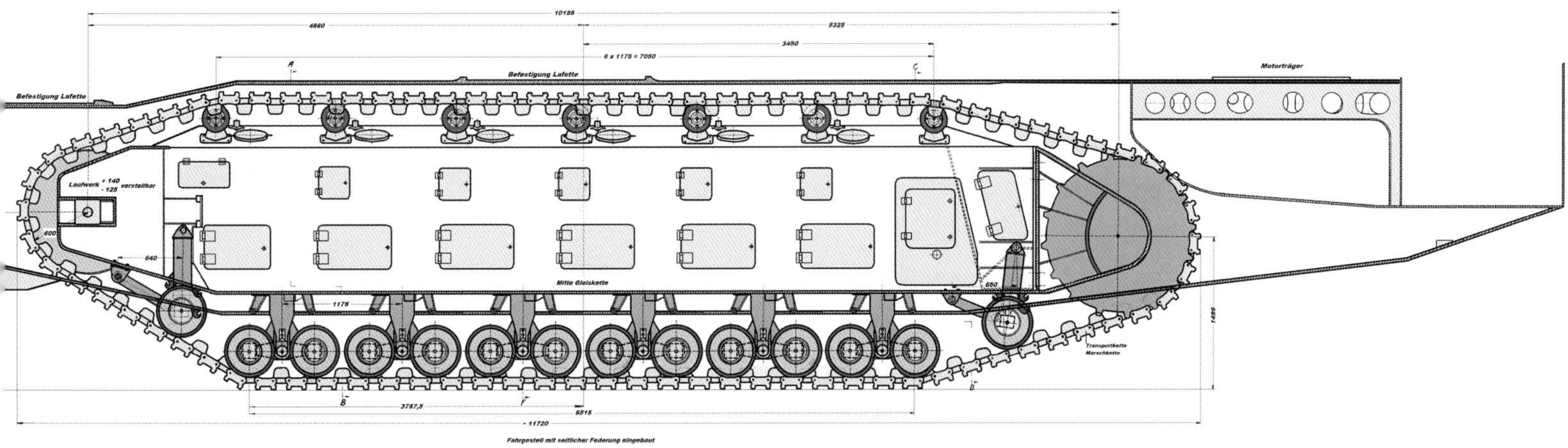

Die Seitenansicht des »R-2«-Fahrwerks ohne Motor/Generator und ohne das 28-cm-Geschütz. In der Zeichnung links befand sich in Fahrtrichtung der Fahrerstand. Antrieb und Antriebsrad befanden sich in der Zeichnung rechts. Das Gerät fuhr daher vorwärts, mit dem Geschützrohr voraus.

R 2

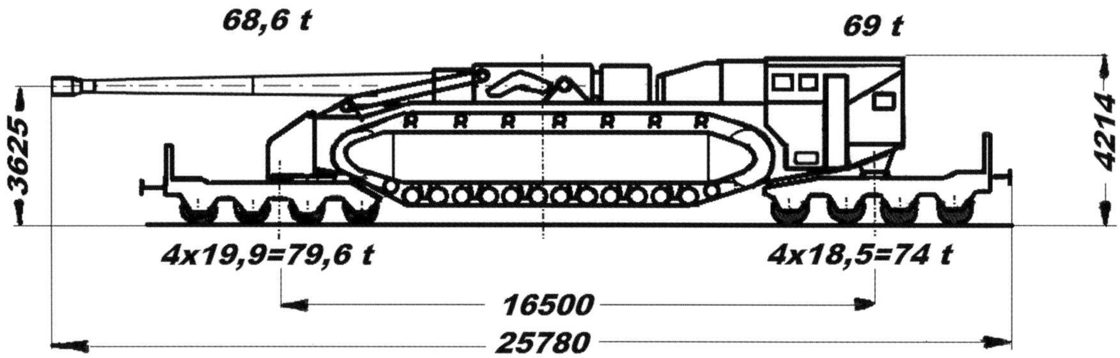

Verlastet auf Schiene

mit zurückgezogenen Geschütz

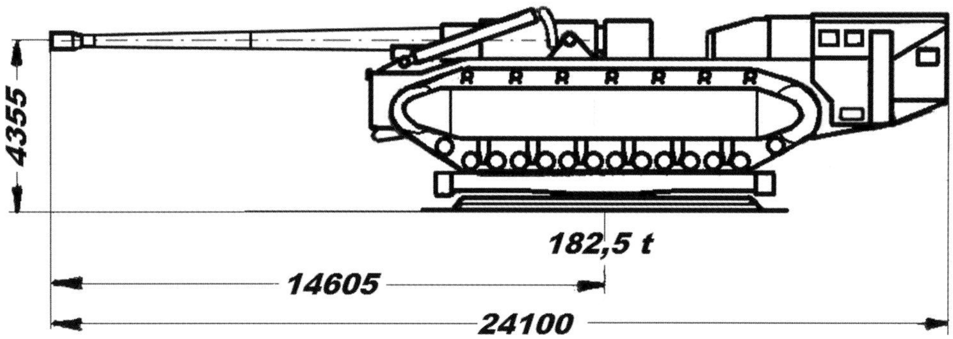

Feuerstellung auf Drehscheibe

Die einzelnen Bewegungs- und Stellungsvarianten der Küsten-Selbstfahrlafette »R-2«.

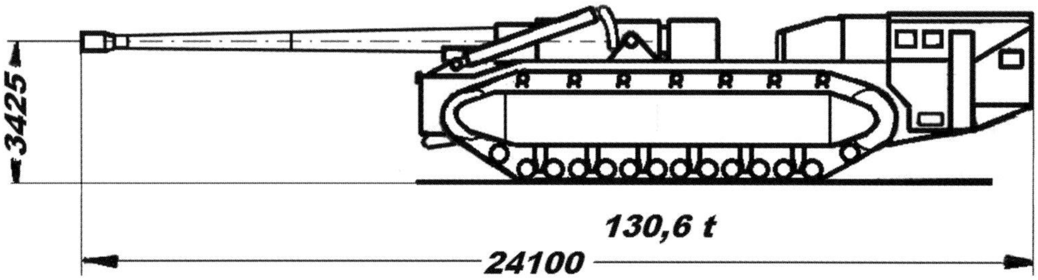

Fahr- und Feuerstellung

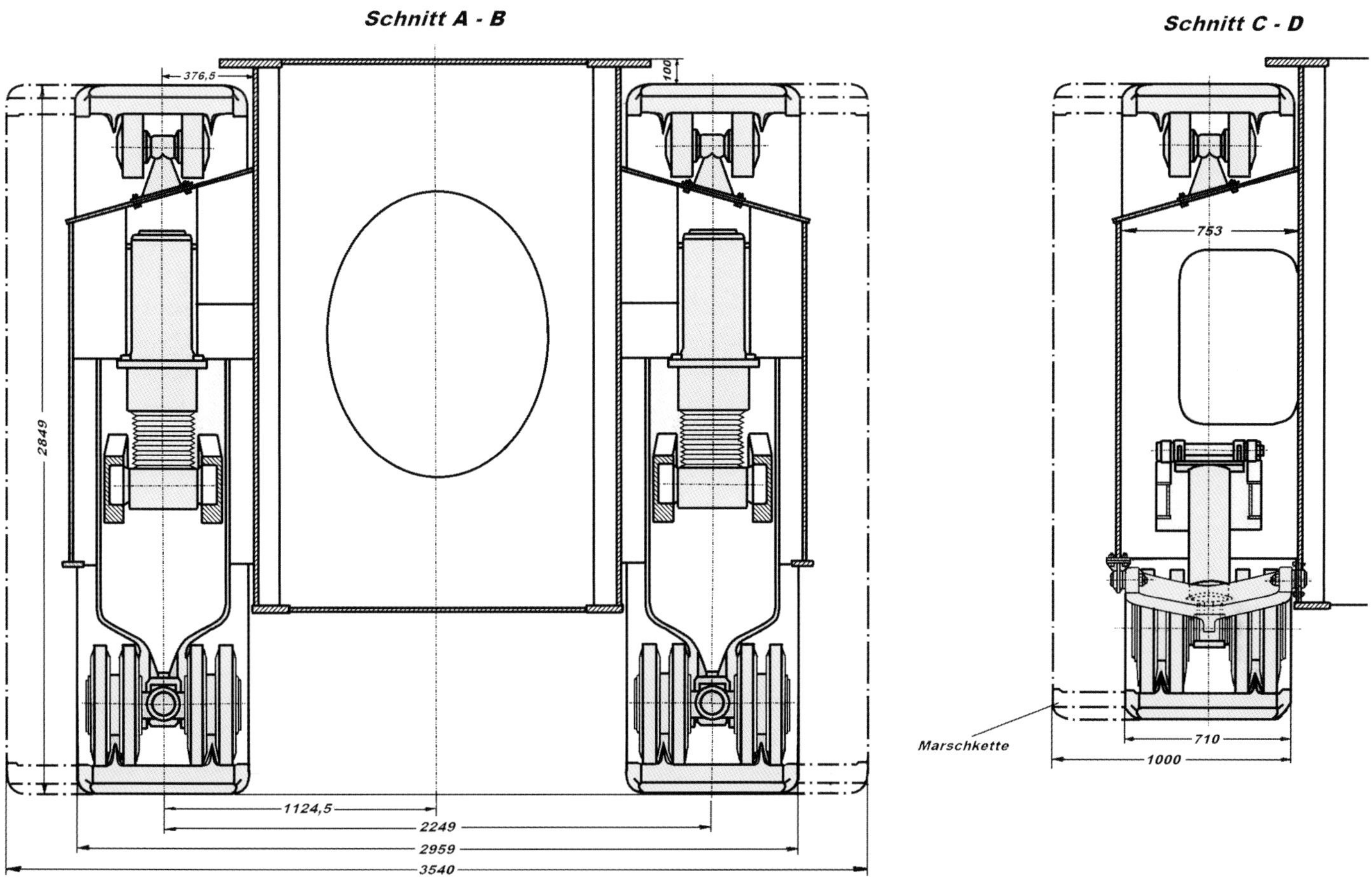

Querschnitt A-B und C-D durch das Laufwerk der Selbstfahrlafette »R-2«, der gut das Prinzip der Radaufhängung erkennen lässt.

Einzelheiten der Fahrwerkszurrung, die man für den Bahntransport als notwendig erachtete, um den nötigen Gleisabstand und das Bahnverlademaß einzuhalten.

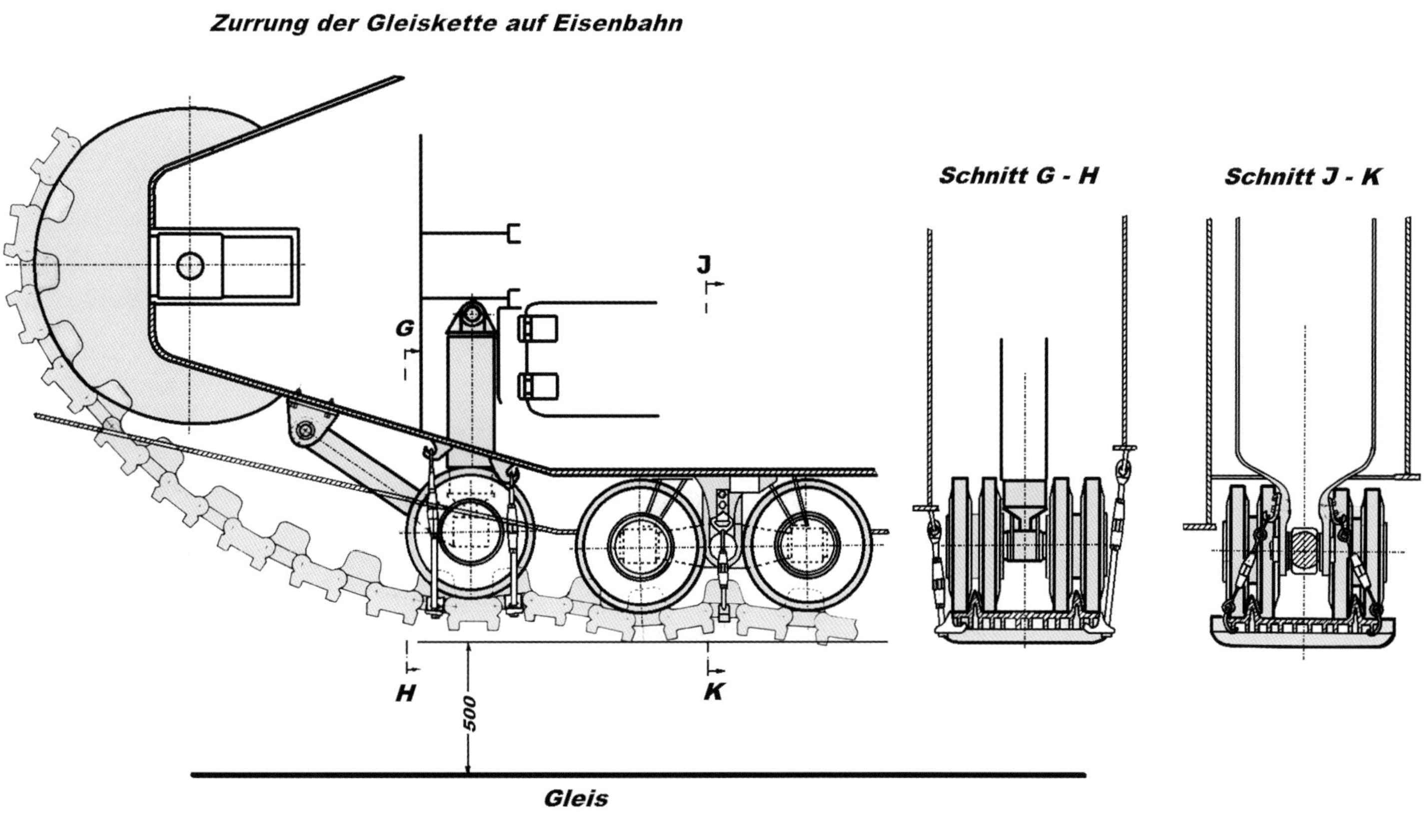

Der Prototyp der Selbstfahrlafette »R-2« sollte bei der Firma Krupp in Essen hauptsächlich im Meisterbereich 9/10 gefertigt werden. Nach Fertigstellung sollte an dessen Stelle anschließend ein noch gigantischeres Kampffahrzeug aufgelegt werden, der 1.000 t schwere Panzermörser »Urling«. Aus welcher Notwendigkeit dieses Monstrum produziert und verwendet werden sollte, konnte aus den vorhandenen Akten nicht entnommen werden. Fakt ist, dass das Projekt im Auftrag des Rüstungsministeriums und damit auf Weisung Hitlers erfolgte. Die Frage nach der taktischen Einsatzmöglichkeit ließ sich nur mit einem Einsatz gegen schwer verbunkerte Stellungen beantworten, von denen 1942/43, nach dem Fall der sowjetischen Festung Sewastopol und der französischen Maginot-Linie, nur noch die britische Festung Gibraltar übrig war. Dazu hatte man schon die nötigen Drehgestelle in »spanischer Breitspur« für das 80-cm-Geschütz »Dora« und für die Tiefladewagen des Panzerkampfwagens »Maus« anfertigen lassen. Die überschwere Geschützbewaffnung, die starke Panzerung im Frontbereich sowie die starken Nahkampfwaffen lassen Vermutungen freien Lauf. Ein urbaner Einsatz wie in Stalingrad konnte wegen der riesigen Abmessungen nicht das Optimum dieses Kampfmittels sein, zumal die Kletterfähigkeit alles andere als optimal gewesen sein konnte. Existierten von Edward Grotes Großkampfwagen nur einige grobe Skizzen und Modelle, entstanden ab dem 4. Februar 1943 von diesem gigantischen Mörser-Projekt Entwürfe, die von einem erfahrenen deutschen Großbetrieb, wie die Firma Krupp einer war, auf das Genaueste geplant und entwickelt wurden. Die ersten beiden Vorentwürfe, die zur Auswahl standen, zeigten zwei verschieden große Fahrzeuge.
Der erste Panzermörser besaß als Geschütz das Kaliber 80 cm und war der Ursprung der Legende eines 1.500 t schweren Panzers mit der bekannten 80-cm-Kanone (E) »Dora«, das man bis heute als größtes Geschütz der Welt

Ein interessanter Größenvergleich zwischen dem 80-cm-Geschütz »Dora« und den Personen davor anlässlich einer Vorführung neuer Waffen am 3. April 1943 in Rügenwalde (Ostpreußen).

bezeichnet. Es entstanden in der heutigen Zeit einige Fantasie-Zeichnungen, die nichts mit der Realität zu tun haben. Das Geschütz »Dora« besaß eine Rohrlänge von 32.480 mm, was der Kaliberlänge von L/40 entsprach, der 80-cm-Panzermörser hatte dagegen eine Rohrlänge von 10.850 mm. Das Gewicht des Geschützrohres der »Dora« betrug 400 t, das Rohrgewicht des Panzermörsers 149 t. Die Geschoss-Anfangsgeschwindigkeit der Betongranate erreichte bei der 80-cm-Kanone (E) »Dora« 720 m/s, bei dem Panzermörser dagegen nur 350 m/s, denn es war als Steilfeuergeschütz nicht auf eine möglichst große Schussweite ausgelegt.

Die einzige Gemeinsamkeit des geplanten 80-cm-Panzermörsers mit der existierenden 80-cm-Kanone »Dora« bestand in der Munition, genauer gesagt in den zu verwendenden Granaten, die aus der vorhandenen 7,0 t schweren Betongranate sowie der 4,8 t schweren Sprenggranate bestand, wie sie schon in der 80-cm-Kanone (E) »Dora« zum Einsatz kam. Zusätzlich sah man vor, dem Charakter des Geschützes entsprechend, noch eine Mörsergranate mit einem Gewicht von 6,0 t und einer Anfangsgeschwindigkeit von 150 m/s zu entwickeln. Die dafür geplante Mündungsenergie betrug entsprechend nur 6.900 m/t. Der große Panzermörser sollte zudem noch über einen Flakturm sowie über einen Flammenwerfer verfügen. Krupp sah noch die Anbringung von Minenrollern vor, ähnlich des sowjetischen Projektes (siehe das vorige Kapitel). Die Abmessungen waren so gigantisch, dass man mit einem Gewicht von 1.800 t rechnete, obwohl die Abmessungen unter denen des Großpanzers P-1000 von Edward Grote lagen. Im Vergleich zum »Grote-Panzer« zeigten sich diese Panzermörser allerdings stark unter-

Hitler, Dr. Müller und Hauptamtsleiter Saur vor der 7 t schweren Betongranate des Geschützes »Dora«, die Krupp auch im 80-cm-Entwurf des Panzermörsers vorgesehen hatte.

motorisiert, was sich in der maximal erreichbaren Schrittgeschwindigkeit äußerte.
Das geplante Leistungsgewicht betrug nur 4,46 PS/t bzw. 6,74 PS/t gegenüber dem »Grote-Panzer« mit respektablen 64 PS/t. Deshalb konnte man die Panzermörser eher als selbstfahrende, schwer gepanzerte Geschütze bezeichnen. Die »kleinere« Variante von beiden besaß einen 60-cm-Mörser und kam auf ein Gewicht von 800 t. Dieses Kaliber besaß ebenfalls schon der in einer Kleinserie von der Firma Rheinmetall hergestellte 60-cm-Mörser »Karl«, auch Gerät 040 genannt, mit dem man ein ähnliches Einsatz-Konzept verfolgte. Dazu ein Vergleich der technischen Daten in der Tabelle.
Der Hauptunterschied des 60-cm-»Karl«-Mörsers zu den geplanten 60-cm- bzw. 80-cm-Krupp-Mörsern bestand in der fehlenden Panzerung. Das machte das »Gerät 040« empfindlich gegen Beschuss von Artillerie und Flugzeugen. Die beiden geplanten kruppschen Panzermörser sollten eine mit 200 mm auffallend starke Panzerung der Decke besitzen, die einen großen Schutz gegen direkte Artillerie-Treffer sowie gegen Luftangriffe versprach. Diese außergewöhnliche Panzerstärke traf auch für den überstarken Minenschutz mit einer 150-mm-Bodenpanzerung im vorderen Abschnitt der Panzermörser zu.
Im Mai 1943 hatte die Firma Krupp sich für den kleineren 60-cm-Mörser entschieden, wobei man Zusatzkomponenten des 80-cm-Mörsers, wie den Flammenwerfer, übernahm, die das geplante Gefechtsgewicht wieder auf über 1.000 t trieben. Der zu produzierende 60-cm-Mörser erhielt die Tarnbezeichnung »Urling«, der wie schon in der Einleitung beschrieben, in etwa bedeutet: »Einer, der am Alten festhält, der auf die Vergangenheit fixiert ist«. Für die geplante Projektierung und Produktion erfolgte die Hinzuziehung anderer namhafter Betriebe wie Daimler-Benz AG, Siemens-Schuckert-Werke AG, Robert Bosch GmbH, Waggonbau Wegemann & Co, Voigt, Eberspächter, Poppe AG, Klatte sowie die Mann Hummel GmbH.
Aufgrund der besonders hohen Geheimhaltung erhielten die einzelnen Abschnitte der Mörser-Konstruktion spezielle Tarnnamen. So bestand der geplante Panzermörser »Urling« aus:

- Dem Gerät »**Veilchen**«, das den kompletten Antrieb umfasste. Für die beinhalteten Dieselmotoren und deren Steuerung war die Firma Daimler-Benz zuständig. Den elektrischen Teil des Antriebes, wie die Doppelgeneratoren, die Elektromotoren und deren Steuerung kannte die Firma Siemens-Schuckert-Werke nur unter den Begriff Gerät »Kran 43«. Für das Maschinenhaus und deren Panzerung war die Firma Krupp verantwortlich.
- Dem Gerät »**Schiller**«, das Projekt für die betreffenden Betriebe, die für die Entwicklung der notwendigen Hydraulikanlagen zum Richten und Laden des Mörsers, der Außenklappen und der Brückenkonstruktion zuständig waren. Dabei griffen die Maßnahmen genauso in das Projekt »Veilchen« wie auch in das Projekt »Lindwurm« ein.
- Dem Gerät »**Lindwurm**«, das zum Beispiel für die Firma Wegemann & Co. das Projekt zweier Flammenwerfer mit 90-m-Reichweite (siehe Tabelle unten) beinhaltete. Die Gehäuse-Konstruktion mit Panzerung sowie das Fahrwerk lagen im Aufgabenbereich der

	60-cm-Panzermörser	**60-cm-Gerät 040 »Karl«**
Gewicht	801 t	120 t
Leistungsgewicht	6,74 PS/t	5,8 PS7t
Rohrlänge	L/21 entspricht 12,3 m	L/8,44
Rohrgewicht	90 t	28,4 t
Höchstgeschwindigkeit	8 km/h	10 km/h
Bodendruck	1,62 kg/cm^2	1,77 kg/ cm^2
Lenkverhältnis	1 zu 1,8	1 zu 2,64
Reichweite	14.000 m	4.000 m
Panzerung	250–100 mm	12 mm
Geschossgewicht	3,0 t	2,2 t
Anfangsgeschwindigkeit	390 m/s	220 m/s
Rückstoß	1.000 t	500 t
Mündungsenergie	23.300 tm	5.400 tm

Firma Krupp, während die notwendigen vier Fahrmotoren von den Siemens-Schuckert-Werken bereitgestellt werden sollten.

Diesen bestehenden Zusammenhang konnte der außenstehende Leser anhand der Aktennummern nur erahnen. Die Geheimhaltung funktionierte so gut, dass bis heute nicht sehr viel über dieses gigantische Projekt bekannt wurde. Über die Hauptbewaffnung, den 60-cm-Mörser, konnten bisher keine detaillierten Unterlagen gefunden werden. Es besteht jedoch die Möglichkeit, dass die noch fehlenden Kleinbuchstaben **b** und **c** (V 25 b-1 und V 25 c-1) in der Krupp-Akten-Nummerierung für diese noch fehlenden Dokumente standen.

Krupp-Akte	**V 251-1**	**V 253-1**
Tarnbezeichnung	**»Urling« Grundsätzliches**	**»Urling« Werkstoffe**
	G/2083 293	G/2084 294
MA-interne Archivnummer	RH8/v 2986 geändert in 2987	RH8/v 2979
V 25 a-1	**V 25 d-1**	**V 25 e-1**
Gerät »Veilchen«	**Gerät »Schiller«**	**Gerät »Lindwurm«**
G/2080 290	G/2081 291	G/2082 292
RH8/v 2980	RH8/v 2978	RH8/v 2985
Maschinenhaus	**Brückenträger**	**Gehäuse**
Panzerung	Panzerung	Panzerung
Eisenkonstruktion	Eisenkonstruktion	Seitenwandpanzer
Türen mit Hydraulik	Bolzenverbindungen	Eisenkonstruktion
Bodenklappe mit	Anbringen der Hilfsträger	Auspuff
Hydraulik	Begehbarkeit	
Bodenluke	Abdichtungen	**Fahrwerke**
Munitionsaufzug	Luftkanäle	Mechanisches Laufwerk
	Luftfilter	Luftfederung
Maschinenanlage		Treibrad mit Getriebe
Einbaumotoren	**Hydraulische Anlagen**	Kettenspannvorrichtung
Auspuffanlagen	Pumpen	Bremse
Brennstoffführungen	Pumpenantrieb	
Kühlwasserleitungen	Akku	**Elektrische Einrichtung**
Schmierölanlagen	Flüssigkeitsbehälter	**mit Antrieb**
Luftführungen	Luftflaschen	Einbau der Fahrmotoren
Zwischengetriebe	Steuerung Höhenrichtmaschine	Belüftung der Fahrmotoren
Lenzanlage	Rohrleitungen	Kabelkupplungen
Elektrische Einrichtung	**Elektrische Einrichtung**	**Flammenwerfer und**
(für SSW der »Kran 43«)	Elektrische Einrichtungen	**M.G.-Stände**
Einbau-Generatoren		Flammenwerfer-Spritzkopf
Fahrschalter	**Munitionierung**	Flammenwerfer-Pumpe
Steuerknüppel	Ansetzer	Flammenwerfer-Rohrleitungen
Bremsantrieb	Aufzug	Flammenwerfer-Steuerung
Kupplungsantrieb	Hubwerk	M.G.-Stand vorn
Gas- und Startergestänge	Mulden	M.G.-Stand Mitte
Schalttafeln		M.G.-Stand hinten
Teleskopanlage		

Der Panzermörser »Urling« war mit den Abmessungen von 22.000 mm Länge x 8.900 mm Breite x 7.000 mm Höhe im Verhältnis zum »Grote-Panzer« kompakter gebaut. Eine Folge davon zeigte sich sicherlich in der relativ kleinen Antriebsanlage des Panzermörsers, die aus acht Daimler-Benz-Schnellboot-Dieselmotoren vom Typ MB 507 in Kombination mit vier Doppelgeneratoren bestand. Diese Kombination entsprach genau dem Prinzip der Zusammenstellung, wie es die Firma Porsche für den Porsche-Typ 205 (Panzerkampfwagen »Maus«) entworfen hatte. Unterschiede bestanden in der Diesel-Motorleistung und elektrischen Daten der Generatoren und Antriebsmotoren.
Bei dem Panzerkampfwagen »Maus« (Fahrgestell-Nummer 205 002) trieb ein aufgeladener Dieselmotor vom Typ MB 512 mit einer Leistung von **1.200 PS** und einer Umdrehung von 2.400 U/min einen direkt gekoppelten Doppelgenerator mit der Leistung von 2 x **450 kW bei 800 Volt** an. Die beiden Fahrmotoren leisteten bei 775 Volt und einer Drehzahl von 1.160 U/min 415 kW. Die Maximaldrehzahl der Motoren lag bei 3.000 U/min. Als Erregerspannung benötigten beide Aggregat-Typen eine Spannung von 48 Volt.
Bei dem Panzermörser »Urling« trieben zwei, über ein Zwischengetriebe gekoppelte, Dieselmotoren vom Typ MB 507 mit je **800 PS** bei einer Umdrehung von 2.200 U/min einen Doppelgenerator mit einer Leistung von 2 x **450 kW bei 900 Volt** an. Als Erregerspannung hatte die Firma Siemens-Schuckert 110 Volt vorgesehen. Mit Hilfe des Zwischengetriebes erreichten die Doppelgeneratoren eine Drehzahl von 2.600 U/min. Durch einen elektrischen Wirkungsgrad von 93,7 % und in Folge der Leistungsaufnahme der Nebenantriebe standen bei einer Dieselmotor-Gesamtleistung von 4.700 kW (6.400 PS) über die Doppelgeneratoren-Gesamtleistung von 3.600 kW an den Antriebsmotoren nur noch eine Gesamtleistung von 3.392 kW (4.612 PS) zur Verfügung.
Das erreichbare Leistungsgewicht des Panzermörsers »Urling« betrug dadurch nur 6,1 PS/t, dagegen lag der Panzerkampfwagen »Maus« mit einem Leistungsgewicht von 6,35 PS/t geringfügig günstiger. Zum Vergleich brachte es der Panzerkampfwagen »Tiger« II mit seinen 68 t Gewicht und seinem 700-PS-Maybach-Motor auf einen Wert von 10,3 PS/t, mit dem dieser Panzer allerdings untermotorisiert war.
Ein weiterer Unterschied zeigte sich anhand der verwendeten Verbrennungs-Motoren. Das Leistungsgewicht eines 12-Zylinder-Dieselmotores MB 507 betrug bei Höchstleistung 0,79 kg/PS, mit den Anbauteilen erreichte er einen Wert von 0,82 kg/PS. Zum Vergleich: der 12-Zylinder Maybach-Benzinmotor HL 230, Standardmotor der schweren deutschen Panzer »Tiger« und »Panther«, brachte es durch ein Eigengewicht von 1.200 kg und eine Höchstleistung von 700 PS nur auf ein Leistungsgewicht von 1,71 kg/PS.

	E-Anlage Panzerkampfwagen »Maus«	**E-Anlage Panzermörser »Urling«**
Doppelgeneratorleistung	2 x 450 kW	2 x 450 kW
Maximale Drehzahl	2.600 U/min	2.600 U/min
Nominale Spannung	560 Volt	
Maximale Spannung	800 Volt	900 Volt
Erreger- oder auch Feldspannung	48 Volt	110 Volt
Leistung Erregermaschine	18 kW bei max. 375 A	2 kW
Spannung	48 Volt	110 Volt
Leistung Konstantspannungsmaschine	5,5 kW	60 kW
Spannung	48 Volt	110 Volt
E-Motorleistung	415 kW bei 1.160 U/min	848 kW bei 1.900 U/min
Maximale Drehzahl	3.000 U/min	3.000 U/min
Maximale Spannung	775 Volt	900 Volt
Nominale Spannung	550 Volt	
Erreger- oder auch Feldspannung	48 Volt	110 Volt

Einer der acht Schnellboot-Dieselmotoren (noch mit einem Schiffswendegetriebe ausgestattet) vom Typ MB 507, die sich besonders durch eine sehr leichte Bauweise auszeichneten.

Technische Daten des Schnellbootmotors MB 507

V-Motor mit	2 x 6 Zylindern
Verdichtung	1 : 17
Bohrung/ Hub	162 mm/180 mm
Hubraum pro Zylinder	3,7 Liter
Gesamthubraum	44,5 Liter
Drehmoment bei Dauerleistung	275,5 mkg
Kraftstoffverbrauch bei Dauerleistung	180 g/PS/h
Marschleistung	650 PS bei 1.730 U/min
Dauerleistung	750 PS bei 1.950 U/min
Vollleistung	850 PS bei 2.200 U/min
Höchstleistung	1.000 PS bei 2.400 U/min
Abmessungen	1.830 mm Länge, 790 mm Breite, 1.060 mm Höhe
Gewicht	790 kg (ohne Anbauteile) bzw. 820 kg komplett

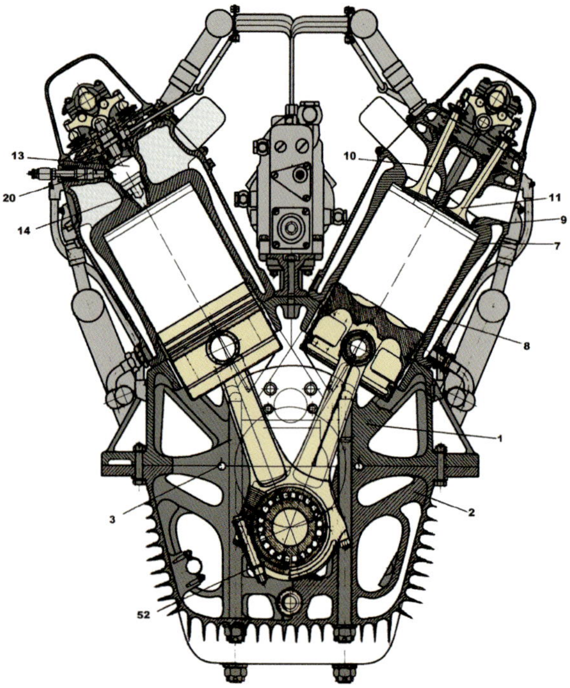

Motorquerschnitt

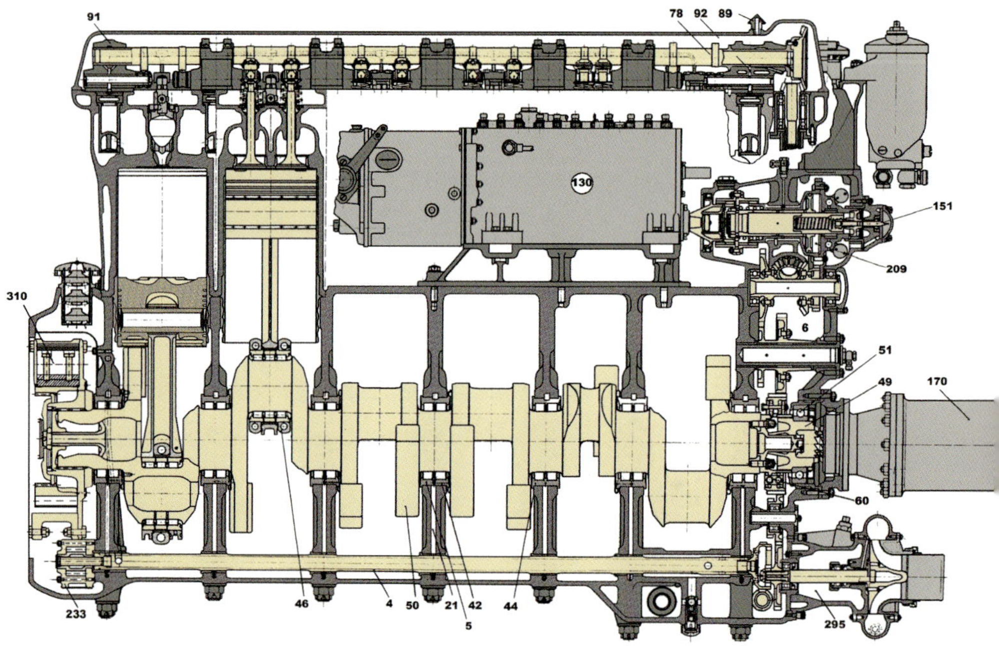

Motorlängsschnitt

1 Kurbelgehäuseoberteil
2 Kurbelgehäuseunterteil
3 Paßrolle Kurbelgehäuse
7 Zylinder
8 Zylinderlaufbuchse
9 Ventilsitz
10 Einlaßventil
11 Auslaßventil
13 Vorkammer
14 Brenner
20 Glühkerze
52 Radiale Motorenölbohrung

4 Motorenölverteilerwelle
5 Kurbelwellenlager
6 Rädertriebwerk
21 Motorenölbohrung Kurbelwellenlager
42 Axiale Motorenölbohrung
44 Kurbelwellenlager ohne Motorenölbohrung (4
45 Kurbelwelle
46 Treibstangenlager
49 Anlasserklaue auf der Kurbelwelle
50 Gegengewicht
51 Axialdrucklager auf der Kurbelwelle
60 Federndes Hauptantriebsrad

78 Rechte Nockenwelle
89 Entlüfter
91 Nockenwellenlager 1
92 Motorenölbohrung Nockenwellenlagerbock
130 Treibölpumpengruppe
150 Lichtmaschine (nicht abgebildet, über 170)
151 Ferndrehzählerantrieb
170 Druckgasanlasser
209 Einspritzbeginnverstellung
233 Motorenölrückförderpumpe Kurbelgehäuseunterteil
295 Frischkühlwasserpumpe
310 Motorkupplung

Diese acht Daimler-Benz-Dieselmotoren hatte man über zwei Ebenen verteilt. Aus schwingungstechnischen Gründen bestand ein Maschinendeck aus jeweils links- und rechtdrehenden Motoren, da die Drehrichtung der Dieselmotoren sich problemlos ändern ließ. Die zwei jeweils zusammenwirkenden Dieselmotoren, verantwortlich für einen Doppelgenerator, standen übereinander. Immer zwei Einzelgeneratoren trieben einen von den vier elektrischen Fahrmotoren an. Diese Fahrmotoren saßen an je einem Antriebsrad und leisteten bei einer Höchstspannung 900 Volt und einer maximalen Drehzahl von 1.900 U/min jeweils 848 kW.

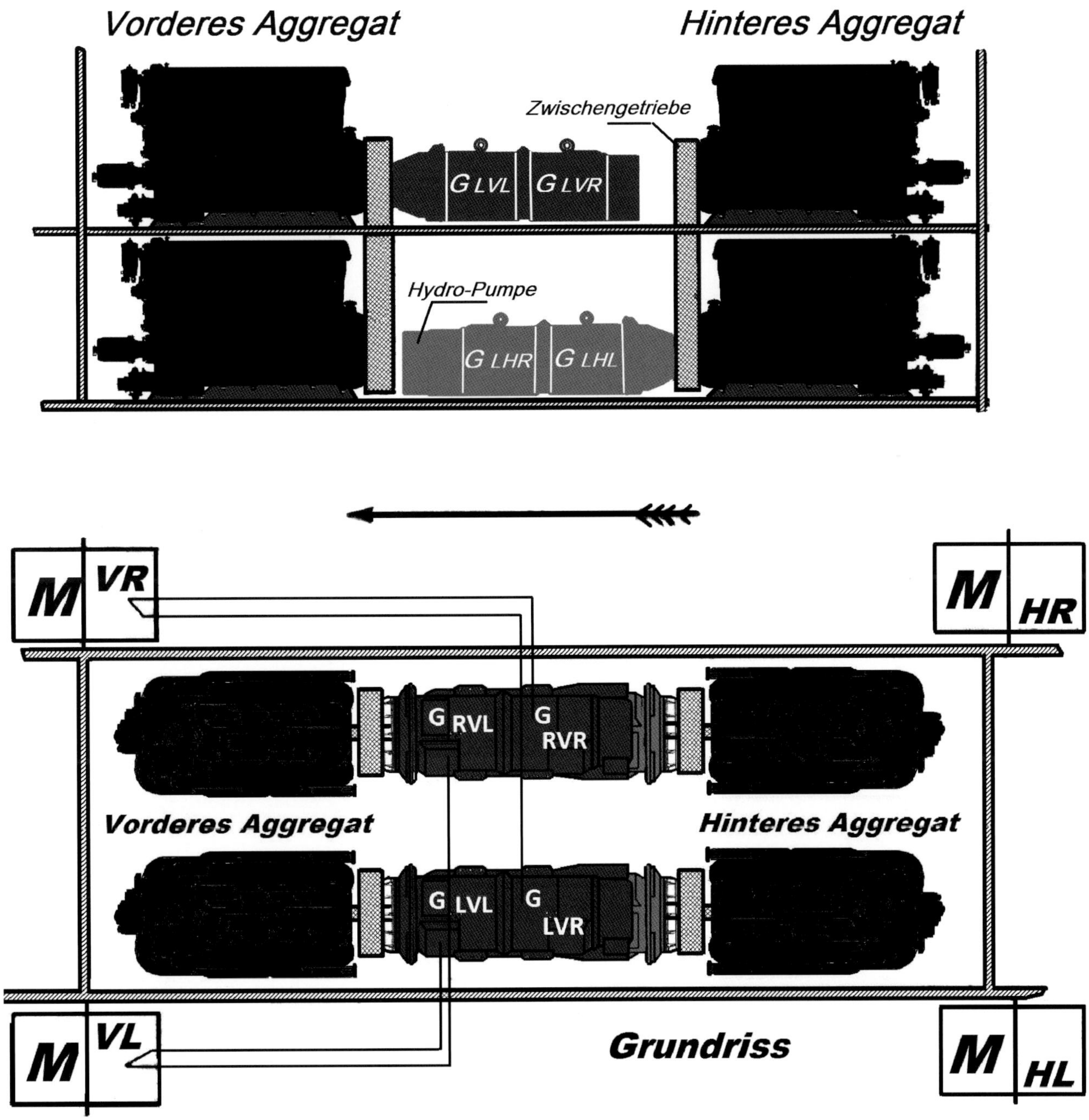

Der Auf- und Grundriss der Antriebsanlage, die man aus Tarnungsgründen als »Gerät Veilchen« bzw. Gerät »Kran 43« bezeichnete.

Die Firma Siemens-Schuckert-Werke hatte dazu ein besonderes Antriebsschema entwickelt: Immer zwei Dieselmotoren trieben einen Elektromotor an, so dass bei Ausfall eines Dieselmotors immer noch ein Vortrieb, wenn auch verlangsamt, möglich war. So trieb zum Beispiel der erste Einzelgenerator (G-LVL) des oberen Doppelgenerators vorn links sowie der erste Einzelgenerator (G-RVL) des oberen Doppelgenerators vorn rechts gemeinsam den Fahrmotor (M-VL) vorn links an. Der rechte Fahrmotor erhielt seinen Antrieb entsprechend von den beiden hinteren Einzelgeneratoren (G-LVR und G-RVR). Die unteren Doppelgeneratoren versorgten nach diesem Schema dementsprechend die hinteren beiden Fahrmotoren (siehe Zeichnungen), also der Motor hinten links vom Generator LHL und RHL und der Motor hinten rechts vom Generator LHR und RHR.
Alle Doppelgeneratoren besaßen, analog zum Panzerkampfwagen »Maus«, zusätzlich noch einen angeflanschten Hilfsgenerator. Diese Hilfsgeneratoren (in den Unterlagen auch als »Erregermaschine« bezeichnet) erzeugten eine Spannung von 110 Volt bei einer Leistung von 2 kW. Diese Generatoren dienten, wie der Name schon sagt, zur Erregung der Hauptgeneratoren und der Antriebsmotoren. Die Hauptabmessungen des Maschinensatzes, also Doppelgenerator ohne Lüfter-Öffnung, betrugen in der Länge etwa 2.300 mm und im Durchmesser 840 mm.
Diese beiden unteren Doppelgeneratoren besaßen zusätzlich zu den Hilfsgeneratoren noch zwei angeflanschte Hydraulik-Hauptpumpen, die über die als »Akkus« bezeichneten Druckspeicher die Hydraulikverbraucher versorgen sollten (siehe auch Gerät »Schiller«). Die Kühlung der Doppelgeneratoren sowie die Fahrmotoren erfolgte mit Hilfe von Gebläsen. Dazu saß am antriebsseitigen Wellen-Ende eines Doppelgenerators ein kräftiger Lüfter, der die Kühlluft durch einen Mantelraum zur Mitte des Maschinensatzes beförderte, von wo sie dann verteilt wurde (wie bei dem Panzerkampfwagen »Maus«). Die Dieselmotoren besaßen dagegen eine Wasserkühlung, die neben den Doppel-Wasserpumpen aus insgesamt zwölf Kühlern bestand. Dabei teilten sich zwei Dieselmotoren einen Wasser-Kühler. Die anderen Kühler dienten der separaten Auspuff- und Ölkühlung sowie den beiden Konstantspannungs-Maschinensätzen. Um die Warmluft aus den Kühlerräumen abzusaugen, installierte man 20 Lüfter, die eine Leistung von 400 PS benötigten. Deren Antrieb übernahmen von den Zwischengetrieben ausgehende Nebenwellen. Die Verbindung zwischen Dieselmotor und Doppelgenerator realisierte Daimler-Benz über eine MAN-Renkkupplung.

Da die Regelung des elektrischen Systems mittels eines Leonard-Satzes erfolgte, kamen zwei Maschinensätze mit Konstantspannungs-Generatoren zur Erzeugung der Regelspannung zum Einbau. Diese gaben bei 110 Volt eine maximale Leistung von 60 kW ab. Der Antrieb dieser Generatoren erfolgte, unabhängig von den Hauptmaschinen, mittels zweier Vierzylinder-Dieselmotoren mit 80 PS bei 2.600 U/min. Als Hersteller hatte man, da Daimler-Benz nicht liefern konnte, entweder die Firmen Borgward oder Hanomag vorgesehen. Dieses Prinzip entsprach dem in dem Panzerkampfwagen »Maus« verwendeten Schalt-Schema, in dem zuerst die beiden kleinen Dieselmotoren gestartet wurden, die ihrerseits die gekoppelten Gleichstrom-Generatoren antreiben sollten. Diese Generatoren konnten damit die an die vier Doppelgeneratoren montierten Hilfsgeneratoren antreiben, die in diesem Fall als Motoren arbeiteten. Dieser erzeugte Antrieb konnte so die an die Doppelgeneratoren angeschlossenen 12-Zylinder-Dieselmotoren zum Starten bringen. Da immer zwei Motoren fest über ein Zwischengetriebe verbunden waren, konnten so immer zwei Diesel-Motoren gleichzeitig gestartet werden. Standardmäßig erfolgte das Anlassen der Motoren mittels Druckluft. Dafür hatte Daimler-Benz eine Pressluftanlassvorrichtung vorgesehen, die direkt am MB 507-Dieselmotor angeschlossen sein sollte.
Die Motoren besaßen dazu ein zusammengefasstes Bediengerät, von wo man die jeweiligen Anlassleitungen zu den Luftverteilern an den Zylinderblöcken führte. Für je zwei Dieselmotoren standen vier Pressluftflaschen mit 26 Litern pro Flasche zur Verfügung. Zusätzlich hatten die Dieselmotoren angeflanschte Kompressoren zum Aufladen der Druckluftflaschen. Das Anlassen der Dieselmotoren mittels Druckluft besaß noch den Vorteil, dass durch das gemeinsame Getriebe in den starr verbundenen Rotoren der Generatoren eine Überschussenergie aufgespeichert und dadurch das Anspringen der Motoren erleichtert werden konnte. Zum Laden der Batterien des 24-Volt-Bordnetzes hatte Daimler-Benz zwei der acht MB 507-Diesel-Motoren mit angeflanschten 24-Volt-Lichtmaschinen vom Typ GQLM 1000/24 ausgerüstet. Die verwendeten Kühlluftfilter der Dieselmotoren waren »Mann-Hummel«-Filter mit 120 Axialzellen. Da man eine Ansaughöhe von etwa 5.000 mm über dem Boden vorsah, rechneten die Entwickler damit, dass relativ saubere Luft angesaugt würde, sodass zu überlegen war, ob der geplante Zyklonfilter eingespart und statt dessen nur ein einfacherer Nassluftfilter verwendet werden konnte.

Die Bilder und die Zeichnung zeigen den 800-Volt-Doppelgenerator Typ GV-305/30 der Firma Siemens-Schuckert des Panzerkampfwagens »Maus«, der 2 x 450 kW leistete. Der im Panzermörser »Urling« verwendete Doppelgenerator war prinzipiell baugleich, nur aufgrund der Leistung von 2 x 450 kW bei 900 Volt war er gegenüber dem Panzerkampfwagen »Maus« etwas größer ausgelegt. Die Firma Siemens-Schuckert hatte in diesem Fall statt des in der »Maus« verbauten 48-Volt-Hilfsgenerators Typ GV-295/13 einen 110-Volt-Hilfsgenerator zur Erzeugung einer Erregerspannung für Generator und E-Motor angeflanscht.

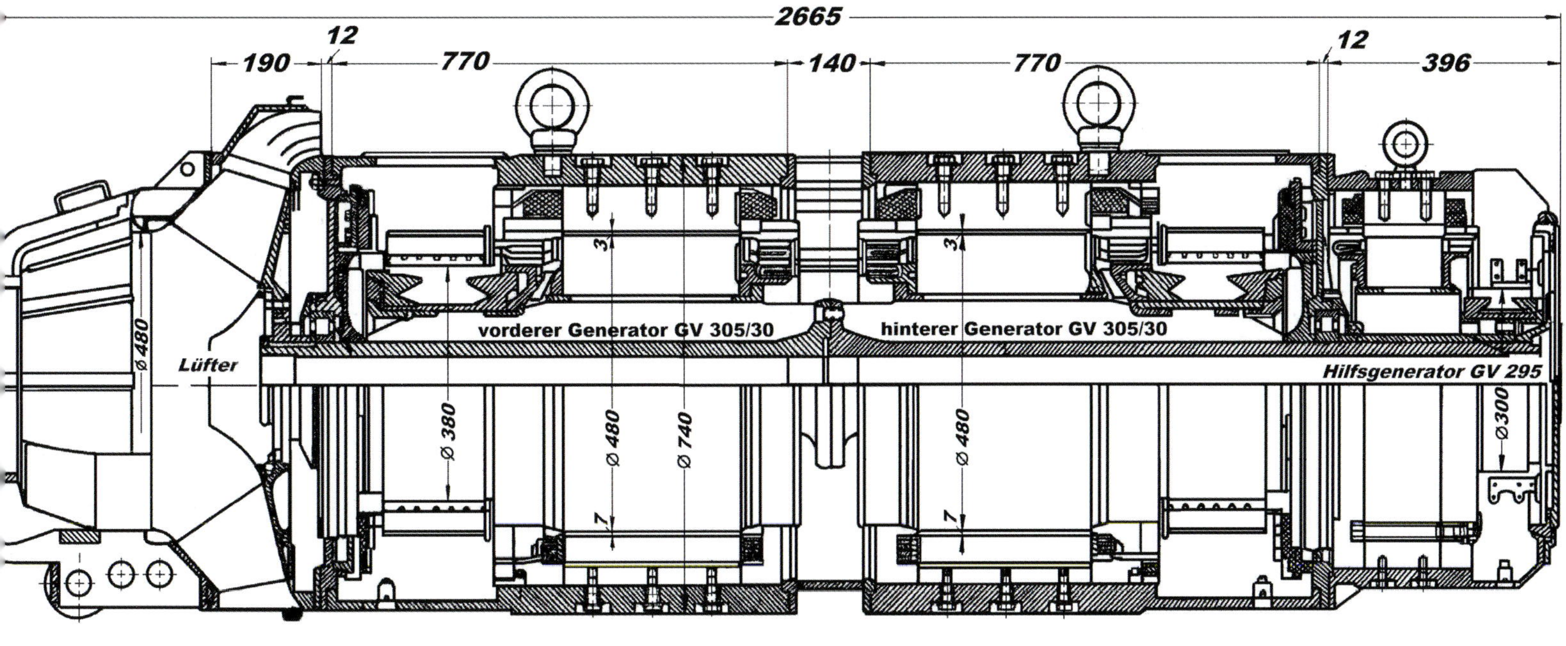

Die 1,87 t schweren Fahrmotoren vom Typ-D 2185a der Firma Siemens-Schuckert am Beispiel des Panzerkampfwagens »Maus«. Betrieben mit 800 Volt, erzeugte dieser Motor eine Leistung von 415 kW bei 1.160 U/min. Die maximale Drehzahl erreichte der Motor mit 3.100 U/min. Der elektrische Wirkungsgrad betrug 93,7%.

Die vier luftgekühlten Fahrmotoren Typ-DW 307701 benötigten eine Nennspannung von 625 Volt, wobei die höchste Ankerspannung 900 Volt betragen konnte. Diese Motoren erreichten mittels einer Erregerspannung von 110 Volt und einer Leistung von 5 kW einen Nennstrom von 1.600 Ampere. Die abgegebene Leistung pro Motor betrug nach Abzug der Verluste 845 kW. Die Elektro-Motoren gaben die Kraft über vier Treibradgetriebe mit einer Übersetzung von 1:47,8 an die 1.340 mm großen Treibräder weiter. Zuvor hatte man eine Übersetzung von 1: 51 vorgesehen, was ein 1.420 mm großes Antriebsrad notwendig gemacht hatte.

Die größte Zugkraft betrug insgesamt 900 t bei einer Geschwindigkeit von 1,25 km/h. Das bedeutete für jede einzelne Kette eine maximale Zugkraft von 225 t. Bei der möglichen Höchstgeschwindigkeit von 10 km/h betrug die Zugkraft insgesamt noch 107 t. An den Fahrmotoren hatte die Firma Krupp jeweils eine hydraulische Feststellbremse installiert. Die Betätigung der vier Trommelbremsen erfolgte mit Hilfe des schon vorhandenen Hydrauliksystems des Projektes »Schiller«. Durch ihre Nähe zu den Elektromotoren sollten diese Bremsen möglichst nur im Stillstand verwendet werden, um die Übertragung thermischer Probleme auf die Lager der Fahrmotoren und deren Schädigung zu vermeiden.

Als Betriebsbremse sahen Krupp und Siemens-Schuckert, wie schon bei dem Panzerkampfwagen »Maus« erprobt, eine elektrische Bremseinrichtung vor. Dazu hatten die Ingenieure geplant, dass die Bremsung vollautomatisch einsetzen sollte, sobald die Fahrmotoren vom Fahrzeug her angetrieben wurden. Dafür musste der Fahrer den Fahrtregler nicht verstellen. Dessen erzeugte Energie speiste die jetzt als Elektromotor funktionierenden Doppelgeneratoren.

Die gekoppelten Dieselmotoren arbeiteten dadurch als Kompressor, wobei die erzeugte Druckluft durch die Auslassventile gedrückt werden sollte. Hinzu kam noch die innere Reibung der drehenden Dieselmotoren, um die erwünschte Bremsleistung zu erzeugen. Die Bremsleistung des Dieselmotors MB 507 betrug bei vollständig abgestelltem Motor rund 200 PS bei einer Drehzahl von 2.300 U/min. Um ein Überdrehen des Motors zu verhindern, besaß der Dieselmotor einen Drehzahlregler an der Bosch-Einspritzpumpe, der den geforderten Drehzahlbereich von 450 U/min bis 2300 U/min einhielt, indem er die Einspritzmenge des Motors beeinflusste. Lief der Motor im Leerlauf, konnte nur eine Bremsleistung von 140 PS pro Motor erreicht werden, während bei abgestelltem Motor, also ohne Kraftstoffeinspritzung, wie beschrieben, 200 PS erreichbar sein konnten. Da allerdings noch die Nebenaggregate eine innere Reibung besaßen, ergab sich das folgende Bild:

- 330 PS Bremsleistung für zwei Dieselmotoren einschließlich deren Lüfter.
- 30 PS Bremsleistung für den Lüfter eines Doppelgenerators.
- 33 PS Bremsleistung für den Lüfter eines Fahrmotors einschließlich der Verluste in dem Konstantspannungs-Maschinensatz (18 kW).
- 6 PS Bremsleistung für die Erregerleistung der Generatoren.
- 10 PS Bremsleistung für die Erregerleistung eines Fahrmotors.

Dies ergab eine Gesamt-Bremsleistung von 409 PS pro Maschinensatz und damit 1.636 PS für das Gerät insgesamt. Als besonders wichtig sah man eine Drehzahlüberwachung an, damit es zum Beispiel bei einer Bergabfahrt zu keinem Überdrehen der Dieselmotoren kommen konnte. Dazu wollte man, neben einer Warnlampe, einen Fliehkraftschalter verwenden. Die Professor Porsche KG hatte für den Panzerkampfwagen »Maus« einen sehr kleinen Fliehkraftschalter entwickelt, für den sich die Firmen Krupp und Siemens-Schuckert sehr interessierten. Diese Schalter sollten an den Doppelgeneratoren und an den Fahrmotoren montiert werden und bei einer Generatordrehzahl von 3.000 U/min ansprechen, was der maximalen Dieselmotordrehzahl von 2.550 U/min, die höchstens für fünf Minuten benutzt werden durfte, entsprach. Bei Überschreitung sollte automatisch die hydraulische Bremse aktiv sowie die Kraftstoffzufuhr gedrosselt werden.

An den Fahrmotoren lag die Ansprechdrehzahl bei 2.300 U/min. Die hydraulische Bremse sollte erst wieder freigegeben werden, wenn alle Drehzahlen wieder in den zulässigen Grenzen lagen. Doch diese automatische Schaltung fand letztendlich keine Zustimmung, da die dabei eintretende Drosselung der Dieselmotorleistung bis zur Freigabe der Bremse nicht erwünscht war. So blieb es bei der Warnlampe. Bei einem Aufleuchten hatte der Fahrer den Fahrtregler unverändert stehen zu lassen und so lange mechanisch zu bremsen, bis die Lampe wieder erloschen war.

Das Instrumentenbrett, wohl eher Instrumententafel, des Fahrers war beeindruckend groß:

- Je Dieselmotor einen Drehzahlmesser, also acht Instrumente.
- Je Dieselmotor ein Öldruckmanometer, also acht Instrumente.
- Je Dieselmotor ein Druckluftmanometer für Anlassluft, also acht Instrumente.
- Je Dieselmotor eine Temperaturanzeige für Kühlwasser, also acht Instrumente.
- Je Dieselmotor eine Temperaturanzeige für Motoröl, also acht Instrumente.
- Je Dieselmotor eine Kraftstoffvorratsanzeige, also acht Instrumente.
- Je Dieselmotor zwei Pyrometer (Strahlungsthermometer der Auspuffkühlung), also 16 Instrumente.
- Je Dieselmotor ein Vorglühschalter für die Glühkerzen, also acht Schalter.

Dies bedeutete allein 64 Instrumente zur Antriebsüberwachung der Daimler-Benz-Dieselmotoren. Von den Instrumenten des elektrischen Teils wie Volt- und Amperemeter sowie diversen Warnlampen ganz zu schweigen, wie am Beispiel des Panzerkampfwagens »Maus« nachvollzogen werden konnte. Jeder Generator besaß ein Voltmeter für die Ankerspannung, ein Amperemeter für den Ankerstrom sowie ein Amperemeter für die Erregung. Dazu noch ein Amperemeter für den Erregerstrom des Fahrmotors. Die Summe bei acht Generatoren und vier Motoren betrug 28 weitere Instrumente. Als allgemeine Instrumente fehlten noch der Tachometer (die »Maus« besaß für jede Kettenseite einen Tacho), Ladestromanzeige für die Batterien, ein Steigungsmesser und der übliche Kurskreisel. Der Fahrzeugführer hatte etwa 100 Instrumente vor sich, so dass der Einsatz eines Bordmechanikers notwendigerweise eingeplant sein musste.

Das nächste Teilgebiet der »Urling«-Konstruktion betraf den 60-cm-Mörser L/20,5, über den leider nicht mehr viele Informationen zu bekommen waren. Grundlage für die Mörser-Konstruktion bildete der Entwurf eines 60-cm-Mörsers mit dem Decknamen »Ulrich«. Die Entwicklung dieses Geschützes erfolgte ab Mitte 1943 aus einem 60-cm-Geschütz, das als »Gerät 36« bezeichnet wurde. Der kurzläufige Mörser mit der Rohrlänge von L/8 sollte mit einer 1,5 t schweren Granate eine Anfangsgeschwindigkeit von 250 m/s erreichen. Das Geschützrohr L/8 besaß ein Gewicht von 30 t. Das Geschützrohr des geplanten 60-cm-Mörsers »Urling« mit der Rohrlänge von L/20,5 wog dagegen 81 t. Dessen Wiege besaß vier Rücklaufbremsen und einen Vorholer-Zylinder, die den Rücklaufweg auf 1.500 mm zu begrenzen hatten. Die Rückstoßkraft betrug am Hornring 1.300 t. Die hydraulisch angetriebene Höhenrichtmaschine ermöglichte einen Richtbereich von 0° bis 70°. Ebenfalls hydraulisch erfolgte die

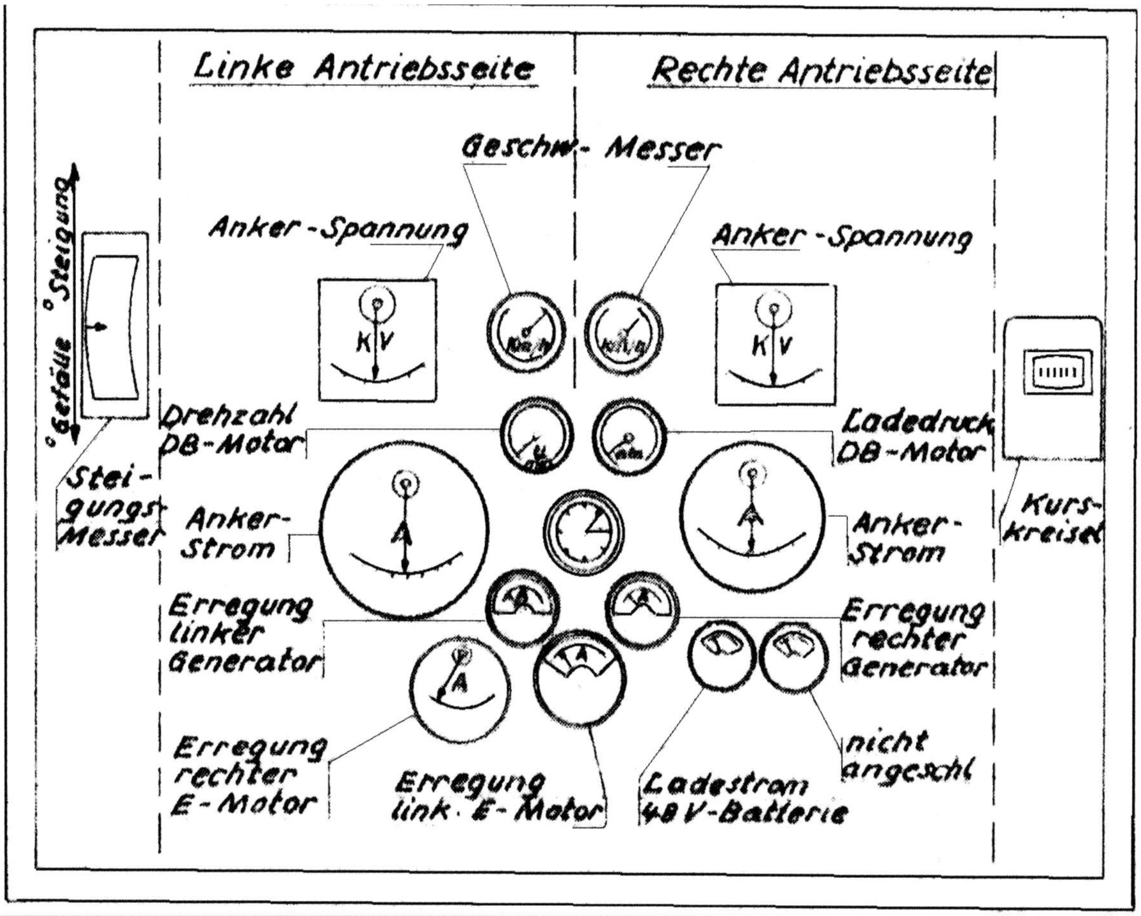

Als Beispiel ist hier die Hilfsarmaturentafel von »Maus« I für nur einen Doppelgenerator zu sehen. Man kann davon ausgehen, dass diese Instrumente von Siemens auch beim »Urling« Verwendung gefunden hätten, ausgelegt entsprechend für acht Doppelgeneratoren und vier Fahrmotoren.

Munitionierung mittels eines Aufzuges, die Betätigung des Verschlusses sowie der Ansetzer zum Laden der Munition. Der Munitionsvorrat betrug acht Schuss, der in einer Art Magazin untergebracht werden sollte.
Dieser Konstruktionsabschnitt fiel in den Projektzweig des Gerätes »Schiller«. Die Hydraulikanlage bestand aus zwei Haupt-Pumpen mit einer maximalen Förderleistung von je drei Litern in der Sekunde bei einer Drehzahl von 500 U/min. Der Pumpenantrieb erfolgte über einen Nebenantrieb der beiden unteren Doppelgeneratoren. Dabei erzeugten die Hydraulik-Pumpen einen Förderdruck von 120 kg/cm² bis 140 kg/cm². Um Reserven bei plötzlichen Verbrauchsspitzen zu besitzen, verwendeten die Ingenieure zwei Druckbehälter, die sie in den damaligen Dokumenten als »Akku« bezeichneten. Dieses geplante Hydrauliksystem musste folgende Verbraucher versorgen:

- die Höhenrichtmaschine,
- den Verschluss,
- den Ansetzer,
- den Munitionsaufzug,
- die Bodenklappe,
- die Schiebetür in der Rückwand,
- die Panzerschürzen,
- die Flammenwerfer,
- die Bremsen.

Einen weiteren Projektzweig stellte das Gerät »Lindwurm« dar. Wie aus der Übersicht ersichtlich, bestand das Projekt aus der Gruppe Panzerung des Gehäuses, dem mechanischen Laufwerk mit der Luftfederung, dem Treibrad mit dem Getriebe, den Kettenspannern sowie den Betriebs- und Haltebremsen. Zum Fahrwerksbau gehörte auch der Einbau der vier elektrischen Fahrmotoren. Das Laufwerk und die Ketten ähnelten sehr dem des Panzerkampfwagens »Maus«. So betrug der Durchmesser einer der 128 Laufrollen des »Urling« 530 mm, der Laufrollendurchmesser der »Maus« 550 mm. Die Kettenbreite einer Einzel-Kette betrug 1.175 mm bei dem Panzermörser »Urling« und 1.100 mm Kettenbreite bei dem Panzerkampfwagen »Maus«. Die maximale Belastung einer Laufrolle während der Fahrt sollte 8,1 t betragen, während des Schusses dagegen rechnete Krupp mit einer maximalen Belastung von 13,2 t pro Laufrolle.
Neben den zum Projekt gehörenden MG-Ständen mussten die Firmen auch die Flammenwerfer-Anlage installieren. Als Auftragnehmer für die Flammenwerfer-Anlage trat die Firma Waggonfabrik Wegmann Co. AG aus Kassel auf. Diese Firma besaß schon Erfahrung im Flammenwerferbau durch die Montage des »Flammpanzers« II auf dem Fahrgestell des Panzers II. Dieser besaß zwei Flammenwerfer in kleinen Drehtürmen auf den Kettenabdeckungen, die mit einem Schwenkbereich von 180° eine Reichweite des Flammenstrahls von 35 m erreichten. Nach den Problemen besonders im Häuserkampf um Stalingrad erfolgte die Herstellung eines »Flammpanzers« III auf Basis des Panzers III. In diesem Fall montierte die Firma Wegmann ein Flammenstrahlrohr in die Halterung des zuvor entfernten Koaxial-MGs 34. Das Flammenstrahlrohr besaß eine 14-mm-Düse, die man mit einem Mantelrohr verkleidet hatte. Als Vorrat stand ein Flammenöltank von 1.000 Litern zur Verfügung.
Der Druckaufbau von 15 kg/cm² erfolgte mittels eines 1,1-Liter-DKW-Zweitaktmotors. Statt der geforderten Reichweite des Flammenstrahls von 60 m konnten in der Praxis nur Flammenstöße von 35 m erreicht werden. So fanden am 9. April 1943 in Kassel Gespräche zwischen Vertretern der Firmen Krupp und Wegmann & Co. über eine neue Flammenwerfer-Konstruktion statt. Die Firma Krupp stellte sich die Verwendung der vorhandenen Druckbehältern der Hydraulikanlage vor, die ausreichende Kapazität besaßen, um fünf bis sechs Feuerstöße aus den Flammenwerfern sicherzustellen. Danach musste eine Pumpe die Speicher möglichst rasch wieder auffüllen. Als wichtig bewertete man das plötzliche Öffnen der Spritzdüse. Innerhalb der Düse befand sich ein Absperrschieber. Dieser besaß zudem den Vorteil, dass kein Flammenöl mehr nachlaufen konnte, welches dem Feind als leichter Zielpunkt dienen konnte. Um ein sicheres Zünden des Strahles zu erreichen, verwendete Wegmann eine sehr feine Düse, die an eine Nebenleitung angeschlossen wurde. Den erzeugten feinen Nebel brachte eine Zündkerze zum Entzünden. Für ein sicheres Zünden sollten stets zwei Düsen und zwei Zündkerzen vorhanden sein. Der Zündfunke wurde durch eine Induktionsspule mit Summer und Kondensator gespeist. Für eine optimale Reichweite des Feuerstrahls musste der Strahl möglichst lange gebündelt bleiben. Um dies zu erreichen, bedarf es einer exakten Abstimmung zwischen Anfangsgeschwindigkeit und Düsendurchmesser. Für eine Reichweiten-Verkürzung mittels Druckverminderung hatte die Firma Wegmann gute Erfahrungen gesammelt, allerdings nur in kleinen Grenzen. Zweckmäßiger sah man eine Höhenrichtung des Spritzkopfes zur Wurfweiten-Regulierung. Nachstehende Tabelle zeigt die ausgeführten Flammenwerfer der Firma Wegmann mit ihren unterschiedlichen Reichweiten:

Reichweite	45–50 m	60 m	90 m
Auswurfmenge	6–7 Liter/s	7–8 Liter/s	15 Liter/s
Druck	13–14 kg/cm²	16 kg/cm²	20–22 kg/cm²
Düsendurchmesser	12 mm	14 mm	18 mm
Pumpenleistung	22–25 PS	28 PS	90 PS
Anfangsgeschwindigkeit	58 m/s	48 m/s	60 m/s

Letztere Anlage war die geeignetste Variante. Die Firma Krupp beauftragte Diplom-Ingenieur Bode von der Firma Wegmann, dazu eine Kolbenpumpe zu entwerfen, die unter Ausnutzung des vorhandenen Druckbehälters das Flammenöl mit einem Druck von 20 bis 22 kg/cm² ausspritzen sollte. Für die Entwicklung und Lieferung der Flammenwerfer-Anlage erhielt die Firma Wegman & Co. einen Auftrag, den man unter der höchsten Dringlichkeitsstufe DE 4818-0183/43 einstufte. Es musste allerdings noch die Unterbringung des Spritzkopfes mit einer 180°-Seitenrichtung untersucht werden. Am 16. September 1943 trafen sich die Teilnehmer erneut zu einer Besprechung. Dazu lagen die schematische Anordnung für eine Flammenwerfer-Anlage für ein »größeres« Panzerfahrzeug und der Entwurf einer Doppelkolbenpumpe vor. Daraus war ersichtlich, dass die Doppelkolbenpumpe durch eine Druckflüssigkeit aus einem Druckbehälter angetrieben wurde.

Bei jedem Hub sowohl nach links als auch nach rechts förderten die Außenkolben Flammenöl durch einen betätigten Außenschieber zum Spritzkopf. Der manuell betätigte Steuerschieber gab wahlweise die Kolbenpumpe für die linke oder die rechte Seite frei. Diese Kolbenpumpe war ungewöhnlich, da sonst bei Flammenwerfern eine Kreiselpumpe benutzt wurde. Der Ingenieur Bode hatte prinzipiell nichts gegen diese Anordnung, gab aber zu verstehen, dass durch die übliche Verunreinigung des Flammenöles in Form von Teer, kleinen Steinchen und Säuren die Verwendung von Manschetten jeglicher Art zur Abdichtung der Kolben unmöglich sein musste. Die Kolbenabdichtung konnte nur mit Hilfe von Kolbenringen erfolgen. Auch sollten die Steuerelemente leicht zugänglich sein, um sie, bedingt durch die starke Verunreinigung des Flammenöles, jederzeit reinigen zu können.

Es liefen auch Versuche mit besonders reinem Flammenöl. Mit Diesel als Flammenmittel hatte Wa Prüf 5 schon Versuche durchgeführt, die allerdings nicht zufriedenstellend verliefen. Ein weiteres Problem mit dem Flammenöl gab es bei Temperaturen unter -25° Celsius. Um das zähflüssige Flammenöl bei diesen Temperaturen benutzen zu können, hatte die Firma Wegmann eine Beheizung des Spritzkopfes vorgesehen. Als wichtig erachtete Ingenieur Bode, dass sowohl der Druck als auch die Geschwindigkeit des Flammenstrahls gleichmäßig gehalten werden mussten. Bei einem Druckabfall der Hydraulik-Druckbehälter von 140 auf 120 kg/cm² ergab sich ein Druckabfall von 23 kg/cm² auf 20 kg/cm² im Flammenölstrahl. Es erfolgte der Hinweis, dass die geforderten 90 m Wurfweite einen verhältnismäßig großen Vorrat an Flammenöl erforderten. Als Vergleich nannte Ingenieur Bode bei 50 m Wurfweite und 14 mm Düsendurchmesser einen Vorrat von 1.000 Liter Flammenöl. Es folgte die Vorlage von vier bereits ausgeführten Flammenwerfer-Anlagen und Entwürfe der Firma Wegmann & Co:

1. Der Entwurf eines Strahlrohres im MG-Lager des Panzerkampfwagens III zeigte eine Anlage mit Fußbetrieb und einer Nadel am Spritzkopfende. Diese Nadel hatte man auch für den Krupp-Entwurf vorgesehen.
2. Der Entwurf eines um 8° waagerecht und senkrecht schwenkbaren Spritzkopfes. Allerdings hatte man diesen Entwurf inzwischen aufgegeben, da die verwendeten Gummi-Schläuche aus den oben genannten Gründen einer starken Zerstörung unterlagen.
3. Der Entwurf eines waagerecht und senkrecht schwenkbaren Spritzkopfes. Der schwerpunktmäßig ausbalancierte Spritzkopf konnte mittels Zahnradgetriebe in der senkrechten Achse geschwenkt werden.
4. Der Entwurf einer 90-m-Flammenwerfer-Anlage für den Panzerkampfwagen »Maus«. Eine Höhenrichtung konnte nur mit Hilfe der Druckregulierung erfolgen. In der Waagerechten war der kleine turmartige Aufbau um 180° schwenkbar. Die Übertragung der Drehbewegung in den Flammenöl-Leitungen erfolgte mittels eines Verbindungsgelenkes. Um das Flammenöl vor dem Austritt aus dem Düsenkopf in seinem Fluss zu beruhigen, hatte man eine leichte Bogenführung von 1.500 mm bis 2.000 mm vorgesehen.

Der linke schwenkbare 90-m-Flammenwerfer am Holzmodell des Panzerkampfwagens »Maus«.

Während die Konstruktion schon sehr weit gediehen war, bereitete die notwendige Materialbereitstellung erhebliche Probleme. Am 6. Mai 1943 übergab der Direktor von Krupp, Professor Dr. Müller, den gesamten Rohstoffbedarf zum »Urling«-Projekt an Hauptdienstleiter Saur vom Reichsministerium für Bewaffnung und Munition. Die detaillierte Aufstellung beinhaltete allein **46.040 t an legiertem und unlegiertem Stahl** sowie weitere **305 t an Nichteisenmetallen, davon allein 200 t Kupfer**. Dies ergab für die geplanten fünf Fahrzeuge einen Materialbedarf **pro Fahrzeug von 9.208 t legiertem und unlegiertem Stahl** und etwa **40 t Kupfer**, wobei in dieser Menge bereits das Reserverohr und die Munition eingerechnet waren.

Zum besseren Vergleich dazu benötigte die Herstellung

- eines 188 t schweren PPanzerkampfwagens »Maus« 280 t Rohstahl,
- eines 69 t schweren »Tiger« B (44 t unleg. und 76 t legiert) 120 t Rohstahl,
- eines 44,5 t schweren »Panther« D (34 t unleg. und 44 t legiert) 78 t Rohstahl,
- eines 25 t schweren Panzer IV 39 t Rohstahl. [35]

Ein weiteres Beispiel für den gewaltigen Materialbedarf des »Urling«-Projekts zeigte sich im Vergleich mit dem benötigten Rohstahlbedarf für die laufende monatliche Panzerproduktion der Firma Krupp, der für den Zeitraum Mitte 1943 13.600 t Rohstahl für sämtliche produzierten Panzertypen vorsah. Von der geforderten Menge von 46.040 t sollte schnellstens das für das dritte Quartal 1943 benötigte Material von rund 4.030 t Stahl und 20 t Kupfer bereitgestellt werden, um mit der Montage des ersten Gerätes beginnen zu können.

[35] Der Panzer-Kampfwagen Tiger und seine Abarten, S.138; Panzerfertigung im Zweiten Weltkrieg.

Zeit	Stahl	Kupfer	Gerät 1	Gerät 2	Gerät 3	Gerät 4	Gerät 5	Rohre	Munition
3.Q.1943	4029 t	19,845 t							
4.Q.1943	4029 t	19,845 t							
1.Q.1944	4029 t	19,845 t							
2.Q.1944	4029 t	19,845 t							
3.Q.1944	4029 t	19,42 t							
4.Q.1944	4029 t	19,32 t							
1.Q.1945	4029 t	19,3 t							
2.Q.1945	4029 t	19,3 t							
3.Q.1945	4029 t	19,3 t							
4.Q.1945	4029 t	19,3 t							
1.Q.1946	1820 t	0,965 t							
2.Q.1946		0,965 t							
3.Q.1946		0,965 t							
4.Q.1946		0,865 t							
1.Q.1947									
Summe	46040 t		**9208 t Stahl**	**9208 t Stahl**	**9208 t Stahl**	**9208 t Stahl**	**9208 t Stahl**		
		Ist 199 t	**40 t Kupfer**	**40 t Kupfer**	**40 t Kupfer**	**40 t Kupfer**	**40 t Kupfer**		

Am 1. Juni 1943 teilte Dr. Weinwurm, der zuständige Vertreter für Rohstoffzuweisung beim Rüstungsamt, der Firma Krupp mit, dass der schriftliche Auftrag für das Material für die Produktion des »Urling« von Rüstungsminister Speer unterschrieben wurde. Das Auftragsschreiben Speers mit der Auftragsnummer DE 4818-0183/43, der höchsten Dringlichkeitsstufe, trug das Datum vom 25. Mai 1943. Schon am 8. Juni 1943 legte die Firma Krupp die Vorlage über die Beschaffung der MB 507-Motoren beim Hauptdienstleiter Saur vom Rüstungsamt vor, von dem allerdings bis zum August 1943 noch keine Entscheidung getroffen wurde. So musste die Firma Daimler-Benz mehrfach von Hauptamtsleiter Karl Otto Saur energisch gemahnt werden, einen Lieferplan für die geplanten Dieselmotoren zu erstellen.

Am 21. September 1943 ging beim Reichsministerium für Bewaffnung und Munition die Antwort von Daimler-Benz bezüglich der Lieferung von 44 Stück Dieselmotoren vom Typ MB 507 ein. Darin teilt die Firma Daimler-Benz mit, dass die für das Gerät »Veilchen« benötigten 44 Motoren MB 507 (fünf Fahrzeuge + vier Reserve-Motoren?), neben der vorhandenen Marineproduktionskapazität für die leichten Schnellboote, ab April 1944 mit je vier Stück MB 507 monatlich beginnend, hergestellt werden konnten. Jedoch mussten zuvor folgende Voraussetzungen erfüllt sein:

1. Beschaffung des Rohmaterials mit höchster Vordringlichkeit:
   - die Großgussstücke bis Dezember 1943,
   - auswärtig produzierte Teile, wie die Kurbelwellen, bis Februar 1944.
2. Maschinen und Einrichtungen:
   - schnellste Zuweisung zweier, schon lange geforderter, Universal-Schnelldrehbänke.
3. Beschleunigte Fertigstellung bereits in Auftrag gegebener Vorrichtungen:
   - bis spätestens Dezember 1943.
4. Zuweisung von 35 Arbeitskräften, davon ein Drittel deutsche Arbeiter:
   - 28 Maschinenarbeiter und 7 Schlosser,
   - monatliche Zuweisung weiterer 12 Monteure ab Dezember 1943.

Bei der Firma Krupp erfolgten am 28. September 1943 die ersten detaillierten Planungen der Produktionsabläufe. Dabei ging Dr. Müller von einer Fertigung von fünf Geräten aus: Für die Geschützherstellung bedeutete das, dass ab dem 1. Oktober 1943 die Bestellung der Schmiedestücke erfolgen musste, da für die Bearbeitung des Rohres etwa 14 Monate veranschlagt wurden. Somit wurde mit einer Fertigstellung des ersten Rohres ab dem 1. Dezember 1944 gerechnet. Besondere Versuche für die Innenballistik des Geschützes sah Dr. Müller als nicht mehr erforderlich an.

1. Um den Termin für die Fertigstellung des ersten Gerätes zu halten, musste die Wiege des Geschützes sofort in Auftrag gegeben werden.

	Rohr fertig	Gerät fertig zur Abnahme	Reserveseelenrohr fertig
1. Gerät	1. Dezember 1944	1. Januar 1945	1. April 1946
2. Gerät	1. April 1945	1. Mai 1945	1. Juli 1946
3. Gerät	1. Juli 1945	1. August 1945	1. Oktober 1946
4. Gerät	1. Oktober 1945	1. November 1945	1. Januar 1947
5. Gerät	1. Januar 1946	1. Februar 1946	1. April 1947

2. Für die Richtmaschine ging man von fünf Monaten Beschaffungszeit der Gussteile und anschließender siebenmonatiger Fertigungszeit aus.
3. Die Konstruktion des Ansetzers konnte allerdings noch nicht abgeschlossen werden.
4. Die Bestellung der Motoren von der Firma Daimler-Benz konnte nur mit Hilfe des Ministeriums für Bewaffnung und Munition erfolgen.
5. Die elektrischen Anlagen waren mit den Siemens-Schuckert-Werken rechnerisch geklärt worden, allerdings hatte man noch keinen Termin ausgehandelt.
6. Eine Bestellung der notwendigen Kühleinrichtung konnte in nächster Zeit erfolgen.
7. Die Bereitstellung der Panzerbleche sah man als möglich an, wobei zu überprüfen war, ob die Kapazität, neben der sonstigen Panzerfertigung, dies erlaubte.
8. Die Bleche für Eisenkonstruktionen konnten zunächst für die unteren Teile in 14 Tagen, für die oberen Teile in etwa sechs Wochen aufgegeben werden.
9. Der Einbau der vorgesehenen Minenräumgeräte an die Fahrzeuge hatte Krupp so geplant, dass die nachträgliche Anbringung ohne Probleme bei Bedarf möglich sein sollte.
10. Die benötigten Munitionswagen sollten teils bei der Firma Krupp gebaut, teils von der Reichsbahn käuflich erworben werden.

Für die benötigten Munitionsfahrzeuge konnte eine Verwendung der auf Basis des Panzerkampfwagens IV entstandenen Munitionstransporter der »Karl«-Mörser möglich sein. Für den Bahn-Transport des in acht Lasten zerlegten Panzermörsers »Urling« hatte Krupp folgende Wagen **pro** Gerät vorgesehen:

- acht Schwerlastwagen unbekannter Bauart für die Geräte-Lasten,
- drei SSl-Wagen (vierachsige Schienenwagen mit 18 m Ladelänge) für den Kran,
- drei Rs-Wagen (Rungenwagen) für den Kran
- zwei Rs-Wagen (Rungenwagen) für das Zubehör,
- zwei Glt-Wagen (gedeckte, großräumige Güterwagen mit Stirntüren) für das Zubehör,
- einen Glt-Wagen (gedeckte, großräumige Güterwagen mit Stirntüren) für die Werkstatt,
- sowie eine unbestimmte Anzahl von Wagen für die benötigten Bedienungsmannschaften.

Für die Herstellung der Munition schätzte die Firma Krupp den Bedarf pro Geschütz auf insgesamt 5.000 Granaten. Dabei legte sie eine Lebensdauer des Geschützrohres von 500 Schuss zu Grunde. Im Einzelnen sah der Bedarf pro Geschütz vor:

- 100 Beton-Granaten,
- 200 Spreng-Granaten,
- 200 Minen-Granaten.

Dies ergab bei fünf geplanten Geräten plus je eines Reserve-Seelenrohrs einen Gesamtbedarf von 1.000 Beton-Granaten, 2.000 Spreng-Granaten und 2.000 Minen-Granaten. Die Fertigung der Beton- und Minengranaten sollte bei der Firma Krupp erfolgen. Für die Herstellung der Sprenggranaten konnte Dr. Müller sich vorstellen, Fremdfirmen hinzuzuziehen. Bezüglich der Fertigungsdauer sah Krupp einen Zeitraum von 27 Monaten vor, mit Beginn vom Oktober 1944 bis etwa Ende 1946. Das bedeutete eine durchschnittliche Monatsproduktion von 185 Granaten. Bezüglich der Hülsen-Fertigung, bei der die Herstellung der einfacher zu fertigenden Wickelhülsen geplant war, fanden bereits erste Verhandlungen mit der Firma Polte statt.

Am 7. Oktober 1943 fand erneut eine Besprechung bei der Firma Krupp in Essen zu dem Thema »Termine 'Urling'« statt. Die Verantwortlichen rechneten mit einer Lieferfolge der fünf Geräte im Abstand von je sechs Monaten. Jedes Gerät benötigte bis zur seiner Fertigstellung etwa 14 Monate Bauzeit. Als Voraussetzung sahen die teilnehmenden Herren an, dass das Rüstungsministerium ausreichend Arbeitskräfte und Werkstattleistung zur Verfügung stellte. Für den Bereich der Wagenwerkstatt rechnete Dr. Müller mit etwa 100.000 bis 120.000 Lohnstunden pro Gerät, was einen zusätzlichen Bedarf von etwa

100 Arbeitern bedeutete. Zum Vergleich muss angemerkt werden, dass man zur Herstellung eines Panzerkampfwagen V »Panther« im Durchschnitt etwa 2.000 Fertigungsstunden benötigte.

Als weitere Bedingungen für die »Urling«-Produktion musste die Firma Krupp die durch alliierte Bombenangriffe zerstörte Werkstatthalle Nummer 1 (intern auch als »Schiff 1« bezeichnet) und die Werkstatthalle Nummer 2 sofort innerhalb von zwei Monaten wieder aufbauen. Des Weiteren musste die Werkstatthalle Nummer 4 vollständig für die »Urling«-Produktion zur Verfügung stehen. Weiterhin rechnete Direktor Dr. Müller für den Meisterbereich 9/10 mit 16.000 bis 17.000 Lohnstunden im Halbjahr, was einem zusätzlichen Personalbedarf von rund 70 Arbeitern entsprach.

Die Teilnehmer schlugen vor, das benötigte Personal aus den italienischen Gefangenenlagern oder aus der Industrie heranzuziehen. Zusätzlich musste bei der Planung des »Urling«-Projektes auf die laufenden Rüstungsaufträge Rücksicht genommen werden. Der Bereich Wagenwerkstatt hatte zum Beispiel die Auflage, alle fünf Monate ein Eisenbahngeschütz vom Typ K-3 oder ein Eisenbahngeschütz vom Typ »Siegfried-Gerät« zu produzieren. Zudem mussten die Verantwortlichen den Auftrag berücksichtigen, der vorsah, das 28-cm-Geschütz mit Raupenantrieb vom Typ »R-2« bis zur ersten Hälfte des Jahres 1944 fertigzustellen.

Die nächste Aussage zum Abschluss der Besprechung war inhaltlich so treffend, dass der Text wörtlich wiedergegeben werden soll:

»Da voraussichtlich der erste „Urling“ nicht vor Ende 1945 fertiggestellt sein kann und zu diesem Zeitpunkt wahrscheinlich nicht mehr interessant, vielleicht sogar durch einfachere und leichtere Geräte überholt sein wird, und da die Entwicklung in den Gruppen Eugen und Burger noch etwa 1.200 Konstruktionsstunden erfordert, die von diesen Gruppen nur bei Fortfall aller übrigen Aufgaben geleistet werden können, so ist zu überlegen, ob der „Urling“ nicht ganz zurückgestellt und dafür anderes Hilfsgerät gefertigt werden soll. Der späte Liefertermin ist in der Hauptsache auf Mangel an Arbeitskräften zurückzuführen. Vorläufig soll „Urling“ nicht gestoppt werden, aber es sollen vorläufig keine weiteren Teile aufgegeben werden.

Als Ersatz für den Urling ist ein Gerät größeren Kalibers (60 oder evtl. 52) für R-Geschosse zu überlegen, das in ähnlicher Weise wie der 58 cm starke Werfer von Alkett auf „Tiger“ gebaut sein soll. Die Schussweite hätte mindestens 4, besser 5 km zu betragen, und die Geschosse müssten 400, besser 500 kg Sprengladung enthalten. In 8 Tagen soll hierüber eine weitere Besprechung stattfinden.« [36]

Diese Aussage gibt sehr gut die Realität in den deutschen Rüstungsbetrieben zu diesem Zeitpunkt wieder, und besitzt den Charakter eines Schlussstriches zum Thema Panzermörser »Urling«.

Bis Ende Oktober 1943 erfolgten weder Materialzuweisungen noch eine Antwort von Hauptdienstleiter Saur, dem zuständigen Hauptabteilungsleiter beim Ministerium für Rüstung und Munition. Am 12 November 1943 unterbreitete die Firme Krupp der Rüstungsvertretung den Vorschlag, falls ein Drittel der Rohstoffe nicht sofort bereitgestellt werden könnte, dass es genügen würde, wenigstens das Material für ein Gerät für das vierte Quartal 1943 bereitzustellen. Für weitere mögliche Termine betreffs der notwendigen Materialzuweisungen gab die Firma Krupp die Quartale 3/1944, 4/1944, 1/ 1945, 3/1945 und 1/1946 vor. Am 29. Januar 1944 erhielt die Firma Daimler-Benz ein Schreiben von der Firma Krupp, dass aus besonderen Gründen die Ausführung des Auftrages über die Fertigung von 44 Stück Dieselmotoren Typ MB 507 für das Gerät »Veilchen« zurückgestellt worden sei. Der endgültige Schlussstrich unter das Projekt »Urling« erfolgte am 22. Dezember 1943 mit einem Schreiben der Firma Krupp an Herrn Hölkeskamp von der Rüstungsvertretung, in dem es wörtlich heißt:

»Da zur Zeit noch nicht übersehen werden kann, wann auf Grund der hier eingetretenen Verhältnisse obiges Vorhaben (Urling) anläuft, überreichen wir als Anlage unsere Rückübertragungs-Nr.1/01/E vom 21.12.1943 über 2.290.000 kg unlegierten und 1.730.000 kg legierten Stahlmaterials mit der Bitte, dieses an Herrn Dr. Weinwurm vom R. f. R. u. M weiterzuleiten.« [37]

Es erfolgte jedoch nochmals zu einem späteren Termin, dem 1. März 1944, eine Erwähnung des eingestellten Projektes »Urling«. In mehreren Schreiben zwischen Dr. Müller und Professor K. von Sanden von der Krupp-Germaniawerft AG geht es um den Lizenzvertrag für die Escher-Wyas-Gasturbine, an der Abteilung Krupp AK großes Interesse besaß. Professor K. von Sanden bedankte sich bei Dr. Müller für dessen Unterstützung bei dem Erwerb dieser Lizenz über eine Gasturbine und fragte an, ob Krupp AK noch Interesse an einer Hochleistungskraftan-

---

[36] RH 8/2986.

[37] RH 8/2986

lage von etwa 10.000 PS besaß. Dr. Müller schrieb daraufhin zurück:

»... Obwohl der seinerzeit hierfür bei AK vorliegende Verwendungszweck nicht mehr vorliegt, da wir uns inzwischen anders helfen mussten, haben wir jedoch nach wie vor großes Interesse an einem derartigen Prinzip, wenn auch nur ideenmäßig ...« [38]

Am 15. Juni 1944 fand eine Besprechung in Essen zu dem Thema einer Verbrennungsturbinenanlage zwischen den Herren von der Germaniawerft und der Krupp AK statt. Anhand der Zeichnungen des »Urling« besprach man die Raum-, Gewichts-, Antriebs- und Leistungsverhältnisse unter den besonderen Betriebsverhältnissen in AK-Geräten. Man sah es als erforderlich an, in dem für eine Dieselmotorenleistung von 6.400 PS benötigten Raum eine Turbinenleistung von 10.000 PS bei nicht höherem Gewicht unterzubringen. Der Ausstoß der Abgase aus dem Auspuff sollte vorübergehend unter Wasser bei einem Gegendruck von vier Metern Wassersäule möglich sein. Da Verbrennungsturbinen normalerweise auf eine plötzliche Leistungsregelung sehr träge reagierten, sollte die Gasturbine bei den bei Landfahrzeugen plötzlich auftretenden Belastungsänderungen eine schnellwirkende Leistungsregelung ermöglichen. Man glaubte, durch schnell durchgeführte Druckänderungen im Luftsystem eine ausreichend schnelle Leistungsregelung zu erzielen. Allerdings führte dies auch zur Verschlechterung des Wirkungsgrades, der bedingt durch einen erhöhten Kraftstoffverbrauch, einen verringerten Fahrbereich zur Folge hatte. Auch die schwierige Zuführung und Ableitung der benötigten großen Kühlluftmengen sah man in einem Panzerfahrzeug als problematisch an. Deshalb blieben die Entwicklungsarbeiten der Germaniawerft an der Escher-Wyss-Gasturbine hauptsächlich auf die Anwendung bei Schiffsantrieben begrenzt.

[38] ebenda.

Eine technische Übersicht über die entworfenen Großpanzerprojekte:

	P-1000 Grote	**80-cm-Panzermörser**	**60-cm-Panzermörser**	**Urling**
Gesamtgewicht	800 bis 1000 t	1794 t (ohne Räumer)	801 t	1049 t
davon Artillerie	300 t	Summe 297 t	Summe 167 t	
Rohr		149 t	90 t	81 t
Wiege		65 t	50 t	
Schildlager		6 t	5 t	
Munitionsaufzüge		10 t	7 t	
Ansetzer		7 t	5 t	
Höhenrichmaschine		10 t	10 t	
Flakturm	entfällt	30 t	entfällt	
Flammenwerfer	entfällt	20 t	entfällt	
davon Panzerung	200 t	645 t	284 t	
Eisenkonstruktion	200 t	492 t	178 t	
Fahrwerk (mit Mot.)	100 t	310 t	132 t	
Maschinenanlage	100 t	50 t	40 t	
Länge	34 m / 35 m	25,5 m	22,0 m	22,14 m
Breite	10 m / 14 m	12,8 m	8,9 m	10,46 m
Höhe	11 m	8,25 m	7,0 m	7,0 m
Feuerhöhe	unbek.	6,28 m	5,3 m	5,3 m
Bewaffnung:				
Hauptbewaffnung	2 mal 30,5-cm-SK/ 28-cm-SK	80-cm-Mörser	60-cm-Mörser	60-cm-Mörser
Rohrlänge		L/13,6 = 10,85 m	L/21 = 12,3 m	L/20,5 = 12,0 m
Rückstoß und -lauflänge		2000 t und 2,0 m	1000 t und 1,5 m	1300 t und 1,5 m

Sonstige Bewaffnung	4 mal 15-cm-K / 12,8-cm-K	Flakturm		2 mal Flammenwerfer für 90 m
Nahverteidigung	8 mal 2-cm-MG 151	Flammwerfer		10 mal M.G.-Stände
Panzerung:				
Front	300 mm	250 mm	250 mm	150 mm / 200 mm
Seite oben/unten	250 mm	100 mm /150 mm	100 mm /120 mm	100 mm
Heck		100 mm	100 mm	100 mm
Decke	75 mm	200 mm	200 mm	150 mm /180 mm
Boden vorn/hinten	100 mm	150 mm /50 mm / 25 mm	150 mm /50 mm / 25 mm	
Motoren	12 mal MB 501 mit 2000 PS	4 mal MB 501 mit 2000 PS	4 mal MB 502 mit 1350 PS	8 mal MB 507 mit 800 PS
Leistung	64.000 PS bei 1650 U/ min	8000 PS bei 1630 U/min	5400 PS bei 1650 U/min	6400 PS bei 2200 U/min
Kraftübertragung	hydraulisch			elektrisch
Leistungsgewicht	64 PS/t	4,46 PS/t	6,74 PS/t	6,1 PS/t
Geschwindigkeit	40 km/h	7 km/h	8 km/h	10 km/h
Bodendruck	0,8 kg/cm^2 / 0,54 kg/cm^2	1,5 kg/cm^2	1,62 kg/cm^2	1,85 kg/cm^2
Kettenauflage	20 m / 21 m	13 m = 120 m^2	10,3 m = 49,5 m^2	10,61 m =
Kettenbreite	6 mal 1,0 m / 1,2 m	8 mal 1,0 m	4 mal 1,1 m	4 mal 1,175 m
Spur		7,8 m	5,8 m	6,05 m
Lenkverhältnis		1,65	1,8	1,76
Laufwerk	Laufrollen D = 2,0 m			128 Doppelrollen mit D = 53 cm
Federung	Hydropneumatisch			Druckluft mit 40 cm Federhub
Grabenüberschreitfähigkeit				5,0 m
Bodenfreiheit	2,0 m			
Watfähigkeit	8,0 m			6,0 m
Kletterfähigkeit	4,8 m			0,85 m
Steigfähigkeit				30 Grad
Schussleistung:		Betongr. /Sprenggr. / Mörsergr.	Betongranate	Betongr. /Sprenggr. /Mörsergr.
Geschossgewicht		7000 kg / 4800 kg / 6000 kg	3000 kg	3000 kg / 2400 kg / 2400 kg
Anfangsgeschwindigkeit		350 m/s / 425 m/s / 150 m/s	385 m/s / 390 m/s	410 m/s / 450 m/s / 450 m/s
Gebrauchsdruck		2400 kg/cm^2// dto//1500 kg/cm^2	1500 kg/cm^2	2000 kg/cm^2 //1670 kg/cm^2//dito
Rohr-Erhöhung		0° bis 70°	0° bis 70°	0° bis 70°
Mündungsenergie		44.000 m/t / dito / 6.900 m/t	23.300 m/t	26.300 m/t / 25.300 m/t
max. Schussentfernung		11 km / 15 km / 2,2 km	14 km	14,6 km / 15,8 km / 14,5 km
Munitionsvorrat				8 Schuss im Magazin
Besatzung	40 Mann			

Anhang

Das Heereswaffenamt zwischen 1940 und 1944

Dieser Abschnitt soll die Zusammenhänge zwischen dem in diesem Buch oft beschriebenen Arbeiten des Heereswaffenamtes und deren Amtsgruppen auf der einen Seite sowie der vom Rüstungsministerium (Rm.f.B.u.M. ab Herbst 1943 Rm.f.R.u.K.) eingesetzten Kommissionen und Sonderbeauftragten verdeutlichen. Im Laufe des Krieges erfolgte eine wachsende Einflussnahme von Staat und Partei. Der Minister für Bewaffnung und Munition übernahm immer mehr die bisherigen Aufgaben und Verantwortungsbereiche des Heeres. Damit versuchte er, eine optimierte Erfassung und Ausrichtung des Kriegspotentials zu verwirklichen. Organisatorisch entstanden für die einzelnen Waffengruppen, Munition und Fahrzeuge:

- Kommissionen »für die Entwicklung«,
- Ausschüsse »für die Massenfertigung« und
- Ringe »für die Herstellung von Halbzeugen«,

denen die jeweiligen Vertreter von Industrie und Militär angehörten. Bei wesentlichen Entscheidungen zur Einführung oder Ablehnung neuer Waffen erfolgte im zunehmenden Maße die Einflussnahme Hitlers in seiner Funktion als Oberbefehlshaber der Wehrmacht.

Im Normalfall kamen die monatlichen Leistungsforderungen und die Zustimmung für neue Waffen, Geräte und Munition vom Allgemeinen Heeresamt (AHA) und seinen Waffeninspektionen (In). Das Heereswaffenamt (HWA) zeichnete sich dabei für die technische Gestaltung und Fertigung von neuen Waffen, Geräten und Munition verantwortlich. Im genannten Zeitraum unterstand das HWA dem Chef der Heeresrüstung und Befehlshaber des Ersatzheeres (Chef. H.Rüst. u. B.d.E.), namentlich Generaloberst Fromm und ab dem 20. Juni 1944 dem Reichsführer der SS Himmler. Im Detail bestanden die Aufgaben des HWA, Chef ab 1940 General der Artillerie Emil Leeb, in der:

- Entwicklung neuer Waffen, Geräte und Munition durch die Amtsgruppe »Entwicklungs- und Prüfwesen« (Wa Prüf),
- Massenbeschaffung von Waffen, Geräten und Munition durch die Amtsgruppen »Industrielle Rüstung« Waffen und Gerät (Wa I Rü WuG) und Munition (Wa I Rü Mun),
- Vorbereitung der Massenfertigung der Industrie sowie die technischen Grundlagen dafür durch die Amtsgruppe »Chef-Ingenieur« (Wa Chef Ing),
- Abnahme der gefertigten Waffen, Geräte und Munition durch die Amtsgruppe »Abnahme« (Wa Abn),
- Der Amtsgruppe für Zentralaufgaben (Wa Z) oblagen alle Aufgaben wirtschaftlicher und organisatorischer Art, die für Lenkung und Bearbeitung des Gesamtbereiches des Amtes notwendig waren.

Zusätzlich bestand neben dem Stab (Wa Stab) noch eine Forschungsabteilung (Wa F), zu deren Aufgaben die Verbindung zu den übrigen Forschungseinrichtungen des Reiches und die Grundlagen- und Zweckforschung gehörten. Diese Abteilung unterstellte das HWA ab 1944 der Wa Prüf. Wegen der hier im Buch besonders behandelten Entwicklungen rückt die Amtsgruppe für Entwicklung und Prüfwesen in den Mittelpunkt der Beschreibung. Zu deren Chef ernannte das OKH ab 1943 Generalleutnant Erich Schneider, der zuvor die Funktion Chef Wa Prüf 1 und Chef Wa Prüf 4 ausgeübt hatte. Zwischenzeitlich erfolgte die Ausübung von Kommandeurs-Funktionen an der Front.

Die Amtsgruppe setzte sich zu diesem Zeitpunkt aus 12 Abteilungen zusammen:

- Abteilung Prüf 1, Ballistik und Munition, die sich je nach Waffenart in vier Gruppen gliederte:
  - »Gruppe Infanterie«,
  - »Gruppe Pak«,
  - »Gruppe Divisions-Artillerie«,
  - »Gruppe Korps- und Heeresartillerie«

sowie neun weitere Gruppen für Munition und Ballistik (u. a. am Standort Kummersdorf).

- Abteilung Prüf 2, Infanterie mit kleinkalibrigen Waffen bis 2 cm (Standort u. a. Kummersdorf).
- Abteilung Prüf 4, Artillerie mit großkalibrigen Waffen ab 2 cm, die sich je nach Geschützart in acht Gruppen gliederte (Standorte u. a. Hillersleben und Rügenwalde).
- Abteilung Prüf 5, Minen- und Pioniergerät (Standorte u.a. Sperenberg-Klausdorf).
- Abteilung Prüf 6, Panzer- und Motorisierung, Chef Oberstleutnant Philipps, ab 1937 Oberstleutnant Fichtner und ab 1942 Oberstleutnant Holzhäuer.

Die Abteilung gliederte sich in die

- »Stabsgruppe« unter Oberstleutnant Wollenhaupt,
- »Hauptgruppe Panzer« unter Oberst Crohn,
- »Hauptgruppe Motorisierung« unter Hauptmann von Winterfeld,
- »Hauptgruppe Forschung« unter Ministerialrat Kniepkamp (Standorte u. a. Kummersdorf, Berka, Tripolis/Libyen, Roeris/Norwegen, St. Johann/Tirol).

- Abteilung Prüf 7, Nachrichtengerät, gliederte sich neben der Stabsgruppe in sieben Gruppen.
- Abteilung Prüf 8, Optik, Beobachtungs- und Vermessungsgerät gegliedert in fünf Gruppen.
- Abteilung Prüf 9, Gasabwehr, Nebel und Kampfstoffe (Standort Spandau).
- Abteilung Prüf Festungs-Pioniere, Befestigungswesen.
- Abteilung Prüf 11, Raketen und Sondergeräte (Standort u.a. Kummersdorf, Peenemünde).
- Abteilung Prüf 12, Versuchsplätze gegliedert in fünf Gruppen.

Personell setzte sich das Heereswaffenamt aus Truppenoffizieren mit technischer Hochschulbildung, Offizieren mit mittlerer technischer Ausbildung sowie aus Beamten und Angestellten zusammen. Dazu kamen Hilfskräfte für Büro- und andere Dienste sowie die Wach- und Dienstmannschaft. Erstgenannte Offiziere wechselten zwischen dem Einsatz an der Front und der Tätigkeit im Amt und stellten die Mehrzahl der Referenten und Abteilungschefs bei Wa Prüf. Die Offiziere mit der mittleren technischen Ausbildung stellten die Spezialisten oder waren oft in der Abnahme tätig, bei der häufig auch Unteroffiziere des Feuerwerksdienstes beschäftigt wurden. Die höheren und mittleren technischen Beamten ergänzten sich aus den Angestellten und stellten den beständigen Kader während des dauernden Wechsels der Truppenoffiziere im Amt dar. Dies war am Beispiel von Wa Prüf 6 erkennbar, wo innerhalb eines relativ kurzen Zeitraumes drei Amtsgruppenchefs sich einarbeiten mussten, während Ernst Kniepkamp als anerkannter Fachmann und Gruppenleiter, der fast 20 Jahre in seinem Amt tätig war, sich nichts vormachen lassen musste. In den Jahren 1941 bis 1944 betrug der Personalbestand des HWA nach einem zwangsweisen Abbau etwa 5.000-6.000 Mann und der der Versuchsplätze etwa 2.000 Mann. [39]

[39] Leeb, Aus der Rüstung des Dritten Reiches (Das Heereswaffenamt 1938–1945).

Kurzbiografien

Ernst Kniepkamp

Dipl. Ing. Heinrich Ernst Kniepkamp wurde am 5. Januar 1895 in Wuppertal geboren. Nach dem Ersten Weltkrieg studierte er an der Technischen Hochschule Karlsruhe. Er arbeitete anschließend bei der Firma MAN als Getriebekonstrukteur und ging später für kurze Zeit nach Rostock zu einer Ingenieursfirma. 1926 wechselte er von dort zum Heereswaffenamt Berlin. Sein Aufgabengebiet bestand hauptsächlich in der Planung und Entwicklung von Räder-, Halb- und Vollkettenfahrgestellen. Kniepkamp schuf 1930/31, trotz knapper Finanzen, den ersten ortsfesten Prüfstand für Gleiskettenfahrzeuge bei der Verskraft (alt). 1932/33 erarbeitete er, zusammen mit seinem ersten Mitarbeiter in der Gruppe Forschung, Ingenieur Franke, die Grundlagen für die künftigen Halbkettenzugmaschinen und Panzerfahrzeuge der Wehrmacht. Seit dieser Zeit arbeitete er eng mit Karl Maybach zusammen, dessen Firma die Motoren für die von Kniepkamp projektierten Kettenfahrzeuge herstellte. Durch diese enge Zusammenarbeit mit dem Maybach-Motorenbau legte er die Basis für die kompakten 6- und 12-Zylinder-Benzinmotoren der deutschen Kettenfahrzeuge.
Seit der Übernahme seiner Tätigkeit in der Entwicklungsabteilung von Wa Prüf 6 Ende 1936 plante Kniepkamp eine Vereinheitlichung der Laufwerke und Getriebe der Panzer III und IV, wobei er auch auf die Vermarktung seiner Patente Wert legte. Dies brachte ihn oft in Interessenkonflikte mit den großen Panzerherstellern, wie Krupp und Daimler-Benz, die eigene Forschungs- und Entwicklungsabteilungen betrieben. Deshalb bevorzugte Kniepkamp Montage- und Nachbaufirmen wie Henschel, MAN und Famo bei der Auftragsvergabe, die er durch seinen Einfluss auf die Amtsgruppenchefs Oberst Phillip, Oberst Fichtner und Oberst Holzhäuer steuern konnte.
Er musste, trotz seiner Bestrebung nach einer Vereinheitlichung im deutschen Panzerbau, harsche Kritik seitens der Firma Krupp hinnehmen. Diese Fehler betrafen hauptsächlich das fertigungstechnisch- und materialaufwändige Schachtellaufwerk, das er direkt von den Halbkettenzugmaschinen auf den Panzerbau übernahm. Auch andere Fahrwerks- und Getriebekonstruktionen, wie die »Variorex« Getriebe von Maybach, die Kniepkamp einbauen ließ, führten zu erheblichen Nacharbeiten des Panzers III bei den Herstellern Krupp und Daimler-Benz. Auch bei MAN mussten die leitendenden Konstrukteure gegen ihre

Überzeugung nach Wünschen von Kniepkamp konstruieren, so dass am Beispiel des Las 100 die Konstruktion wiederholt vollständig geändert werden musste. So bekam im August 1939 anstelle von Kniepkamp Oberstleutnant Olbrich die Entscheidung über die Richtlinien für Panzerkampfwagen übertragen.
Bis zum Ende des Krieges fungierte Ministerialrat Kniepkamp im Heereswaffenamt als Leiter der Hauptgruppe F (Forschung) der Amtsgruppe Wa Prüf 6. Der Sitz seines Büros lag in der »neuen Verskraft« in Kummersdorf-Schießplatz, Halle 11. Er war trotz aller Kritik ein hervorragender Konstrukteur und besaß etwa 50 Patente auf dem Gebiet der Kettenfahrzeuge. Nach Kriegsende gründete er ein Ingenieurbüro, wo er weiter auf seinem Sachgebiet der Gleiskettenfahrwerke arbeitete. [40]

Karl-Otto Saur

Karl-Otto Saur wurde am 16. Februar 1902 in Düsseldorf geboren. Nach dem Besuch der Volksschule und der Oberrealschule in Freiburg (Br.) studierte er bis 1926 an der Universität Freiburg und den Technischen Hochschulen Karlsruhe und Hannover Betriebswirtschaft und Maschinenbau. Anschließend begann er eine Ingenieursstelle in der August-Thyssen-Hütte in Duisburg, wo er für die Automatisierung von Arbeitsabläufen zuständig war. 1929 übernahm er die Stahlbau-Firma seines Vaters. Nach dem Konkurs dieses Unternehmens ging er im Oktober 1930 wieder zu Thyssen zurück und leitete ab 1932 als Oberingenieur die Betriebswirtschaftsstelle des Unternehmens.
1931 besuchte er auf einer Studienreise die sich technisch entwickelnde Sowjetunion, von deren Industrie und seiner zentralen Führung er sich beeindruckt zeigte. Nach seinem Eintritt in die NSDAP 1931 wurde er 1935 Gauamtsleiter für Technik in Essen, wo er unter anderem eine Kartei zur Erfassung der Daten über alle deutschen Ingenieure einrichtete. 1939 fungierte Saur als Stabsleiter und Stellvertreter Tods im NSDAP-Hauptamt für Technik.1940 wechselte er in das Ministerium für Rüstung und Munition unter Speer. Ab Februar 1942 leitete er das Technische Amt dieses Ministeriums. Ab September 1943 war er für die Rüstungsfertigung sämtlicher Waffen der Wehrmacht zuständig. Im August 1944 ernannte Hitler ihn zum Stabschef des sogenannten »Jägerstabes« und 1945 in seinem Testament zum Nachfolger Speers. [41] Nach seiner Verhaftung 1945 trat er als Zeuge der Anklage gegen die Firma Krupp in den Nürnberger Prozessen auf. Dadurch galt er als Mitläufer und wurde, sozial isoliert, 1948 entlassen.

Erich Müller

Am 2. November 1892 wurde er in Berlin geboren und studierte von 1919 bis 1922 an der Technischen Hochschule Berlin. Nach seinem Abschluss als Ingenieur arbeitete er kurz als Konstrukteur in den Borsig-Werken, danach bis Ende 1922 als Assistent an der TH Berlin. 1931 promovierte er zum Dr. Ing. 1934 wurde er zum Direktor des RAW Berlin-Tempelhof ernannt. Er begann 1935 seine Laufbahn bei der Firma Krupp AG und wurde ein Jahr später Leiter der dortigen Artillerie-Entwicklungsabteilung, wo er maßgeblich an der Entwicklung von 24 Geschütztypen beteiligt war, wobei ihm mit der Entwicklung des 80-cm-Geschützes »Dora« eine Spitzenleistung in der Waffentechnik gelang. Dies brachte ihm den Spitznamen »Kanonen-Müller« ein. Ab 1938 hatte er die Funktion eines stellvertretenden Direktors inne. 1940 wurde er zum Leiter des Waffenausschusses im Kriegsministerium ernannt. Im Frühjahr 1942 zog er sich, aufgrund von Differenzen mit Tod und Speer, wieder aus dem Ausschuss zurück. Am 30. Januar 1943 ernannte Hitler ihn zum Professor. Seit Ende 1943 widmete er sich ausschließlich dem technischen Bereich der Waffenentwicklungen, dabei vornehmlich den Artillerie-Konstruktionen. 1945 wurde er in den Nürnberger Prozessen, nicht zuletzt durch die Aussagen Saurs, zu zwölf Jahren Haft verurteilt.

Edward Grote

Leider ist nicht viel über diesen Konstrukteur bekannt. 1929/30 wurde Dipl. Ing. Edward Grote mit seinem Ingenieur-Büro in die Sowjetunion eingeladen, um den Maschinenbau in der damaligen Sowjetunion mit aufzubauen. 1930 begann in Leningrad die Entwicklungsarbeit an einem stark gepanzerten mittleren Panzer. Nach mehreren, zum Teil erfolglosen Entwürfen musste Grote 1933 die Sowjetunion wieder verlassen. Er arbeitete danach in Deutschland im neugeschaffenen Rüstungsministerium. Während des Krieges ernannte Speer, in der Funktion als Reichsminister für Rüstung und Munition, Grote zum Sonderbeauftragen für U-Bootsbau. Edward F. Grotes Spur verliert sich nach dem Krieg in Johannisburg, Südafrika, von wo er am 28. April 1950 ein Patent in der BRD anmeldete.

[40] Hochleistungsmotoren-Karl Maybach und sein Werk, S. 46.

[41] Das Personenlexikon zum Dritten Reich, S. 521.

Irrtümer

Der oben erwähnte Artikel aus der deutschen Militärzeitschrift »Die Kraftfahrkampfgruppe« Heft 9/1937 wirft neben der technischen Fragwürdigkeit des Projektes die Frage nach dem Grund der Veröffentlichung von Grotes Arbeiten in der Sowjetunion auf. Edward Grote war sich wahrscheinlich sicher, wichtige Informationen über die sowjetische Rüstung zu besitzen. Im Nachhinein sieht es allerdings eher nach absichtlichen Fehlinformationen von seitens des sowjetischen Nachrichtendienstes aus, was diesem auch gelungen scheint. Von deutscher Seite aus sollte vermutlich mit dieser Veröffentlichung die deutsche Bevölkerung über die Gefahr aus dem Osten beunruhigt werden, um damit ein weiteres Argument für die zu dieser Zeit verstärkt einsetzende Rüstung in Deutschland zu besitzen.

Ein russischer Tausend-Tonnen-Tank?

In einer verbreiteten deutschen Wochenschrift erschien im Dezember ein reich mit Bildern ausgestatteter Bericht über einen Tank von tausend Tonnen Gewicht, dessen Entwurf ein deutscher Maschineningenieur in der Zeit von 1930 bis 1934 für Sowjetrußland ausgearbeitet haben soll. Nebst den Bildern, von denen eines den Tank als Küstenbatterie im Kampfe mit Schlachtschiffen zeigt, enthält der Bericht auch eine Entwurfzeichnung des Grundrisses und folgende technische Angaben:

Allgemeine Ausmaße: Länge 34 m, Breite 11 m.

Bestückung: In Zwillingstürmen je zwei 30,5 cm- und vier 15 cm-Kanonen, ferner noch Kanonen kleinerer Kaliber;

Panzerung: vorne 300 mm, seitlich 250 mm, unten 100 mm, oben 75 mm;

Maschinenanlage: 24 000 PS;

Geschwindigkeit: 50 Stundenkilometer.

Ein russischer Tausend-Tonnen-Tank.

Dieser Bericht erscheint so phantastisch und unglaubwürdig, daß er dazu anregte, ihn mit ein paar Rechnungen zu überprüfen. Sie sind so einfach, daß jeder geschickte 15jährige Junge sie nachrechnen kann. Es gab überraschende Ergebnisse.

1. Der Bodendruck eines Raupenfahrzeuges darf, um ein Einsinken zu vermeiden, nur ungefähr $^1/_3$ kg für je einen cm² betragen. Da das Gewicht des Tanks 1 000 000 kg beträgt, muß er auf 3 000 000 cm² aufliegen; das sind 300 m². So groß ist aber ungefähr die ganze Unterfläche des Fahrzeuges. Die Raupen müßten also die ganze Breite des Tanks einnehmen. Dies widerspricht nic[ht] allein den Bildern, sondern ist auch deshalb undenkb[ar], weil dadurch das Ausführen von Wendungen unm[öglich] wird. Bei den vielen Arten der ausgeführten [Pa]nzerwagen beträgt die Breite beider Raupen z[...] ungefähr $^1/_4$ der Gesamtbreite des Fahrzeu[...] Tausend-Tonnen-Tank ist daher für [...]maße viermal zu schwer!

[...]nzer- [...]ei den [...]gten sie, [...]Aus diesen ähnlich dem [...]ie Forderungen

2. Das Gewicht des Hauptpanzers läßt sich nach den vorne angegebenen Hauptmessungen und Panzerstärken ungefähr berechnen, wobei man die Höhe des Panzers nach den Bildern mit ungefähr 6 m einschätzen kann. Es ergibt sich ein Gewicht von über 2000 t, das **doppelt so groß ist wie das Gewicht des ganzen Fahrzeuges!**

3. Der **Maschinenraum** kann nach der Zeichnung und den Bildern nur eine Größe von 8 m nach Länge und Breite und etwa 5 m Höhe haben. Es erscheint ausgeschlossen, in diesem Raume eine Maschinenanlage von 24 000 PS samt den Behältern für die Betriebsstoffe einzustellen. Eine so starke Maschinenanlage benötigt einen Raum, der mindestens so groß ist wie das ganze Fahrzeug!

4. Die 30,5 cm-Kanonen sind nach der Entwurfszeichnung ungefähr 12 m lang. Vollwertige Geschütze solchen Kalibers haben aber eine Länge von ungefähr 17 m. Das stimmt also auch nicht!

5. Die Geschwindigkeit des Fahrzeuges ist mit 50 Stundenkilometern angegeben. Nun zeigt sich aber, daß die Kampfwagen mit Zunahme ihrer Größe und ihres Gewichtes stetig an Geschwindigkeit einbüßen. Während die neuen leichten Kampfwagen durchschnittlich eine Geschwindigkeit von 50 Stundenkilometer besitzen, ist jene der 70 und 90 t-schweren französischen Tanks nur mehr 12 Stundenkilometer. Die Fahrgeschwindigkeit eines 1000 t-Tanks ist daher bestenfalls mit **fünf** Stundenkilometer, demnach $^1/_{10}$ der angegebenen Größe einzuschätzen.

Ein russischer Tausend-Tonnen-Tank.

u. 6. Schließlich kommen noch andere kaum zu lösende
Mö chnische Schwierigkeiten dazu, wie z. B. die Abfederung
stark auf den Gleisketten laufenden Tragräder. Mit
um sic icht auf die zu „schluckenden" Hindernisse müßten
Denn ei e vertikal abgefederte Bewegungsfreiheit von
genau gen s einem Meter besitzen. Wie will man dies
wird wahr oßen Gewichten durchführen?
ein heranbrau ischen Standpunkte ist zu bemerken, daß
Wohl aber könn r Kaliber im **Landkriege** nur als weit-
Infanterie und

tragende Geschütze zur Beschießung wichtiger, weit hinter der feindlichen Front liegender Plätze Bedeutung haben. Dies ist im großen Kriege mit viel einfacheren und daher weniger kostspieligeren Mitteln auf beiden Seiten erreicht worden. Von diesen Geschützen ist am bedeutungsvollsten die bekannte deutsche Kanone, die Paris beschoß. Bei der Verwendung der heutigen Bombenflugzeuge kommt aber diese Art von Geschützen kaum mehr in Frage.

Aber auch als **Küstenbatterie** ist das Monstrum eines 1000 t-Tanks viel zu kostspielig. Die heutigen Richtmittel gestatten die verdeckte Aufstellung der Küstenkanonen, wobei der kostspielige Panzer erspart werden kann.

Man kommt daher zu dem unzweifelhaften Ergebnis, daß dieser Entwurf nicht allein technisch unausführbar, sondern vom taktischen Standpunkte auch unzweckmäßig ist.

Es ergibt sich aber nun die Frage, ob es richtig ist, den Leserkreis einer verbreiteten Zeitschrift mit Berichten über ungeheure, in Wirklichkeit aber unausführbare Kriegsmittel eines Deutschland feindlich gesinnten Staates zu beunruhigen. Die ungeheuren Rüstungen Sowjetrußlands sind in noch weiterer Steigerung begriffen, so daß diese Tatsache allein genügt, den deutschen Wehrwillen auf das äußerste anzuspannen. Es ist aber ganz unrichtig, von gigantischen feindlichen Kriegsmitteln zu fabulieren, die dem Laien als unüberwindbar erscheinen.

Generalbaurat d. R. Ing. Günther **Burstyn.**

Hierzu äußert sich der Konstrukteur des 1000 t-Tanks folgendermaßen:

Im Jahre 1929 verpflichteten mich die Russen durch Vertrag, meine Fachkenntnisse und langjährigen Erfahrungen im Fahrzeug- und Motorenbau zunächst der Sowjetindustrie zur Verfügung zu stellen. Nach meiner Ankunft in Moskau bin ich dann, ohne besondere Formalitäten, veranlaßt worden, diese Kenntnisse im Rüstungsbau auszuwerten. Während dieser Zeit hatte ich, durch erfolgreiche Arbeiten in sowjetrussischen Rüstungsbetrieben begünstigt, verschiedentlich Gelegenheit, mit dem ehemaligen stellvertretenden Kriegskommissar Tuchatschewski persönlich über Probleme der Motorisierung mich eingehend zu unterhalten und dabei tieferen Einblick in seine Gedankengänge und die Wünsche seiner Mitarbeiter auf diesem Gebiet zu erhalten. Nachdem die von mir entworfenen und gebauten 25 Tonnen und 30 Tonnen schweren mittleren Kampfwagen die gestellten Forderungen erfüllt hatten, wurde mir die Durchbildung eines 100-Tonnen schweren Durchbruchkampfwagens, ähnlich dem französischen char de rupture D 2, von Tuchatschewski und seinem Stab übertragen. Die Bedingungen für diese Maschine waren unerhört schwer und es erschien mehrere Male, als ob die gestellten Aufgaben unlösbar seien. Der endgültige erfolgreiche Bau bewies aber, daß mit reichen Erfahrungen und gründlichsten Kenntnissen der Materie auch zuerst oftmals phantastisch anmutende Probleme so gemeistert werden können, daß die von dieser Phantasie noch übrig bleibende Wirklichkeit in Erstaunen versetzt. Tüchtiges Ingenieurpersonal war maßgeblich an diesen Arbeiten beteiligt.

Während die Vorbereitungen für den Bau des 100-Tonnen-Kampfwagens im Gange waren, kam dann die

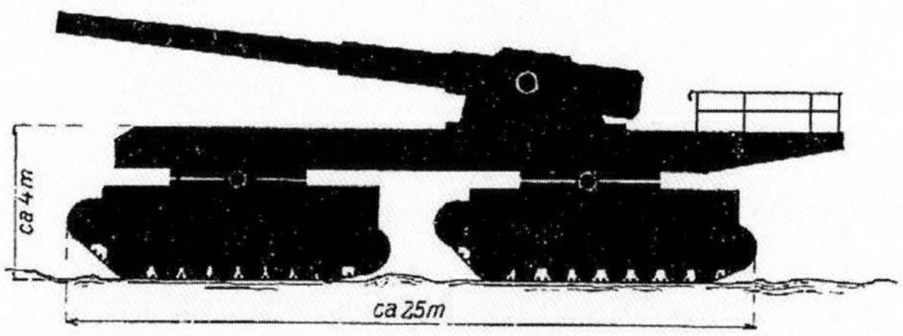

Bild 1.

Schlechte Geländegängigkeit — Keine Grabenüberschreitfähigkeit — Geschwindigkeit etwa 8 bis 10 Stundenkilometer — Gewicht 600 t.

Erörterung auf die Durchbildung der Konstruktion eines „Festungstanks", mit der Begründung, daß die Grenzen des sowjetrussischen Gebietsraumes von so riesigem Ausmaß seien, daß an eine Befestigung nach europäischem Vorbild (Frankreich) nicht gedacht werden könne, sondern dafür neue Wege auf neuer Grundlage gesucht und gefunden werden müßten. „Ihr Deutschen", so meinte damals ein Offizier aus der Umgebung Tuchatschewskis, „habt im Weltkrieg eure Feinde mit euren Ferngeschützen in Erstaunen versetzt, warum sollt ihr es nicht fertig bringen, auch über dem Durchschnitt Stehendes im Tankbau zu leisten". Obwohl ich solches Lob naturgemäß nicht verdiente, verfehlte es nicht seine Wirkung, mich anzuspornen, mit aller Energie an die gestellte Aufgabe heranzugehen. Die bis dahin gesammelten Erfahrungen und Versuchswerte der früheren Kampfwagentypen waren äußerst wertvoll und es sind besonders diese, mit älteren Bauerfahrungen teilweise im Widerspruch stehende Ergebnisse, die mich veranlassen, gegen die, meine Angaben über das 1000-Tonnen-Tankprojekt kritisierenden Einwendungen des Herrn Burstyn Einspruch zu erheben.

Das geforderte Gewicht des Mammutfahrzeuges wurde mit 1000-Tonnen begrenzt. Die Schattenrißbilder zeigen die Entwicklung der Gedankengänge. Die sowjetrussischen Militärs verlangten zunächst eine Bewaffnung mit schwerer Artillerie, damit die Fahrzeuge die sonst ortsgebundenen Befestigungen zukommende Verteidigung von Grenzen und Küsten übernehmen konnten. Entlang der Grenzen Rußlands sollte außerdem ein „Niemandslandgürtel" von drei bis fünf Kilometer Breite geführt werden, auf welchem diese beweglichen Festungen ope-

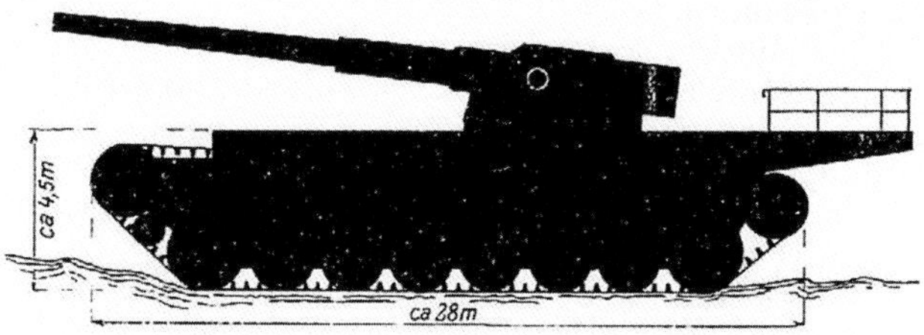

Bild 2.

Geländegängig — Gute taktische Eigenschaften — Angriffswaffe mit Panzerschutz des Fahrwerkes und der Maschinenanlage — Geschwindigkeit etwa 25 Stundenkilometer — Gewicht 600 t.

rieren, sich bewegen sollten. Das russische Gelände ist für ein solches Verlangen außergewöhnlich gut geeignet. Straßen nach westeuropäischem Vorbild sind kaum vorhanden; auch Brücken sind nicht da, außer Eisenbahnbrücken, die eben noch den heute gestellten Anforderungen genügen und oft hunderte von Kilometern entfernt sind. Bereits der 100-Tonnen-Durchbruchtank bereitete in dieser Hinsicht Schwierigkeiten, weshalb bei der Entwicklung jenes Kampfwagens schon Überlegungen angestellt wurden, die Watfähigkeit des Fahrzeuges zu erhöhen. Der 100-Tonnen-Kampfwagen hatte eine Länge von 12 m, eine Breite von 3,2 m und eine Höhe von 2,85 m. Eine Wattiefe von 4 m war aber das mindeste, was zum Durchwaten mittlerer Flüsse im Lande angenommen werden mußte. Der 1000-Tonnen-Tank konnte diese Wattiefe mühelos bewältigen.

Die Schattenbilder zeigen, daß der ursprüngliche Gedanke ein Fahrzeug vorsah, das etwa in seinem Wesen den bekannten Eisenbahngeschützlafetten entspricht. Seine geringe Geländegängigkeit ließ aber die Entwicklung nicht weiter verfolgen; dagegen näherte sich der zweite Vorschlag, Verwendung einer geschlossenen Selbstfahrlafette

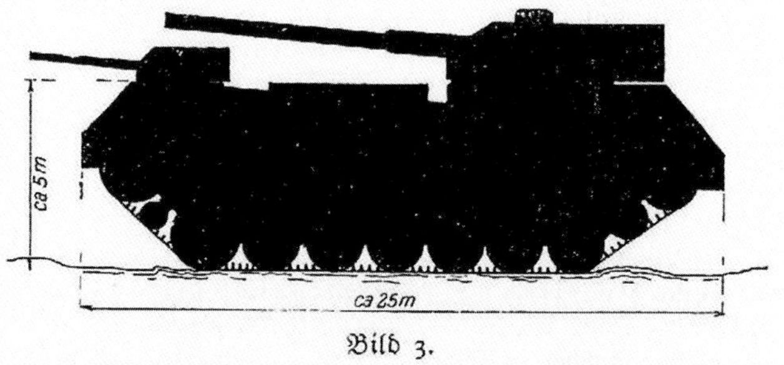

Bild 3.

Gute Geländegängigkeit — Gute taktische Eigenschaften — Voller Panzerschutz — Geschwindigkeit etwa 15 Stundenkilometer — Als Sicherung hinter großen Truppenverbänden — Gewicht etwa 900 bis 1000 t.

schon eher dem gestellten Verlangen. Der geringe Panzerschutz und geringe Geschwindigkeit fanden aber bei den Russen keinen Anklang. Auf gute Panzerung legten sie, außer hohen Geschwindigkeiten, großen Wert. Aus diesen Überlegungen ergab sich dann ein Entwurf ähnlich dem dritten Bild. Aber auch dabei wurden die Forderungen noch gesteigert, so daß die Entwicklung ein Fahrzeug vorsah, wie es aus dem perspektivischen Bildmaterial ersichtlich ist, 34 m lang, etwa 11 m hoch, 10 m breit, 2 m Bodenfreiheit, bis zu 300 mm Panzerschutz an gefährdeten Stellen, Flakabwehr, keine Bodenabwehr; denn eine Gefährdung durch Feldartillerie war so gut wie ausgeschlossen.

Der Antrieb dieses Fahrzeuges, die Durchbildung der Laufwerke, die Abfederung, die Gleiskette waren je eine Reihe schwierigster Probleme, die monatelange Überlegungen und gründlichste Überprüfungen durch nüchterne Köpfe erforderte, ehe auch nur die Vermutung der Durchführbarkeit gehegt werden durfte.

Ausdrücklich möchte ich betonen, daß der 1000-Tonnen-Kampfwagen meines Wissens bis heute nur „Projekt" blieb. Aber auch in Einzelheiten besteht keine Übereinstimmung mit dem Wirklichkeitsentwurf, der im Verlauf der Entwicklung aus anderen Baumustern und Erfahrungen entstand, sondern es sind in den Darstellungen lediglich die ersten Gedankengänge wiedergegeben, wie sie vor Jahren im Kriegskommissariat in Moskau dargestellt wurden und worauf mir von Tuchatschewski der Auftrag zur Überlegung und Durcharbeitung des Vorschlages erteilt wurde. Die Angaben geben die militärischen Forderungen der Bolschewistenmarschälle wieder; das Bildmaterial zeigt die erste Form der Gedankenbilder jener Zeit und verfehlt in seinem monströsen Eindruck nicht den beabsichtigten Zweck, Europa aufmerksam werden zu lassen, was sich jenseits der Grenzgräben, in dem unvorstellbar weiten Raum des sowjetrussischen Gebietes verborgen entwickelt. Mag auch manches, was spärlich von dort herüber dringt, Utopie sein und Phantasie bleiben. Es war diese Gefahr, die mich bewog, mit dem Sowjet-Projekt des 1000 Tonnen-Festungstanks an die Öffentlichkeit zu treten. Entschieden ablehnen muß ich die Unterstellung seitens des Baurats Burstyn, mit Sensationsdarstellungen die Zivilisation Europas nervös zu machen. Ich kenne Herrn Burstyns Vorarbeiten auf dem Gebiet der Kampfwagen und von ihm wäre eigentlich die geäußerte, abweichende Stellungnahme am allerwenigsten zu erwarten gewesen. Allerdings bedarf es zum Verstehen mehr als durchschnittliches Vorstellvermögen, das zweifellos mangelt und auch die angezogenen Schulrechnungen beruhen teilweise auf veralteten Grundsätzen. Ich führe vergleichend zunächst die Vorläufer des 1000-Tonnen-Projektes an und zwar die Kampfwagen TG-1, 25 Tonnen Gewicht, TG-3, 30 Tonnen Gewicht und den TG-5/T-42 von 100 Tonnen Gewicht.

Die Kampfwagen TG-1/TG-3.

Der Bodendruck der von mir gebauten, mittelschweren Maschine TG-1/T-22 (25 Tonnen) betrug 0,58 kg/cm² und beim TG-3/T-29 (30 Tonnen) 0,598 kg/cm². Diese Fahrzeuge wurden in den Sümpfen bei Leningrad geprüft und hatten eine geringere Einsinktiefe als der bekannte sowjetrussische leichte Kampfwagen T-18, das verbesserte Baumuster des französischen Renault. Derselbe wird in „Heigel's Taschenbuch der Tanks" fälschlich mit S I und MS II bezeichnet. Die Einsinktiefe hängt auch von der Gleiskettenform ab.

Beide Maschinen hatten eine Geschwindigkeit von 42 Stundenkilometern im Wiesengelände. Die Sümpfe wurden mit 20 km/Std. befahren und die Einsinktiefe betrug im Durchschnitt 100—150 Millimeter, während der T-18 bereits mit dem Bauch über das Schilf rutschte, also unter gleichen Betriebsbedingungen tiefer einsank.

Der 100-Tonnen-Durchbruchtank TG-5/T-42.

Auf Grund dieser Ergebnisse ist dann von mir der 100-Tonnen-Durchbruchkampfwagen TG-5/T-42, ein Gegenstück zu dem französischen Char de rupture, gebaut worden.

Der „100-Tonnen-Kampfwagen" hatte einen spezifischen Bodendruck von 0,65 kg/cm². Das Fahrzeug hatte eine Breite von 3200 mm, eine Höhe von 2850 mm und eine Gesamtlänge von etwa 10670 mm. Die Raupenbreite betrug je 800 mm. Der 16 Zylindermotor entwickelte 1400 PS und mit Aufladekompressor vorübergehend 1800 PS. Die Gleisketten wurden mit zwei Spezialgetrieben von je 1000 PS Höchstleistung angetrieben; jedes Getriebe hatte 2 × 4 Vorwärts- und Rückwärtsgänge. Ein besonderer Dieselmotor von 150 PS-Leistung förderte 75000 cbm Luft durch den Kühler, die erforderlich waren, wenn die Bedingung, bei 30° C Außentemperatur, 90° C Kühlwassertemperatur im Motor zu halten, eingehalten werden sollte. Die Bewaffnung war eine 10,5 cm-Kanone im Hauptturm, zwei 3,7 cm-Abwehrkanonen in je einem Drehturm, mit je einen Parallel-M.G. Zwei Türme im hinteren Teil mit je einem Doppel-M.G. für Flugzeugabwehr. Die Panzerung an den Hauptstellen war 75 mm. Die Maschine lief mühelos 40 km/Std., war spielend leicht zu bedienen, zuerst durch Druckknopfsteuerung, später durch einen Knüppel, ähnlich wie bei Flugzeugen. Die ganz vorne befindliche Führerkabine war vom Artillerieraum vollkommen abgetrennt und durch Schottüren, ähnlich denjenigen auf Kriegsschiffen, begehbar. Neben dem Fahrer saß der Bordmechaniker. Die Befehlsübermittlung vom Kommandostand im großen Turm geschah durch Telephon. Funkanlage und Kompaß waren vorgesehen. Der Kampfwagen hatte Gasschutzeinrichtungen, deren Wirksamkeit aber damals noch nicht völlig erprobt werden konnte.

Das Laufwerk war, auf Grund der guten Erfahrungen beim 30-Tonnen-Kampfwagen, nach derselben Bauart ausgebildet, dagegen war die mechanische Federung durch ein hydraulisches System ersetzt, wodurch beinahe die Hälfte des sonst auf eine mechanische Ausrüstung entfallenden Gewichtes eingespart wurde. Die Federwirkung konnte vorzüglich abgestimmt werden und Versuche, in verschiedenen Geländeverhältnissen beste Zielsicherheit durch ruhige Feuerplattform während der Fahrt zu erreichen, konnten mit Erfolg durchgeführt werden. Die Sowjetrussen waren begreiflicherweise sehr eingenommen von der ganzen Bauart und hüteten die Geheimnisse durch schärfste Abwehrmaßnahmen.

Der 1000-Tonnen-Tank.

Ich habe bereits im Anfang meiner Darlegungen erwähnt, daß man gleichzeitig mit dem Bauauftrag für den „100-Tonnen-Durchbruchtank", der als T-42 bezeichnet wurde, seitens des Kriegskommissariats mir die Weisung erteilte, den konstruktiven Aufbau des „Festungstank" eingehendst zu überlegen. Es sind daraufhin zahlreiche Entwürfe angefertigt worden, denen die Konstruktions- und Betriebserfahrungen der von mir gebauten Maschinen zugrunde lagen. Vergleichswerte bestanden nicht; denn alle Vorläufer waren von weit geringerer Leistung. Es sind daher neue Richtlinien für die Betriebs- und taktischen Bedingungen aufgestellt worden. Die militärischen Forderungen wurden vom Kriegskommissariat aufgestellt und von Tuchatschewski mit mir eingehend beraten. In einer jener Besprechung hieß es wörtlich:

„Für die Sicherung der Grenzen des großen, sowjetrussischen Gebietsraumes sind Festungswerke, wie solche europäische kapitalistisch-bürgerliche Staaten errichten, nicht möglich. Der Ausbau nach diesem System würde derart riesige Mengen an Material und einen so unendlich großen Aufwand an Zeit erfordern, daß diese Sicherung innerhalb mehrerer Jahrzehnte nicht durchführbar sein wird." Und weiter: „Es sind daher Mittel und Wege zu ersinnen, mit revolutionären Maßnahmen und unter höchster Ausnutzung der Technik, bewegliche Festungsfahrzeuge, ähnlich den Monitoren der Marine, zu bauen, die auf einem breiten Grenzgürtel zu Land operieren wie die Kriegsschiffe auf See."

Die ersten Gedankengänge ergaben die in den Bildern dargestellten Maschinen. Erst im späteren Verlauf der Entwicklung erhöhten die Sowjetkommissare ihre Forderungen und verlangten schwerste Bestückung. Am liebsten hätten sie gesehen, wenn 38 cm- oder 42er Geschütze vorgesehen wurden. Die sachlichen Überlegungen bewiesen aber, daß solche Pläne zunächst undurchführbar waren. Auf Einzelheiten einzugehen, erübrigt sich hier, jedoch sei erwähnt, daß mein erster Entwurf nur einen Hauptturm auf dem hinteren Teil des Fahrzeuges (siehe Silhouettenskizze) mit einem einzelnen Geschütz vorsah. Zwei seitliche, kleine Türme am vorderen Teil hatten je eine 75 mm-Kanone. Die Forderung der Sowjetrussen ergab aber das gezeigte Bild. In jedem Falle waren die Ausmaße des Fahrzeuges selbst gleich geblieben.

Auf Grund der Versuche mit den früheren Maschinen von 25, 30 und 100 Tonnen Betriebsgewicht hatte sich gezeigt, daß sogar spezifische Bodendrücke von 0,6 kg bis 0,8 kg/qcm ohne weiteres angewendet werden konnten. Die schweren großen Fahrzeuge insbesondere preßten das Erdreich unter den Gleisketten so zusammen, daß die Einsinktiefe kaum größer war als bei den kleineren oder leichten Maschinen mit einem erheblich geringeren spezifischen Bodendruck. Das, was man in dieser Hinsicht aus den Betriebserfahrungen mit dem Durchbruchtank gesammelt hatte, bereitete keine Sorge, wenn die spezifische Belastung der Gleisketten beim „1000-Tonner" 0,8 kg/qcm betrug, was einer Gesamtauflagefläche von 1 200 000 qcm der beiderseitigen Gleisketten entspricht. Die Kettenbreite auf jeder Seite betrug 3 m und die Länge der Auflage 20 m, somit $2 \times 300 \times 2000 =$ 1 200 000 qcm.

Begreiflicherweise waren für ein solches Fahrzeug auch keine Antriebsmaschinen vorhanden. Wie schwierig es war, für schwere Kampfwagen brauchbare Motore zu bekommen, hatte sich schon beim Bau des 100-Tonnen-Tanks gezeigt. Die Sowjetrussen ließen sich damals von führenden Firmen aus aller Welt Eilangebote schicken, aber kein einziges genügte den gestellten Anforderungen hinsichtlich Leistung, Abmessungen und Gewicht. Eine einzige Ausnahme bildete eine maßgebende deutsche Firma, aber nach eingehender Prüfung der Unterlagen stellte sich heraus, daß dieser Motor erst im Versuchsbau war und das betreffende Werk eine Mindestlieferzeit von 18 Monaten beanspruchte. Aber die Maschine war so unerhört gedrängt in ihren Abmessungen und das Leistungsgewicht derart günstig, daß man sich diesen Motor als Vorbild nahm für die Entwicklung der größeren Typen im Festungstank. Auch machte man sich Erfahrungen aus dem Schiffbau zunutze und entwickelte für die Maschinenanlage den Gruppenantrieb. Vorgesehen waren im ganzen 12 Motore, von äußerst 2000 PS Leistung, in drei Gruppen zu je vier Einzelmotoren. Die Zylinderbohrung betrug $D = 350$ mm, der Hub $= 400$ mm, die Drehzahl $n = 600$ minutlich und die Zylinderzahl jedes Motors $z = 16$. In jeder Gruppe trieb jeder Motor einzeln, über eine Kupplung und Welle, eine Vorlegewelle und diese drei Wellen trieben über Pfeilradritzel die Haupttriebwerkswelle. Letztere sowohl als auch die Vorlegewellen waren in eine linke und rechte (Backbord und Steuerbord) Gruppe geteilt, so daß auf diese Weise je sechs Motore des gesamten Gruppenantriebes die linksseitigen bzw. rechtsseitigen Gleisketten antrieben.

Für den stufenlosen Geschwindigkeitswechsel wurden zwei Hauptvorschläge ausgearbeitet. Das erste Projekt sah mechanische Übertragung in Verbindung mit einer Art elektrischer Bremsregelung vor. Diese Bauweise, von einer französischen Elektrofirma vorgeschlagen, war reichlich schwer und umfangreich, versprach aber guten Wirkungsgrad bei großem Regelbereich. Der zweite Vorschlag sah hydraulische Drehzahlwandler vor, der, bei etwas veränderter Gruppierung der Motore, günstige Raumverhältnisse ergab.

Es sind auch andere Antriebsarten eingehend untersucht worden, beispielsweise der Antrieb der Stützrollen, die ja erheblichen Durchmesser hatten. Die Motore mußten dabei im untersten Teil des Fahrzeuges untergebracht werden, wodurch dieselben bei Beschädigungen des Fahrzeugbodens gefährdet waren; auch war der Lastausgleich unter den einzelnen Antrieben nicht einfach zu lösen.

Nicht uninteressant war der Vorschlag eines französischen Ingenieurs, für die Antriebsanlage Hochdruckdampf zu verwenden und zwar in der Art der „Velox"-Anlagen, bekanntlich einer Bauart der Firma Brown Boveri & Co. in Baden in der Schweiz. Solche Anlagen sind in Frankreich in Betrieb, meines Wissens auch auf Seeschiffen. Das Laufwerk des Tanks sollte dann durch Elektromotore angetrieben werden, die ihren Strom von Turbodynamos der Hochdruckdampfanlage erhielten. Die verlangte Leistung war aber damals nicht in dem verfügbaren Raum unterzubringen; die elektrische Ausrüstung war zu schwer.

An das Laufwerk wurden ganz außergewöhnliche Anforderungen gestellt. Die ungeheuere Wucht der Massen verlangte vorzüglichen Ausgleich im Laufwerk. Auf Grund der guten Erfahrungen, die bereits mit der hydraulischen Abfederung beim 100-Tonnen-Durchbruchtank gemacht wurden, ist das gleiche Prinzip auch hier angewendet worden. Die Stützrollen von etwa 2000 mm Durchmesser, in Gruppen von je drei gemeinsam gekoppelt, hingen in Seilzügen, deren Enden an einem System von Plungerkolben hing, die in ölgefüllte Zylinder tauchten. Die letzteren waren durch ein Rohrsystem untereinander verbunden, derart, daß jede zusätzliche Last auf eine der Stützrollen sich auf die übrigen Rollen verteilte und auf diese Weise eine vorzügliche Lastverteilung auf das ganze Laufwerk erzielt wurde. Auch bewies der 100-Tonnen-Tank, daß mit dieser Abfederung eine gute Dämpfung der im Fahren auftretenden Schwingungen erreicht wurde, so daß das gleiche System zuversichtlich auch bei dem größten Fahrzeug angewendet werden konnte.

Zum Schluß noch einiges über die von Herrn Burstyn berührte Kostenfrage eines solchen Mammutfahrzeuges. Gewiß kann man auch für Rußland die gestellte Aufgabe der Grenzbefestigung in anderer Weise lösen. Und wahrscheinlich wird sie auch anders gelöst, noch unvorstellbarer, noch grotesker — für uns Europäer! — Für Sowjetrußland gibt es zunächst keinen Kostenbegriff wie für uns. Das Land hat sämtliche Bodenschätze der Welt in beinahe unerschöpflicher Menge; es hat reiches Menschenmaterial. Mehr braucht das heutige Rußland nicht! Alle die heute bestehenden riesigen Bauten seiner Schwerindustrie sind nur durch Verschleiß dieses Menschenmaterials, durch unerhörte Menschenopfer entstanden. Aber das ist russisch, nur russisch. Die Sowjetbolschewiken arbeiten nicht anders als es Peter der Große tat, nicht grausamer und nicht humaner. Ein Volk, dem der Nihilismus als Erbkrankheit im Blut liegt, frägt nicht nach den Kosten von Mammuttanks, wenn es sie bauen will zur Vernichtung von Kultur und Welt. — Un Sowjetrußland wird sie bauen, in irgendeiner Form! —

Es ist auch eine nicht abzuleugnende Tatsache, da unter dem Druck der Verhältnisse Utopien von gester Projekte von heute sind, die morgen Wirklichkeit werden. Warum soll, auf Grund der Erfahrungen mit einen 100- oder 150-Tonnen-Panzerfahrzeug, das auch schnel sein soll, nicht ein noch schwereres, größeres, stärkere Kampffahrzeug entwickelt werden können, welches nic an Straßen und Brücken gebunden, feldgeschützsiche Hügel und Täler flachwalzend, Flüsse durchwaten Wälder und Festungen umlegend, dem folgenden motor sierten Troß einer Armee eine Fahrstraße walzend, wo die sonst unüberwindlichen Hindernissen gegenübersteht? - Die Entwicklung wird sich aber immer den Verhältnisse des Landgebietes anpassen, und was für die weite Ebenen Rußlands und Sibiriens zweckmäßige Ford rung sein kann, mag im Alpengebiet Europas Utop und Zwecklosigkeit bedeuten. Es wird daher vor alle disziplinierteste Überlegung für die Größenentscheidu solcher Maschinen Voraussetzung sein.

Doch auch die Aussagen deutscher Gefangenen trugen zur Verwirrung bei, wie das folgende Dokument zeigt:

M.I. 10/4652. Dated 29.1.45 S E C R E T. SUMMARY OF REPORTS REGARDING NEW GERMAN HEAVY TANKS.

Nr.	Name	Details	Quelle
1	Panzerjäger	120 t, 180-mm-Panzerung, Auftrag für Massenproduktion an Steyr, Österreich.	Geheime Quelle durch neutrales Land.
2	»Maus«	70–75 t (geschätzt), mindestens 10,5-cm-Kanone, mit Dieselmotor. Erfinder Dr. Porsche, in Böblingen gelagert, mit »Tiger«-Fahrwerk.	Geheime Quelle. Informant behauptet, das Hallentor bewacht zu haben.
3	»Maus«	160 t, vorläufige Konstruktion bei Krupp, Essen (2. mechanische Werkstatt) unter der Leitung von Dr. Porsche.	Gegnerischer Zivilist.
4	»Maus«	120 t, 350-mm-Panzerung allseitig von Turm, Wanne und Überbau. Eine 15-cm- & zwei 10,5-cm-Kanonen im Turm. Drei 12-mm-MGs im Turm und eins im Bug. Der Testpanzer war in Böblingen, nahe Stuttgart, untergebracht.	Kriegsgefangener, Werkstattmitarbeiter, 12 Jahre zivile und militärische Erfahrungen als Automechaniker, Der Kriegsgefangene erhielt seine Informationen von der Besatzung.
5	»Maus«	Der neue, den »Panther« und »Tiger« übertreffende Panzer wurde ehemals im Hautana-Werk in Böblingen produziert, aber die Produktion wurde nach der sehr effektiven Bombardierung nach Linz verlagert.	Information über eine neutrale Quelle.
6	»Mäuschen«	100 t, 12-cm- oder größeres Geschützkaliber, mit BMW-Flugzeugmotor, hergestellt von Alkett.	Ein glaubwürdiger, aber unzuverlässiger Kriegsgefangener. Er gab zu, dass diese Information nur Hörensagen war.
7	»Mäuschen» & »Mammut«	Zwei neue, fertig montierte schwere Panzer mit mindestens einer 15-cm-Kanone.	Ein recht zuverlässiger Kriegsgefangener, der dies als Information seines Abteilungsleiters zitierte. Bis September 1944 war der Kriegsgefangene in MNH Hannover eingesetzt.
8	-	Neuer »Tiger« mit einem runden Turm und einer 10,5-cm-Kanone.	Kriegsgefangener unbekannter Zuverlässigkeit

Die kuriosen Aussagen lassen den Grund für die unterschiedlichsten Vorstellungen und Bezeichnungen über die deutschen »Wunder«-Panzer erahnen, die sich bis in die heutige Zeit festgesetzt haben.

9	»Adolf Hitler-Panzer«	Ein starres 8,8-cm- & ein 8,8-cm-Geschütz im Drehturm im Heckteil. Mehrere 20-mm- & kleinere MGs. Schwer gepanzert und schnell. Hoher Dieselverbrauch: 700–1000 l/100 km. (2 ½ bis 3 ½ Gallonen / Meile)	Kriegsgefangener unbekannter Zuverlässigkeit
10	»Eiserner Ferdinand«	Mindestens eine 18-cm-Kanone.	Kriegsgefangener (»gerissen, kein Charakter oder moralische Selbstbeherrschung, Nazi-infiziert«).
11	»Eiserner Ferdinand« oder »Sturer Gustav«	Eine 22-cm-Haubitze, zwei 7,5-cm-Kanonen 6 MGs. 2 Flammenwerfer. Sehr schwer.	Kriegsgefangener (»Anti-Nazi; glaubt, dass die Information wahr ist«).

Glossar

A.K.	Krupp A.G.-Abteilung für Artillerie-Konstruktion (»Kruppaka« bei Fax)
A.K.P.	s.o. – Unterabteilung Panzerkonstruktion/leichte Artillerie
(D)	Firma Daimler-Benz
C 32	Konstruktionsjahr
DL	Drehhaubenlafette
(H)	Firma Henschel
HL	Hochleistungsmotor
HWA	Heereswaffenamt
In 6	Inspektion der Verkehrstruppen
In 5	Inspektion der Pioniertruppen
K	Kanone
(K)	Firma Krupp
KwK	Kampfwagenkanone
L/5	Geschosslänge beträgt das Fünffache des Kalibers
L/55	Kanonenrohrlänge beträgt das Fünfundfünfzigfache des Kalibers
Lafette	Untergestell des Geschützes
(P)	Firma Porsche
S.K.	Schnellladekanone
VK 65 01	Versuchskonstruktion mit geplantem Einsatzgewicht und Versionsnummer
Vo	Anfangsgeschwindigkeit der Granate nach dem Verlassen des Rohres
Wa Prüf	Heereswaffenamt, Amtsgruppe für Entwicklung und Prüfung
Wa Prüf 1	s.o., Ballistische- und Munitionsabteilung mit vier Waffengattungen
Wa Prüf 2	s.o., Infanterieabteilung, kleinkalibrige Waffen bis 2-cm-Kaliber
Wa Prüf 4	s.o., Artillerieabteilung, großkalibrige Waffen ab 2-cm-Kaliber
Wa Prüf 5	s.o., Pionier- und Eisenbahnpionierabteilung
Wa Prüf 6	s.o., Kraftfahr- und Motorisierungsabteilung, Fahrzeuge, Panzer und Motorisierung
Wa Prüf 7	s.o., Nachrichtenabteilung
Wa Prüf 8	s.o., Abteilung für Optik, Messwesen, Heereswetterdienst, Feuerleitung und Kartendruck
Wa Prüf 9	s.o., Gasschutzabteilung, Gasabwehr, Nebel und Kampfstoffe
Wa Prüf 10	s.o., Abteilung für kleinkalibrige Raketen, bis 12-cm-Kaliber
Wa Prüf 11	s.o., Abteilung für Sondergeräte, Großraketen
Wa Prüf 12	s.o., Abteilung für die Versuchsplätze und Wirtschaft der Wa Prüf
WuG 6	Amtsgruppe für Beschaffung-Waffen und Gerät-Abteilung für Panzer

Literatur und Bildnachweis

Quellenverzeichnis

- BAMA Freiburg, Bestand RH 8 I Teil 1 bis 3, Akte 1750, 2513, 2625, 2796, 2834, 2835, 2836, 2837, 2850, 2851, 2852, 2854, 2856, 2959, 2976, 2978, 2980, 2983, 2984, 2985, 2986, 2987, 2988, 3030, 3055, 3162, 3165, 3276, 3283, 3514, 3534, 3871, 3926, 3945, 3954, 3971
- Möller, E, Brack, W.: 100 Jahre Dieselmotoren für fünf deutsche Marinen, Hamburg, Verlag E.S. Mittler & Sohn 1998
- Treue, W., Zima, S.: Hochleistungsmotoren Karl Maybach und sein Werk, Düsseldorf, VDI Verlag GmbH 1992,
- Schneider, W., Köhler, F.: Tiger im Kampf-Band III, Uelzen, Schneider Armour Research 2013
- Spielberger, W.: Spezial-Panzer-Fahrzeuge des deutschen Heeres, Stuttgart, Motorbuch Verlag 1977
- Dr. Schwarzmann, P., Panzerketten – Die Gleisketten der deutschen Kettenfahrzeuge des Zweiten Weltkrieges, Königswinter, Brandenburgisches Verlagshaus 2013
- Spielberger, W.: Der Panzerkampfwagen Tiger und seine Abarten, Stuttgart, Motorbuch Verlag 2003
- Spielberger, W.: Leichte Jagdpanzer – Entwicklung – Fertigung – Einsatz, Stuttgart, Motorbuch Verlag 2011
- Köhler, F.: Panther-Meilenstein der Panzertechnik, Uelzen, Schneider Armour Research 2014
- Quint, A. Herbert,: Porsche – Ein Weg eines Zeitalters, Stuttgart, Steingrüben-Verlag 1951
- Kolomnez, M.: Landschiffe Stalins, Moskau, Russia-Exmo 2009
- Boelke, W.A.: Deutschlands Rüstung im Zweiten Weltkrieg – Hitlers Konferenzen mit Albert Speer 1942–1945, Frankfurt (M), Akademische Verlagsgesellschaft Athenaion 1969
- Knittel, H.H.: Panzerfertigung im Zweiten Weltkrieg, Bonn, Verlag E.S. Mittler Sohn GmbH 1988
- Taube, G.: Eisenbahngeschütz DORA – Das größte Geschütz aller Zeiten, Stuttgart, Motorbuch Verlag 1979
- Taube, G.: Die schwersten Steilfeuer-Geschütze 1914–1945, Stuttgart, Motorbuch Verlag 1981
- Klee, E.: Das Personenlexikon zum Dritten Reich, Frankfurt (M), S. Fischer-Verlag 2003
- Saur, K.-O., Saur, M.: Er stand in Hitlers Testament, Berlin, Ullstein Buchverlage GmbH 2007
- Pawlas, Karl R.: Waffenrevue Nr. 44, 78, 84, 91, Schwäbisch Hall, Pawlas-Verlag 1990
- Datenblätter für Heeres-Waffen, -Fahrzeuge und -Gerät vom RfRuK. 1944
- D 656/43 Tiger-Ausführung B Heft 1, 1.9.1944
- General der Artillerie Emil Leeb: Aus der Rüstung des Dritten Reiches (Das Heereswaffenamt 1938–1945), E. S. Mittler & Sohn-Verlag, Mai 1958

Bildernachweis

- Sammlung W. J. Spielberger: (S. 21, 26, 27, 32, 34–37, 40–43, 47–49, 50, 52–69, 78, 79, 90, 91)
- Sammlung Yuri Pascholok: (S. 104, 106, 108, 109, 112, 113, 115–118, 120, 123–131)
- Sammlung Joachim Deppmeyer: (S. 22, 24)
- WTS Koblenz: (S. 51)
- BA/BAMA: (S 70, 74)
- NARA Washington: (S. 86, 87, 88, 89, 99, 101)
- Schneider Armour Research-Verlag: (S. 44)
- Porsche Historisches Archiv: (S. 20, 35, 45, 153, 154, 156, 159)
- Archiv Tankmuseum Bovington: (S. 69)
- Mercedes-Benz Classic Archive: (S. 114, 122, 149)
- Bayerische Staatsbibliothek-Hoffmann Archiv: (S. 131, 138, 144, 145)
- Sammlung Wolfgang Fleischer: (S. 103, 110, 111, 112)
- Gunpoint-3D.com: (S. 16)
- Erik Ritterbach: (S. 133)
- Falk Springer »Fahrzeuge der Wehrmacht«: (S. 97)

WEITERE INTERESSANTE BÜCHER ZUM THEMA

Michael Fröhlich widmet sich in diesem Band einem der kuriosesten Militärfahrzeuge aus deutscher Produktion. Unterstützt von vielen Bildern, bringt er dem Leser Entwicklung, Geschichte und das technische Innenleben dieses seltenen Gefährts auf spannende Weise nahe.

248 Seiten, 265 Bilder, Format 230 x 265 mm
ISBN 978-3-613-03784-7
€ 39,90 / € (A) 41,10

Aufgeschreckt von den schweren Panzern der Sowjets im 2. Weltkrieg begann in der Folge bei den Deutschen ein Wettlauf um die Entwicklung schwerer Kampfpanzer. Dazu gehörten die Panzerjäger »Sturer Emil« und »Jagdtiger«, die der Autor in diesem Band beschreibt.

192 Seiten, 192 Bilder, Format 230 x 265 mm
ISBN 978-3-613-03806-6
€ 29,90 / € (A) 30,80

Wolfgang Fleischer dokumentiert in diesem Band die von viel Skepsis und technischen Problemen begleitete Entwicklung der weltweit ersten Panzerkampfwagen aller Nationen.

200 Seiten, 315 Bilder, Format 230 x 265 mm
ISBN 978-3-613-03767-0
€ 29,90 / € (A) 30,80

Auch 70 Jahre nach Kriegsende bleibt die Wehrmacht ein heißdiskutiertes und kontroverses Thema. Hans-Reinhard Meißner erläutert umfassend, welche Rolle die deutschen Streitkräfte in Hitlers Krieg spielten.

256 Seiten, 263 Bilder, Format 230 x 265 mm
ISBN 978-3-613-03807-3
€ 29,90 / € (A) 30,80

Stand Juni 2016
Änderungen in Preis und Lieferfähigkeit vorbehalten

Überall, wo es Bücher gibt, oder unter:
WWW.MOTORBUCH-VERSAND.DE
Service-Telefon: 0711/ 78 99 21 51

Motor buch Verlag